プラズモニクス —— 基礎と応用

岡本隆之・梶川浩太郎 [著]

PLASMONICS

講談社

まえがき

　プラズモニクスは表面プラズモンを利用した光学技術であり，近年，多くの研究が進められている分野である．表面プラズモンの光学的特性はそれを担持する金属の幾何学形状とその近傍の媒質の誘電率によって決まる．この特性はマクスウェル方程式に従い，FDTD法などの数値計算法を用いることで求めることができる．しかし，金属の形状には無限の可能性があり，すべての形状を網羅的に計算することはできない．表面プラズモンに求められる特性は何なのか，増強度なのか，場の閉じ込めなのか，それともその他の特性なのか．それらを見極め形状に見当をつける必要がある．さらにそれに対して，形状を絞り込んでいく作業が求められる．この本の目的の一つは，それらの作業に対して指針を与えることである．この部分は岡本が主に担当し，1章から8章に著した．

　表面プラズモンの研究は1970年頃にさかのぼるが，光学技術の一分野として脚光を浴びたのは20年ほど前である．表面プラズモンを用いたバイオセンサーが実用化され，生物分野での利用が始まった．しかし，研究の裾野が広がり，研究に関わる人が増え，プラズモニクスとしてナノフォトニクスの一つの分野として確立したのは，ここわずか10年程度の間である．

　本書のもう一つの目的は，表面プラズモンが実際に使われている場面を紹介することである．この部分は9章から11章に著されており，主に梶川が担当した．プラズモニクスの特徴の一つに，広い研究分野で研究が行われており，取り扱う波長や研究の形態も様々であることがある．光学はもちろん，物理，化学，生物，遺伝子工学，医学，薬学，農学，情報工学など様々な分野で表面プラズモンやその展開技術の利用が考えられている．研究のスタイルも，基礎実験，構造合成や作製，装置開発，光計測，光学の理論，物性理論，計算機シミュレーションなど様々である．多くの研究例をカバーしようと思い執筆をはじめたが，どこまで言及すればよいか，どの分野を取り上げるべきかを決めるのは難題であった．さらに，研究の進展はめざましく，2年前に執筆を初めてから，そして，校正の間にも重要な研究が多数報告されており，それらすべてを紹介できなかったのは残念である．

　特に米国，欧州を中心にしたプラズモニクスの研究ブームは衰えることがなく，分野は異なっても論文誌には毎月プラズモニクス関連の論文が多数掲載されている．ここ数年間で，国内の研究数も増えてきたが，世界的な注目度の高まりにより，相対的にその寄与は下がりつつある．本書は，プラズモニクスの研究に関わる研究者を中心

まえがき

に，その周辺分野の研究者や大学院生にも役に立つと考えている．また，この本が刺激となり，プラズモニクスに興味を持ってくれる人々が増えることを期待する．

　企画から編集，校正では，講談社サイエンティフィクの五味研二氏に長期にわたり大変お世話になった．ここに厚くお礼を申し上げる．

2010 年 9 月
岡本　隆之
梶川浩太郎

目次

1 はじめに … 1

2 表面プラズモンとは … 4
   2.1 表面プラズモンとは … 4
   2.2 表面プラズモン研究の歴史 … 6

3 平面波とエバネッセント波 … 10
   3.1 マクスウェル方程式 … 10
   3.2 波動方程式 … 11
   3.3 平面波 … 12
   3.4 TE波とTM波 … 12
   3.5 ポインティングベクトルとエネルギー密度 … 14
   3.6 平面波の反射と透過 … 16
   3.7 多層構造における反射と透過 … 19
   3.8 透過行列法 … 20
   3.9 全反射とエバネッセント波 … 22
   3.10 エバネッセント波のポインティングベクトル … 23
   3.11 分散関係 … 25

4 金属の誘電率 … 28
   4.1 Drudeモデル … 28
   4.2 バンド間遷移 … 29
   4.3 サイズ効果 … 29

5 伝搬型表面プラズモン … 33
   5.1 バルクプラズモン … 33
   5.2 表面プラズモンの存在条件 … 34
   5.3 表面プラズモンの分散関係 … 35
   5.4 表面プラズモンの伝搬損失 … 39

目 次

- 5.5 表面プラズモンと伝搬光の結合 …………………………………… 41
- 5.6 回折格子による表面プラズモンとの結合 ………………………… 44
- 5.7 共鳴曲線 …………………………………………………………… 45
- 5.8 電場増強効果 ……………………………………………………… 49
- 5.9 多層構造における表面プラズモンの分散関係 …………………… 51
- 5.10 長距離伝搬型表面プラズモン …………………………………… 54
- 5.11 MIM 構造における表面プラズモン ……………………………… 57
- 5.12 IMIMI 構造における表面プラズモン …………………………… 59

6 局在型表面プラズモン …………………………………………… 63

- 6.1 双極子放射 ………………………………………………………… 63
- 6.2 自由電子モデル …………………………………………………… 66
- 6.3 金属微小球における局在プラズモン …………………………… 67
- 6.4 散乱断面積と吸収断面積 ………………………………………… 72
- 6.5 回転楕円体における局在プラズモン …………………………… 78
- 6.6 コートされた球と金属球殻における局在プラズモン ………… 83
- 6.7 金属ナノワイヤーにおける局在プラズモン …………………… 85
- 6.8 金属ナノワイヤーにおける伝搬型表面プラズモン …………… 87
- 6.9 ナノロッドにおける局在プラズモン …………………………… 92
- 6.10 平面基板上の微小球における局在プラズモン ………………… 94
- 6.11 金属微小球対による局在プラズモン ………………………… 100
- 6.12 金属ナノ粒子からの発光 ……………………………………… 102

7 プラズモニック結晶 …………………………………………… 104

- 7.1 Wood アノマリ研究の歴史 …………………………………… 104
- 7.2 フォトニック結晶 ……………………………………………… 107
- 7.3 1次元プラズモニック結晶 …………………………………… 111
- 7.4 格子形状とギャップの関係 …………………………………… 112
- 7.5 伝搬光との結合 ………………………………………………… 115
- 7.6 金属薄膜におけるプラズモニックバンドギャップ ………… 117
- 7.7 2次元プラズモニック結晶 …………………………………… 120
- 7.8 周期微小開口列における異常透過 …………………………… 122

8 数値計算法 ……………………………………………………… 128

- 8.1 離散双極子近似 ………………………………………………… 128

8.2	時間領域差分法	131
	8.2.1　時間領域差分法とは	131
	8.2.2　差分化と時間発展	132
	8.2.3　セルサイズと時間ステップ	133
	8.2.4　波源	134
	8.2.5　周波数解析	136
	8.2.6　分散性媒質	136
	8.2.7　吸収境界	139
8.3	厳密結合波解析法	140
	8.3.1　厳密結合波解析法とは	140
	8.3.2　TE波の場合	141
	8.3.3　TM波の場合	145
	8.3.4　散乱行列法	147
	8.3.5　入射場，反射場，透過場との関係	149

9　プラズモニクスの化学・生物・材料科学への応用　151

9.1	表面上に吸着や結合した物質の検出原理	151
	9.1.1　伝搬型表面プラズモン	151
	9.1.2　局在プラズモン共鳴	157
	9.1.3　表面プラズモン顕微鏡	160
	9.1.4　分解精度	161
	9.1.5　LB膜の評価	162
	9.1.6　SAM膜の評価	163
9.2	分子間相互作用の測定とバイオセンシング	166
9.3	全反射減衰法を使ったバイオセンサー	170
	9.3.1　共鳴角測定	170
	9.3.2　反射率測定	171
	9.3.3　光ファイバー型	171
	9.3.4　位相測定	173
	9.3.5　蛍光測定	175
	9.3.6　ラマン散乱	177
9.4	回折格子を使ったバイオセンサー	178
9.5	局在プラズモン共鳴を使ったバイオセンサー	179
	9.5.1　局在プラズモン共鳴基板の作製方法	179
	9.5.2　透過率・反射率測定	186

目 次

- 9.5.3　光ファイバー型 ………………………………………………… 188
- 9.5.4　金の異常反射 ……………………………………………………… 190
- 9.5.5　単一微粒子 ………………………………………………………… 194
- 9.5.6　微粒子ラベリング ………………………………………………… 195
- 9.5.7　SERS センシング ………………………………………………… 198
- 9.5.8　非線形光学効果によるセンシング ……………………………… 200
- 9.6　分光学への応用 …………………………………………………………… 201
  - 9.6.1　SERS 分光 ………………………………………………………… 201
  - 9.6.2　TERS ……………………………………………………………… 203
  - 9.6.3　SEIRA ……………………………………………………………… 204
  - 9.6.4　非線形分光 ………………………………………………………… 206

10　エレクトロニクスへの応用 …………………………………………… 218

- 10.1　フォトダイオード ………………………………………………………… 218
- 10.2　レーザー …………………………………………………………………… 219
- 10.3　太陽電池 …………………………………………………………………… 220
- 10.4　LED や有機 EL 素子 …………………………………………………… 222
- 10.5　ナノ光回路 ………………………………………………………………… 224
- 10.6　液晶 ………………………………………………………………………… 226

11　メタマテリアルと超解像 ……………………………………………… 232

- 11.1　メタマテリアルとメタ分子 ……………………………………………… 232
- 11.2　負屈折 ……………………………………………………………………… 235
- 11.3　超解像 ……………………………………………………………………… 238
- 11.4　クローキング ……………………………………………………………… 240

付録 1　水とシリカの誘電関数 ………………………………………………… 244
- A1.1　水の比誘電率 …………………………………………………………… 244
- A1.2　シリカの比誘電率 ……………………………………………………… 244

付録 2　式(5.42)の導出 ………………………………………………………… 245

付録 3　双極子放射の導出 ……………………………………………………… 249

付録 4　Mie 散乱 ………………………………………………………………… 253
- A4.1　Mie の散乱公式 ………………………………………………………… 253
- A4.2　Mathematica プログラム ……………………………………………… 255

1
はじめに

　いま，なぜプラズモニクスなのか．それには三つの要因が考えられる．一つは近接場光学からの発展である．1980年代後半より，走査型近接場光学顕微鏡(NSOMまたはSNOM)の研究が始まった．この研究はその少し前に発明され，ノーベル賞を受賞した走査型トンネル電子顕微鏡(STM)に触発されたものである．当初は走査型光トンネル顕微鏡と名付けられたものもある．近接場光学顕微鏡では波の回折限界を打ち破り，波長より近接した物体を光学的に区別できる．原理自体はSyngeによって1928年に提案されていた[1]ことが後に再発見されたが，光領域での研究が進んだのは，上述のように1980年代後半になってからである．当初，近接場光学顕微鏡と表面プラズモンとの関連はなかったが，1989年にFischerとPohlによる金薄膜上の金ナノ粒子における局在型表面プラズモン共鳴を利用した近接場顕微鏡の発表[2]と，その後の1994年の井上と河田による非開口型の金属プローブを用いた近接場顕微鏡の発表[3]に触発されて，表面プラズモンが関連した研究が進んできた．後者は初期には非開口型近接場顕微鏡と呼ばれていたが，その後，金属プローブにおける表面プラズモン共鳴による電場増強効果により，チップ増強近接場顕微鏡と呼ばれるようになった．2000年に開催された第6回近接場光学国際会議(nfo-6)では「チップ増強」がキーワードとなった感があった．その後も表面プラズモンの重要性が理解され，2002年開催の第7回近接場光学国際会議(nfo-7)では全講演数の3分の1が表面プラズモンに関する内容であった．それ以降も表面プラズモンの重要性は増すばかりであった．

　残りの二つの要因はプラズモン研究における技術の発展によるものである．そのうちの一つはナノ加工技術の発達である．プラズモニクス研究には金属微細構造の作製が不可欠である．従来は，平面，薄膜，球形ナノ粒子が研究の対象であった．複雑な構造といっても格子が精一杯であった．しかし，近年の電子ビーム露光技術の発達によって，10 nm以下の分解能でより複雑な金属構造が作製できるようになった．電子ビーム露光法を用いたリフトオフ法では一定の厚さをもつ金属ナノ格子しか作製できないが，集束イオンビーム(FIB)装置ではさらに加工の自由度が増し，3次元的な金

1 はじめに

属ナノ構造を作製できるようになった．

最後の要因は計算機の性能の向上による数値計算法の進展である．近年のCPUの処理速度の向上，大容量メモリの開発とそれにともなう低価格化により，PCレベルでも10年前とは比較にならないくらい計算能力が向上した．以前から，洗練されたプログラムを作成し数値計算を行ってきた数値計算の専門家はいたが，現在最もよく用いられているであろうFDTD法(時間領域差分法)はモデル化が容易で誰にでも扱いやすい．ただし，必要な計算量の多さのため，以前ではスーパーコンピュータでないと実用的な結果が得られなかったが，近年のPCではFDTD法で実用レベルの結果が得られるようになってきた．また，製品としてのFDTDソフトウェアが比較的安価に得られるようになってきたのと相まって，複雑な金属ナノ構造に対する光学応答を誰にでもシミュレートできるようになった．以上の三つの要因によりプラズモニクスが近年注目され，研究人口が増えるようになってきたと考えられる．

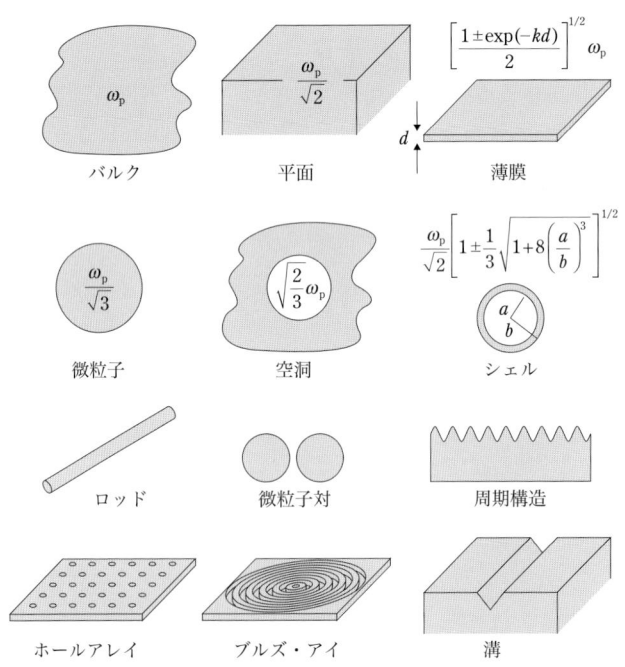

図 1.1 表面プラズモンが存在可能な種々の金属ナノ構造(左上のバルクは除く)
図中の式は表面プラズモンの共鳴周波数．ただし，ω_p は金属のプラズマ周波数．

表面プラズモンは加速電子や，トンネル電流によっても励起することができるが，本書では光による励起に話を限る．

　また，表面プラズモンの波数が非常に大きい場合，表面近傍の電子のふるまいを流体力学的に取り扱う必要がある．これは，表面近傍において，自由電子の密度が下がるためである．流体力学的な取り扱いは文献[4]に詳しい．ただし，本書では比較的波数の小さいところしか取り扱わないので，古典光学的に取り扱う．

　本書では電磁場の時間依存性は $\exp(-i\omega t)$ とする．したがって，屈折率および誘電率の虚部の符号は媒質が利得をもたない限り正となる．また，単位系はSI単位系を用いる．

参考文献

1) E. H. Synge, *Phil. Mag.*, **6**, 356 (1928)
2) U. Ch. Fischer and D. W. Pohl, *Phys. Rev. Lett.*, **62**, 458 (1989)
3) Y. Inouye and S. Kawata, *Opt. Lett.*, **19**, 159 (1994)
4) F. Forstmann and R. R. Gerhardts, *Metal Optics Near the Plasma Frequency*, Springer-Verlag, Berlin (1986)

2 表面プラズモンとは

2.1 表面プラズモンとは

　プラズマとは電子，イオン，あるいはその両方が自由に動けるような状態のことをいう．よく知られているのは核融合プラズマで，これは重水素や三重水素を数千万℃にして得られるものである．また，蛍光灯の内部もプラズマ状態である．

　さて，金属は自由電子で満たされている．したがって，金属も上の条件を満たし，一種のプラズマということができる．プラズマ中の自由電子，あるいはイオンの集団的振動はプラズモン(plasmon)と呼ばれる．したがって，金属中の自由電子の集団的振動もプラズモンと呼ばれる．図2.1(a)に示すように，この振動は自由電子の疎密波であり，縦波である．一方，電磁波は図2.1(b)に示すように，波の進行方向と電場の方向が直交しており，横波である．したがって，両者は電場の方向が異なるため，エネルギーの授受(結合)が行われることはない．しかし，金属表面ではこの様子が変わってくる．金属／誘電体界面を(表面)プラズモンが伝搬するとき，誘電体中に電磁場がしみ出す．この電磁場は横波成分をもっている．すなわち，プラズモンの伝搬に(表面)電磁波が付随する(図2.1(c))．このように，素励起が電磁波とエネルギーをやり取りしている状態をポラリトン(polariton)と呼ぶ．この場合は，表面プラズモンポラリトン(surface plasmon polariton)である．"ポラリトン"という言葉はしばしば省略される．

　上の説明および図2.1(a)では表面プラズモンにおける自由電子の集団的振動が金属内部深くまで及んでいるように描いたが，実際の表面プラズモンにおいては，図2.2(a)に示すように金属の表面近傍だけにこの振動は局在する．表面プラズモンの波数は同じ周波数をもつ誘電体中の光より常に大きい．したがって，誘電体中にしみ出している電磁波はエバネッセント波(後述)になっている．

　一方，上に述べた伝搬型の表面プラズモンに対して，伝搬しない表面プラズモン，

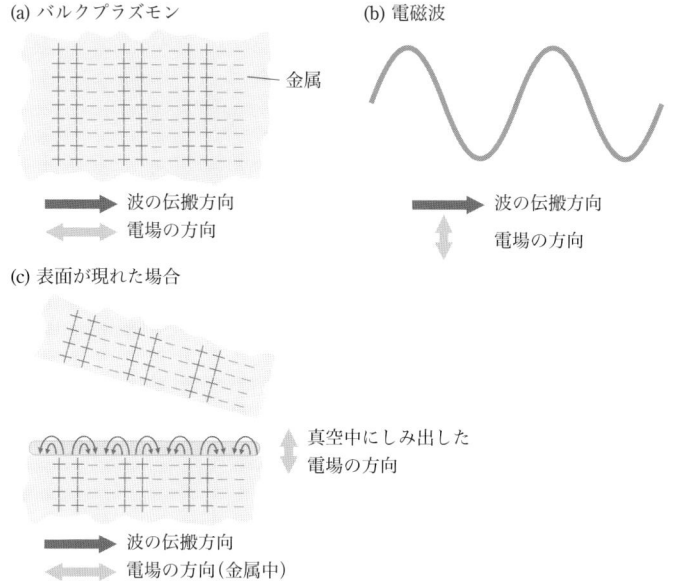

図 2.1 (a) バルクプラズモン：自由電子の疎密波で，波の伝搬方向と電場の方向が平行である(縦波)．
(b) 電磁波：波の伝搬方向と電場の方向が直交している(横波)．
(c) 表面が現れると界面の真空側に波の伝搬方向と垂直な方向の電場成分が現れる(横波成分)．

すなわち，局在型表面プラズモン(しばしば，局在プラズモンと省略される)も存在する．局在プラズモンを担持する最も単純な構造は微小な金属球である(図 2.2(b) 参照)．局在プラズモンの場合，伝搬型の表面プラズモンとは異なり，常に光と結合している．金属の誘電率が共鳴条件を満たすとき，入射光によって球に誘起される分極は非常に大きくなり，表面プラズモン共鳴(surface plasmon resonance)が生じる．この分極は光の周波数で振動しており，その結果，無限遠の距離まで届く伝搬光を放射する．さらに，それに加えて，粒子近傍だけに存在する強い近接場光を発生する．

表面プラズモンの特徴は，電場増強効果と，場の閉じ込め効果である．いずれの表面プラズモンにおいても，それを光で励起した場合，金属／誘電体界面における電場は，入射光の電場と比べて著しく増強される．また，表面プラズモンによる電磁場は伝搬型においては界面から波長程度の範囲内，局在型においては界面から粒子径程度の範囲内の空間に局在している．たとえば，伝搬型表面プラズモンと似たような性質をもつコア－クラッド型導波路における導波光のクラッドへの電磁場のしみ出しは表面プラズモンのそれと同程度であるが，波長程度の厚さをもつコア層が必要である．これに対して，表面プラズモンでは単一の金属／誘電体界面だけが必要であり，その

2　表面プラズモンとは

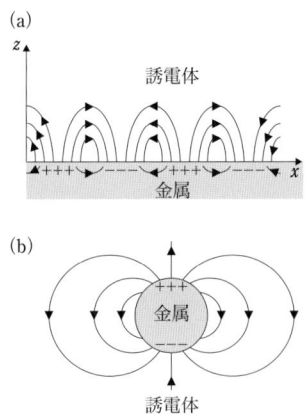

図 2.2　(a)伝搬型表面プラズモンと(b)局在プラズモンの概念図

存在領域は非常に小さい．また，局在プラズモンは粒子が金属としての性質をもつサイズ（～1 nm）以上であれば励起できる．したがって，局在プラズモンを用いれば，非常に小さい場所に電磁場を集中することができる．

2.2　表面プラズモン研究の歴史

最初に系統的な電子エネルギー損失の実験を行ったのは Rudberg である[1,2]．最初の論文は 1930 年に発表されている．彼は 50～400 eV に加速した電子を種々の金属表面に照射し，散乱された電子のエネルギー損失スペクトルの中に，入射エネルギーや入射角によらず一定値だけ低くなっている損失ピークを見出した．Rudberg と Slater は，この損失は伝導帯にある電子がさらに上のバンドに励起されることによるものであると提案した[3]．そして，計算結果と銅を用いた実験結果が比較的良く一致することを示した．Ruthemann はこの分光法を薄膜に対して拡張した．この提案以降，多くの実験はこの系を踏襲している[4]．

その後，アルミニウム薄膜に対する多くの実験結果が報告された．細かい違いはあるものの，いずれのスペクトルも約 15 eV と約 7 eV の損失ピークの組を示している．これらの損失ピークの由来を説明するために多くの提案がなされた．その 1 つは，上に述べたバンド間遷移である．しかしながら，損失ピークは X 線による吸収スペクトルとは一致しなかった．そうしたなか，最も説明に成功したのは Pines らである[5〜7]．彼らはエネルギー損失はプラズマ振動の励起によって起きるという仮説を立てた．電子の電荷，質量および密度から求められるアルミニウムのプラズマ周波数は 15.8 eV

2.2 表面プラズモン研究の歴史

である．この値は実験で得られた値と一致した．

一方，界面がある場合のプラズマ振動の議論を最初に行ったのは Gabor である[8]．Gabor はホログラフィーの発明でも有名である．しかしながら，この理論では，界面で電場が 0 となる境界条件が用いられているため，実験結果とは合わなかった．Ritchie は Bloch の流体力学方程式を用いて薄膜内の自由電子を記述することで，$\omega_p/\sqrt{2}$ に表面由来のエネルギー損失が生じることを理論的に示した[9]．また彼は，薄膜が非常に薄い場合，その粒状性により $\omega_p/\sqrt{3}$ に損失が現れることを示した．その後，Powell と Swan によって精密な実験がなされた[10]．彼らは厚さ 5～10 nm のアルミニウム薄膜の電子エネルギー損失スペクトルを測定し，10.3 eV と 15.3 eV にピークを得た．15.3 eV のピークは Pines らの唱えたプラズマ振動（バルクプラズモン）に，10.3 eV のピークは Ritchie の予測した表面プラズマ振動（表面プラズモン）にまさに一致することを示した．これが，表面プラズモンの存在をその文字どおりの現象として実測した最初である．ところで，この実験ではそれまでに得られていた 7 eV の損失ピークは観測されていない．Powell と Swan のその後の実験で，このピークはアルミニウム表面の酸化によって生じ，また，それとともに 10.3 eV のピークが消滅することが示された[11]．

表面プラズモンの分散関係は誰が最初に発見したのか？ 1957 年の Ritchie の論文[9]で，薄膜における表面プラズモンの分散関係が求められている．Ferrell は 1958 年の論文[12]で E. A. Stern が単一界面での表面プラズモンの分散関係を示していると述べている．この論文では，薄膜における表面プラズモンの分散関係も誘電体理論を用いて求められており，Ritchie[9]と同じ結果を出している．

表面プラズモンの分散は誰が最初に測定したのか？ 1967 年に Teng と Stern は，初めて光により表面プラズモンの分散関係を測定している[13]．彼らは 2 種類の実験を行っている．一つは，1200 line/mm の金属回折格子へ 10 keV の加速電子を打ち込み，それにより発生した表面プラズモンが格子により回折され輻射した光の角度分布から，もう一つの実験は，同じ回折格子に光を入射することで表面プラズモンを励起し，その鏡面反射成分の減衰の入射角依存性からプラズモンの分散関係を得ている．はるか以前に Wood が類似の実験を行っているのだが[14]，そのときは表面プラズモンという概念はなかったので，表面プラズモンの光励起という意味ではこれが最初の実験である．金属回折格子における表面プラズモンの研究では，引き続き，Ritchie らが 1968 年に回折光におけるピークの波長と角度の関係から分散関係を求めている[15]．さらに，彼らはこの実験において，後述するプラズモニックバンドギャップを観測している．これがプラズモニックバンドギャップを観測した最初の実験である．

1968 年に Otto[16]により，続いて，Kretschmann と Raether[17]により，全反射光学系を用いた光による表面プラズモンの励起法が考案された．これらの光励起法が開発

された当初は，物性研究に用いられることが多かった．しかし，表面プラズモン共鳴が金属表面上の薄膜層や，吸着層などの存在に対して非常に敏感であり，それらの膜厚や屈折率に関する情報が高感度で得られるという特長を利用して，1983年にNylanderらがガス検出を[18]，1984年にLiedbergらがバイオセンサーに応用できることを[19]示してから，応用研究が大きく進んだ．

「プラズモン」という言葉は誰が最初に使ったのか？ 1956年，Pinesは解説論文[20]の中で，"We introduce the term "plasmon" to describe the quantum of elementary excitation associated with this high-frequency collective motion."と述べている．おそらく，この論文で最初に導入されたものと考えられる．Bohmの1953年の論文[7]ではまだ"plasma oscillations"であるが，Ritchieの1957年の論文[9]では"plasmons"という言葉が引用符付きで使われている．また，RitchieとEldridgeの1962年の論文[21]では"surface plasmons"という言葉が引用符付きで使われている．

これらの研究とは別に，表面プラズモンと大いに関係のある研究が20世紀初頭前後に多くなされた．もちろんこれらの研究が行われた頃には表面プラズモンの存在は知られていなかった．

1899年，Sommerfeldは円断面をもつ金属ワイヤー（ナノワイヤーではない）を伝搬する電磁波が金属および空気側でエバネッセント波になっていることを示している[22]．このワイヤーの直径をナノサイズにまで小さくするとプラズモニック導波路となる．

1902年，Woodは金属回折格子においてアノマリを発見する[14]．アノマリとは回折格子への光入射に対して特定方向の回折光の強度が失われる現象である．この現象はプラズモニック結晶の研究につながっている．

1904年，Maxwell-Garnettは有効媒質近似の理論を発表した[23]．この理論は媒質中に波長と比較して十分小さな粒子が分散しているとき，粒子を含めた媒質の巨視的な屈折率を与えるものである．この考え方は最近注目されているメタマテリアルの考え方に通じるものがある．

1908年，Mieは任意の誘電率および大きさをもつ球に平面波を入射したときの散乱問題に関するマクスウェル方程式の解析的な解を導出した[24]．球の材料を金属とし，そのサイズを波長より十分小さくすると，この解はそのまま局在プラズモン共鳴のふるまいを表すことになる．

参考文献

1) E. Rudberg, *Proc. Roy. Soc. A* (London), **127**, 111 (1930)
2) E. Rudberg, *Phys. Rev.*, **50**, 138 (1936)
3) E. Rudberg and J. C. Slater, *Phys. Rev.*, **50**, 150 (1936)
4) G. Ruthemann, *Ann. Phys.*, **2**, 113 (1948)
5) D. Bohm and D. Pines, *Phys. Rev.*, **82**, 625 (1951)
6) D. Pines and D. Bohm, *Phys. Rev.*, **85**, 338 (1952)
7) D. Bohm and D. Pines, *Phys. Rev.*, **92**, 609 (1953)
8) D. Gabor, *Phil. Mag.*, **1**, 118 (1956)
9) R. H. Ritchie, *Phys. Rev.*, **106**, 874 (1957)
10) C. J. Powell and J. B. Swan, *Phys. Rev.*, **115**, 869 (1959)
11) C. J. Powell and J. B. Swan, *Phys. Rev.*, **118**, 640 (1960)
12) R. A. Ferrell, *Phys. Rev.*, **111**, 1214 (1958)
13) Y.-Y. Teng and E. A. Stern, *Phys. Rev. Lett.*, **19**, 511 (1967)
14) R. W. Wood, *Phil. Mag.*, **4**, 396 (1902)
15) R. H. Ritchie, E. T. Arakawa, J. J. Cowan, and R. N. Hamm, *Phys. Rev. Lett.*, **21**, 1530 (1968)
16) A. Otto, *Z. Physik.*, **216**, 398 (1968)
17) E. Kretschmann and H. Raether, *Z. Naturfors.*, **23**a, 2135 (1968)
18) C. Nylander, B. Liedberg, and T. Lind, *Sensors and Actuators*, **3**, 79 (1982/83)
19) B. Liedberg, C. Nylander, and I. Lundstrom, *Sensors and Actuators*, **4**, 299 (1983)
20) D. Pines, *Rev. Mod. Phys.*, **28**, 184 (1956)
21) R. H. Ritchie and H. B. Eldridge, *Phys. Rev.*, **126**, 1935 (1962)
22) A. Sommerfeld, *Ann. de Phys. Chem.*, **67**, 233 (1899)
23) J. C. Maxwell-Garnett, *Phil. Trans. Roy. Soc.* (London), **203**, 385 (1904)
24) G. Mie, *Ann. de Phys.*, **25**, 377 (1908)

3
平面波とエバネッセント波

本章では，まずマクスウェル方程式から平面波を導出し，平面界面における平面波のふるまい，すなわち，反射と透過をTE波とTM波に分けて示す．さらに，平行な平面界面が多数存在する場合，すなわち，多層膜における平面波のふるまいについて述べる．次に，伝搬型表面プラズモンにおいて重要な働きをするエバネッセント波について述べる．最後に，分散関係について述べる．

3.1 マクスウェル方程式

マクスウェル方程式は次の4つの式からなる．

$$\nabla \times \boldsymbol{E} = -\frac{\partial \boldsymbol{B}}{\partial t} \tag{3.1}$$

$$\nabla \times \boldsymbol{H} = \frac{\partial \boldsymbol{D}}{\partial t} + \boldsymbol{j} \tag{3.2}$$

$$\nabla \cdot \boldsymbol{D} = \rho \tag{3.3}$$

$$\nabla \cdot \boldsymbol{B} = 0 \tag{3.4}$$

ここで，$\boldsymbol{E}$ は電場，$\boldsymbol{D}$ は電束密度，$\boldsymbol{H}$ は磁場，$\boldsymbol{B}$ は磁束密度，$\boldsymbol{j}$ は電流密度，ρ は電荷である．式(3.1)はファラデーの法則，式(3.2)はアンペールの法則，式(3.3)と式(3.4)はガウスの法則である．マクスウェル方程式を解くには，これらの4つの式に加えて，次に示す媒質に関する3つの構成方程式が必要である．

$$\boldsymbol{D} = \varepsilon \varepsilon_0 \boldsymbol{E} \tag{3.5}$$

$$\boldsymbol{B} = \mu \mu_0 \boldsymbol{H} \tag{3.6}$$

$$\boldsymbol{j} = \sigma \boldsymbol{E} \tag{3.7}$$

ここで，ε_0，μ_0 は真空の誘電率と透磁率，ε，μ は媒質の比誘電率と比透磁率である．また，σ は電気伝導度である．これ以降，誤解を生じる場合を除いて，比誘電率およ

び比透磁率はそれぞれ誘電率および透磁率と表記する．

3.2 波動方程式

$j = 0$，$\rho = 0$ である媒質中の波動方程式をマクスウェル方程式から導く．式(3.1)の両辺の回転をとると，

$$\nabla \times (\nabla \times \boldsymbol{E}) = -\frac{\partial}{\partial t}(\nabla \times \boldsymbol{B}) \tag{3.8}$$

となり，式(3.2)を用いると，

$$\nabla \times (\nabla \times \boldsymbol{E}) = -\varepsilon\varepsilon_0\mu\mu_0 \frac{\partial^2 \boldsymbol{E}}{\partial t^2} \tag{3.9}$$

となる．ここで恒等式

$$\nabla \times (\nabla \times \boldsymbol{E}) \equiv \nabla(\nabla \cdot \boldsymbol{E}) - (\nabla \cdot \nabla)\boldsymbol{E} \tag{3.10}$$

と，式(3.5)，式(3.6)を用いると，式(3.10)は次のように書き換えられる．

$$\nabla(\nabla \cdot \boldsymbol{E}) - (\nabla \cdot \nabla)\boldsymbol{E} = -\varepsilon\varepsilon_0\mu\mu_0 \frac{\partial^2 \boldsymbol{E}}{\partial t^2} \tag{3.11}$$

また，式(3.3)より，式(3.11)の左辺第1項は0であるから，結局，

$$\nabla^2 E = \varepsilon\varepsilon_0\mu\mu_0 \frac{\partial^2 \boldsymbol{E}}{\partial t^2} = \frac{1}{v^2}\frac{\partial^2 \boldsymbol{E}}{\partial t^2} \tag{3.12}$$

となる．ここで，$v = 1/\sqrt{\varepsilon\varepsilon_0\mu\mu_0}$ はこの波動の媒質中の速度を与える．真空中では $\varepsilon = 1$，$\mu = 1$ であり，そのときの速度は真空中の光速 c である．すなわち，

$$c = \frac{1}{\sqrt{\varepsilon_0\mu_0}} \tag{3.13}$$

となる．真空中の光速 c を用いると $v = c/\sqrt{\varepsilon\mu} = c/n$ となる．$n = \sqrt{\varepsilon\mu}$ は媒質の屈折率である．ちなみに，光速を表す記号 c はラテン語で速さを表す "celeritus" の頭文字に由来する．最近では c_0 と書くことが推奨されている[1]．式(3.13)を用いると式(3.12)は

$$\nabla^2 E = \frac{\varepsilon\mu}{c^2}\frac{\partial^2 \boldsymbol{E}}{\partial t^2} \tag{3.14}$$

となる．これが波動方程式である．磁場に関しても同様の式が導かれる．

3.3 平面波

波動方程式(3.14)の一般解は座標系によりいろいろな形で与えられる．直交座標系では次式で表される平面波が一般解として用いられる．

$$\boldsymbol{E} = \boldsymbol{E}_0 \exp[i(\boldsymbol{k}\cdot\boldsymbol{r} - \omega t)] \tag{3.15}$$

$$\boldsymbol{H} = \boldsymbol{H}_0 \exp[i(\boldsymbol{k}\cdot\boldsymbol{r} - \omega t)] \tag{3.16}$$

ここで，$\boldsymbol{k} = (k_x, k_y, k_z)$ は波数ベクトルと呼ばれ，平面波の進行方向を与える．k_x, k_y および k_z がすべて実数の場合は平面波の波長 λ と $|\boldsymbol{k}| = 2\pi/\lambda$ の関係にある．$\boldsymbol{r}$ は位置ベクトルである．式(3.15)を波動方程式に代入すると，次式が得られる．

$$|\boldsymbol{k}|^2 = \varepsilon\mu\left(\frac{\omega}{c}\right)^2 \tag{3.17}$$

この式は平面波の分散関係，すなわち，波数ベクトルと周波数の関係を与える．

平面波における電場と磁場の大きさの関係は次式で与えられる．

$$\frac{|\boldsymbol{H}|}{|\boldsymbol{E}|} = \sqrt{\frac{\varepsilon\varepsilon_0}{\mu\mu_0}} = \frac{1}{Z_0}\sqrt{\frac{\varepsilon}{\mu}} = \frac{1}{Z} \tag{3.18}$$

ここで，Z_0 は

$$Z_0 = \sqrt{\frac{\mu_0}{\varepsilon_0}} = 4\pi c \times 10^{-7} = 376.730\,[\Omega] \tag{3.19}$$

で表される真空のインピーダンスと呼ばれる量で，Z は媒質のインピーダンスである．$\mu = 1$ の領域では，

$$\frac{|\boldsymbol{H}|}{|\boldsymbol{E}|} = \frac{n}{Z_0} \tag{3.20}$$

となる．

3.4 TE波とTM波

平面波はTEM波と表現されることもある．TEMは transverse electromagnetic の略であり，電磁波の進行方向(波数ベクトル $\boldsymbol{k}$ の向き)と電場および磁場の方向が直交していることを意味する．これに倣ってTE(transverse electric)波とTM(transverse magnetic)波が定義される．導波管や光ファイバー内では電場または磁場の一方のみが進行方向と直交する電磁波が存在する．電場だけが直交する波をTE波，磁場だけが直交する波をTM波と呼ぶ．

平面波と界面との相互作用を表す場合にも，TE波やTM波の表現が用いられる．

3.4 TE波とTM波

扱われる電磁波そのものは平面波なので，TEM波ではあるが，導波管の拡張解釈で，界面と入射面(波数ベクトルと界面法線を含む平面)の交線を進行方向と見立てて定義される．界面を基準に考えると，電場が界面に平行な(上で定義した電磁波の進行方向とは直交する)場合がTE波，磁場が界面に平行な場合がTM波と定義される．光学においてはs偏光，p偏光という表現もよく用いられる．s偏光はTE波に，p偏光はTM波に対応する．

3次元空間において1次元方向に一様な系を考える．y軸をこの一様な方向にとる．このような系では光の伝搬方向はxz面内にある．すなわち，$k_y = 0$である．また，このような平面波はy方向にのみ電場成分をもつTE波と，y方向にのみ磁場成分をもつTM波の和で表される．両者は独立なため，TE波とTM波は別々に取り扱うことができる．

TE波の場合，定義により常に$E_x = E_z = 0$である．したがって，計算においては電場E_yのみを扱えばよい．電場が与えられると磁場は式(3.1)から次のようにして簡単に求めることができる．

$$\nabla \times \boldsymbol{E} = -\frac{\partial \boldsymbol{B}}{\partial t} = i\mu\mu_0\omega \boldsymbol{H} \tag{3.21}$$

$$\begin{bmatrix} \dfrac{\partial E_z}{\partial y} - \dfrac{\partial E_y}{\partial z} \\ \dfrac{\partial E_x}{\partial z} - \dfrac{\partial E_z}{\partial x} \\ \dfrac{\partial E_y}{\partial x} - \dfrac{\partial E_x}{\partial y} \end{bmatrix} = i\mu\mu_0\omega \begin{bmatrix} H_x \\ H_y \\ H_z \end{bmatrix} \tag{3.22}$$

$E_x = E_z = 0$であることを用いると，

$$\begin{bmatrix} H_x \\ H_y \\ H_z \end{bmatrix} = \begin{bmatrix} \dfrac{i}{\mu\mu_0\omega}\dfrac{\partial E_y}{\partial z} \\ 0 \\ -\dfrac{i}{\mu\mu_0\omega}\dfrac{\partial E_y}{\partial x} \end{bmatrix} = \begin{bmatrix} -\dfrac{k_z}{\mu\mu_0\omega}E_y \\ 0 \\ \dfrac{k_x}{\mu\mu_0\omega}E_y \end{bmatrix} = \begin{bmatrix} -\dfrac{1}{\mu Z_0}\dfrac{k_z}{k_0}E_y \\ 0 \\ \dfrac{1}{\mu Z_0}\dfrac{k_x}{k_0}E_y \end{bmatrix} \tag{3.23}$$

となる．ただし，k_0は真空あるいは空気中を伝搬する電磁波(光)の波数ベクトルの絶対値である．同様に，TM波の場合は$H_x = H_z = 0$である．したがって，計算においては磁場H_yのみを扱えばよい．電場は式(3.2)から次のようにして簡単に求めることができる．

$$\nabla \times \boldsymbol{H} = \frac{\partial \boldsymbol{D}}{\partial t} = -i\varepsilon\varepsilon_0\omega \boldsymbol{E} \tag{3.24}$$

3 平面波とエバネッセント波

$$\begin{bmatrix} \dfrac{\partial H_z}{\partial y} - \dfrac{\partial H_y}{\partial z} \\ \dfrac{\partial H_x}{\partial z} - \dfrac{\partial H_z}{\partial x} \\ \dfrac{\partial H_y}{\partial x} - \dfrac{\partial H_x}{\partial y} \end{bmatrix} = -i\varepsilon\varepsilon_0\omega \begin{bmatrix} E_x \\ E_y \\ E_z \end{bmatrix} \quad (3.25)$$

$H_x = H_z = 0$ であることを用いると，

$$\begin{bmatrix} E_x \\ E_y \\ E_z \end{bmatrix} = \begin{bmatrix} -\dfrac{i}{\varepsilon\varepsilon_0\omega}\dfrac{\partial H_y}{\partial z} \\ 0 \\ \dfrac{i}{\varepsilon\varepsilon_0\omega}\dfrac{\partial H_y}{\partial x} \end{bmatrix} = \begin{bmatrix} \dfrac{k_z}{\varepsilon\varepsilon_0\omega}H_y \\ 0 \\ -\dfrac{k_x}{\varepsilon\varepsilon_0\omega}H_y \end{bmatrix} = \begin{bmatrix} \dfrac{Z_0}{\varepsilon}\dfrac{k_z}{k_0}H_y \\ 0 \\ -\dfrac{Z_0}{\varepsilon}\dfrac{k_x}{k_0}H_y \end{bmatrix} \quad (3.26)$$

となる．

3.5 ポインティングベクトルとエネルギー密度

電磁波のエネルギーの流れる方向，および，それに直交する単位面積を横切る単位時間あたりの電磁波のエネルギー束は次式で与えられるポインティングベクトルで記述される．

$$\boldsymbol{S} = \boldsymbol{E} \times \boldsymbol{H} \quad (3.27)$$

このような非線形な計算を行う場合，空間・時間依存項として $\exp[i(\boldsymbol{k}\cdot\boldsymbol{r} - \omega t)]$ をそのまま用いることはできない．振幅部分も含めて実部をとってから，演算を行う必要がある．その結果，TE 波の場合は，

$$\boldsymbol{S} = \begin{bmatrix} \dfrac{k_x}{\mu\mu_0\omega}E_y^{\,2}\cos^2(k_xx + k_zz - \omega t) \\ 0 \\ \dfrac{k_z}{\mu\mu_0\omega}E_y^{\,2}\cos^2(k_xx + k_zz - \omega t) \end{bmatrix} \quad (3.28)$$

となる．ポインティングベクトルの時間平均をとると，

3.5 ポインティングベクトルとエネルギー密度

$$\langle \boldsymbol{S} \rangle = \begin{bmatrix} \dfrac{k_x}{2\mu\mu_0\omega}E_y^2 \\ 0 \\ \dfrac{k_z}{2\mu\mu_0\omega}E_y^2 \end{bmatrix} \tag{3.29}$$

となる．また，ポインティングベクトルの大きさは

$$\langle |\boldsymbol{S}| \rangle = \frac{\sqrt{k_x^2 + k_z^2}}{2\mu\mu_0\omega}E_y^2 = \frac{1}{2Z_0}\sqrt{\frac{\varepsilon}{\mu}}E_y^2 \tag{3.30}$$

となる．TM 波の場合も同様に，

$$\langle \boldsymbol{S} \rangle = \begin{bmatrix} \dfrac{k_x}{2\varepsilon\varepsilon_0\omega}H_y^2 \\ 0 \\ \dfrac{k_z}{2\varepsilon\varepsilon_0\omega}H_y^2 \end{bmatrix} \tag{3.31}$$

となる．ポインティングベクトルの大きさは

$$\langle |\boldsymbol{S}| \rangle = \frac{\sqrt{k_x^2 + k_z^2}}{2\varepsilon\varepsilon_0\omega}H_y^2 = \frac{Z_0}{2}\sqrt{\frac{\mu}{\varepsilon}}H_y^2 \tag{3.32}$$

となる．

光の強度(intensity)はポインティングベクトルの大きさで定義される．すなわち，

$$I = \langle |\boldsymbol{S}| \rangle \tag{3.33}$$

となる．

一方，電磁波のエネルギー密度 U は

$$U = \frac{1}{2}\left(\varepsilon\varepsilon_0 \langle |\boldsymbol{E}|^2 \rangle + \mu\mu_0 \langle |\boldsymbol{H}|^2 \rangle\right) \tag{3.34}$$

で与えられる．したがって，TE 波の場合は，

$$U = \varepsilon\varepsilon_0 \langle |\boldsymbol{E}|^2 \rangle \tag{3.35}$$

TM 波の場合は，

$$U = \mu\mu_0 \langle |\boldsymbol{H}|^2 \rangle \tag{3.36}$$

で与えられる．

上で述べたエネルギー密度は分散が無視できる場合にのみ成り立つ．誘電率が負の値である金属の場合，式(3.35)を用いるとエネルギー密度が負になり，これは物理的に矛盾する．分散媒質中の光のエネルギー密度は

15

$$U = \frac{\varepsilon_0}{2}\frac{\mathrm{d}(\varepsilon\omega)}{\mathrm{d}\omega}\langle|\boldsymbol{E}|^2\rangle + \frac{\mu_0}{2}\frac{\mathrm{d}(\mu\omega)}{\mathrm{d}\omega}\langle|\boldsymbol{H}|^2\rangle = \frac{\varepsilon_0}{2\mu\omega}\frac{\mathrm{d}(\varepsilon\mu\omega^2)}{\mathrm{d}\omega}\langle|\boldsymbol{E}|^2\rangle \quad (3.37)$$

で与えられる[2]．誘電率として後述する Drude の式（損失は無視）を用いて，式(3.37) の電場のエネルギー密度の係数を計算すると，

$$\frac{\mathrm{d}(\varepsilon\omega)}{\mathrm{d}\omega} = 1 + \frac{\omega_\mathrm{p}^2}{\omega^2} \quad (3.38)$$

となり，誘電率が負の領域でも電場のエネルギー密度は正の値となる．なお，式(3.37) は吸収の小さい周波数領域でのみ正しい．異常分散領域では，光と物質の相互作用が強くなり，光のエネルギーと物質のエネルギーを分けて考えることが難しくなる．このような領域では，孤立した光のエネルギーは定義できず，光と物質が結合した系全体で考える必要がある．

3.6　平面波の反射と透過

図 3.1 に示すように，媒質 1 と媒質 2 が界面 $z=0$ で接している系において，その界面に媒質 1 側から平面波が入射する場合を考える．入射平面波は次式で表される．ただし，これ以降，時間依存項 $\exp(-i\omega t)$ は省略する．

$$S_\mathrm{i} \exp[i(k_x x + k_{z1} z)] \quad (3.39)$$

同様に，反射波は

$$S_\mathrm{r} \exp[i(k_x x - k_{z1} z)] \quad (3.40)$$

透過波は

$$S_\mathrm{t} \exp[i(k_x x + k_{z2} z)] \quad (3.41)$$

で表される．S_i, S_r, および S_t は TE 波の場合には電場を，TM 波の場合には磁場を表す．また，k_{z1} および k_{z2} はそれぞれ媒質 1 および媒質 2 における平面波の波数ベクトルの z 成分である．ここで，S_r, S_t と S_i の関係を求める．$z=0$ での境界条件は次の 2 つの式で与えられる．

$$S_\mathrm{i} + S_\mathrm{r} = S_\mathrm{t} \quad (3.42)$$

$$\frac{k_{z1}}{\xi_1}S_\mathrm{i} - \frac{k_{z1}}{\xi_1}S_\mathrm{r} = \frac{k_{z2}}{\xi_2}S_\mathrm{t} \quad (3.43)$$

ここで，ξ_i は TE 波の場合は μ_i，TM 波の場合は ε_i である．これらの 2 つの式より，反射係数 r_{12} および透過係数 t_{12} は次式で得られる．

3.6 平面波の反射と透過

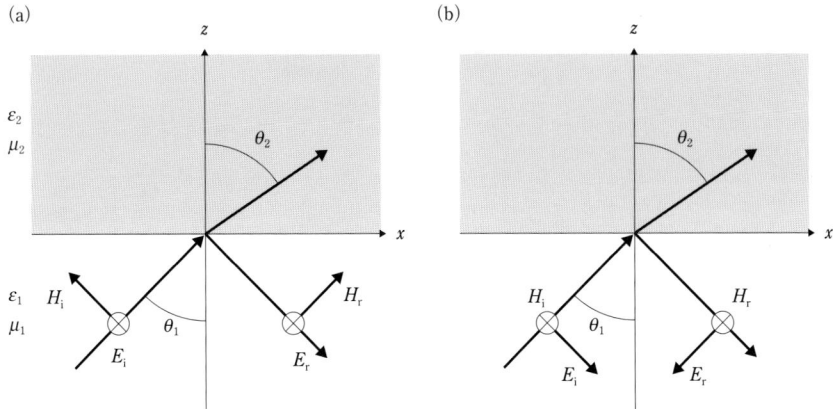

図 3.1 平面界面における反射と透過
(a) TE 波の場合，(b) TM 波の場合．

$$r_{12} = \frac{S_r}{S_i} = \frac{\dfrac{k_{z1}}{\xi_1} - \dfrac{k_{z2}}{\xi_2}}{\dfrac{k_{z1}}{\xi_1} + \dfrac{k_{z2}}{\xi_2}} \tag{3.44}$$

$$t_{12} = \frac{S_t}{S_i} = \frac{2\dfrac{k_{z1}}{\xi_1}}{\dfrac{k_{z1}}{\xi_1} + \dfrac{k_{z2}}{\xi_2}} \tag{3.45}$$

垂直入射の場合，TE 波と TM 波で r_{12} の符号が逆になる．これは，両者で場のベクトルのとり方が異なることに起因する．Born と Wolf [3] や鶴田 [4] はここで述べたものと同じ定義をしている．Stratton は垂直入射で矛盾がないように場の向きを定義している [5]．

上の式より，これらの係数の間には次の関係があることがわかる．

$$r_{21} = -r_{12} \tag{3.46}$$

$$t_{12} = 1 + r_{12} \tag{3.47}$$

$$t_{21} = 1 + r_{21} = 1 - r_{12} \tag{3.48}$$

ただし，r_{21} および t_{21} は媒質 2 側から入射したときの係数である．この関係は単一界面のときにのみ成り立つ．多層膜のときは成り立たない．

反射係数および透過係数からエネルギー反射率およびエネルギー透過率が求まる．まず，TE 波の場合について考える．界面の単位面積あたり，単位時間あたりに入射

する光のエネルギー J_i は

$$J_i = \cos\theta_1 \langle |\boldsymbol{S}_i| \rangle = \frac{1}{2Z_0}\sqrt{\frac{\varepsilon_1}{\mu_1}}\cos\theta_1 E_y^2 \tag{3.49}$$

となる．同様に，界面の単位面積あたり，単位時間あたりに界面を透過していく光のエネルギー J_t は

$$J_t = \cos\theta_2 \langle |\boldsymbol{S}_t| \rangle = \frac{1}{2Z_0}\sqrt{\frac{\varepsilon_2}{\mu_2}}\cos\theta_2 |t_{12}|^2 E_y^2 \tag{3.50}$$

となる．したがって，エネルギー透過率 T は次式で与えられる．

$$T = \frac{J_t}{J_i} = \sqrt{\frac{\varepsilon_2\mu_1}{\varepsilon_1\mu_2}}\frac{\cos\theta_2}{\cos\theta_1}|t_{12}|^2 \tag{3.51}$$

同様に，TM 波の場合は，

$$T = \sqrt{\frac{\varepsilon_1\mu_2}{\varepsilon_2\mu_1}}\frac{\cos\theta_2}{\cos\theta_1}|t_{12}|^2 \tag{3.52}$$

となる．

$\mu = 1$ が成り立つ条件において，単一界面における"電場"に対する反射係数および透過係数はフレネル（Fresnel）係数と呼ばれる．フレネル反射係数は r_{12} と同じで，

$$r_s = r_{12}^{\mathrm{TE}} = \frac{k_{z1} - k_{z2}}{k_{z1} + k_{z2}} \tag{3.54}$$

$$r_p = r_{12}^{\mathrm{TM}} = \frac{\dfrac{k_{z1}}{\varepsilon_1} - \dfrac{k_{z2}}{\varepsilon_2}}{\dfrac{k_{z1}}{\varepsilon_1} + \dfrac{k_{z2}}{\varepsilon_2}} \tag{3.53}$$

となる．TE 波に対するフレネル透過係数も t_{12} と同じで，

$$t_s = t_{12}^{\mathrm{TE}} = \frac{2k_{z1}}{k_{z1} + k_{z2}} \tag{3.55}$$

となる．TM 波に関しては，式(3.20)の関係を用いると，

$$t_p = t_{12}^{\mathrm{TM}} = \frac{n_1}{n_2}\frac{2\dfrac{k_{z1}}{\varepsilon_1}}{\dfrac{k_{z1}}{\varepsilon_1} + \dfrac{k_{z2}}{\varepsilon_2}} \tag{3.56}$$

となる．

フレネル係数を入射角 θ_1，屈折角 θ_2，屈折率 n_1, n_2 で表す．

$$k_{zi} = \sqrt{\varepsilon_i k_0^2 - k_x^2} = \sqrt{n_i^2 k_0^2 - n_1^2 k_0^2 \sin^2\theta_1} = n_i k_0 \cos\theta_i \tag{3.57}$$

となり，この関係と $\varepsilon_i = n_i^2$ の関係を用いると，

$$r_{\rm s} = \frac{n_1 \cos\theta_1 - n_2 \cos\theta_2}{n_1 \cos\theta_1 + n_2 \cos\theta_2} \tag{3.58}$$

$$r_{\rm p} = \frac{n_2 \cos\theta_1 - n_1 \cos\theta_2}{n_2 \cos\theta_1 + n_1 \cos\theta_2} \tag{3.59}$$

$$t_{\rm s} = \frac{2 n_1 \cos\theta_1}{n_1 \cos\theta_1 + n_2 \cos\theta_2} \tag{3.60}$$

$$t_{\rm p} = \frac{2 n_1 \cos\theta_1}{n_2 \cos\theta_1 + n_1 \cos\theta_2} \tag{3.61}$$

となり,光学の教科書でよく見かける形となる.

3.7 多層構造における反射と透過

多層構造における反射や透過を取り扱う場合,界面が複数あるため多重反射とそれらの間の干渉の影響を考えなくてはならない.3層構造においてこの様子を光線で表したものを図 3.2 に示す.媒質 1 と媒質 2 の界面の媒質 1 側の表面における入射光の振幅を S_0 で,媒質 1 に出ていく各光波の振幅を $S_l (l = 1, 2, \cdots)$ で表すと,反射光の振幅 $S_{\rm r}$ は

$$S_{\rm r} = \sum_{l=1}^{\infty} S_l \tag{3.62}$$

となる.振幅 S_l は各界面における透過および反射,ならびに媒質 2 を往復することによる位相遅れを考慮すると次式で表される.

$$S_l = \begin{cases} S_0 r_{12} & (l = 1) \\ S_0 t_{12} t_{21} r_{21}^{-1} \left[r_{23} r_{21} \exp(2 i k_{z2} h_2) \right]^{l-1} & (l > 1) \end{cases} \tag{3.63}$$

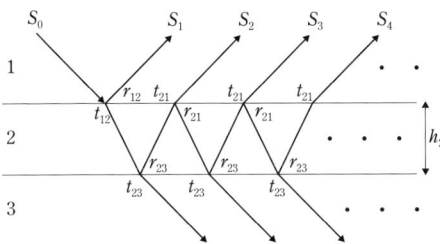

図 3.2　3 層構造における反射と透過

ここで，h_2 は媒質 2(中間層)の厚さである．式(3.63)を式(3.62)に代入すると，反射光の振幅は

$$S_r = S_0 \left[r_{12} + \frac{t_{12}t_{21}}{r_{21}} \frac{r_{23}r_{21} \exp(2ik_{z2}h_2)}{1 - r_{23}r_{21} \exp(2ik_{z2}h_2)} \right] \tag{3.64}$$

となる．ここで，式(3.46)，式(3.47)，式(3.48)の関係を用いると式(3.64)は

$$S_r = S_0 \left[\frac{r_{12} + r_{23} \exp(2ik_{z2}h_2)}{1 + r_{12}r_{23} \exp(2ik_{z2}h_2)} \right] \tag{3.65}$$

となる．したがって反射係数 r_{123} は

$$r_{123} = \frac{S_r}{S_0} = \frac{r_{12} + r_{23} \exp(2ik_{z2}h_2)}{1 + r_{12}r_{23} \exp(2ik_{z2}h_2)} \tag{3.66}$$

となる．透過係数も同様に導くことができ，

$$t_{123} = \frac{t_{12}t_{23} \exp(ik_{z2}h_2)}{1 + r_{12}r_{23} \exp(2ik_{z2}h_2)} \tag{3.67}$$

となる．

4層の場合は反射係数を再帰的に求めることで次式で与えられる．

$$\begin{aligned} r_{1234} &= \frac{r_{12} + r_{234} \exp(2ik_{z2}h_2)}{1 + r_{12}r_{234} \exp(2ik_{z2}h_2)} \\ &= \frac{r_{12}[1 + r_{23}r_{34} \exp(2ik_{z3}h_3)] + [r_{23} + r_{34} \exp(2ik_{z3}h_3)] \exp(2ik_{z2}h_2)}{1 + r_{23}r_{34} \exp(2ik_{z3}h_3) + r_{12}[r_{23} + r_{34} \exp(2ik_{z3}h_3)] \exp(2ik_{z2}h_2)} \end{aligned} \tag{3.68}$$

さらに5層以上の場合も同様に導くことができる．ただし，層数が多くなれば，次に述べる透過行列法を用いたほうが便利である．

3.8 透過行列法

多層構造における反射係数や透過係数を求める場合，透過行列(transmission matrix : T-matrix)法を用いるのが一般的である．図 3.3 に示す系を考える．第 L 層が入射側媒質である．変数として各界面での電場と磁場をとるのが一般的であるが，ここでは，8.3 節で述べる厳密結合波解析(RCWA)法との整合性を考えて，TM 波の場合には界面における磁場の $+z$ 方向に伝搬する成分 H_l^+ と $-z$ 方向に伝搬する成分 H_l^- を，また，TE 波の場合には界面における電場の $+z$ 方向に伝搬する成分 E_l^+ と $-z$ 方向に伝搬する成分 E_l^- を変数とする方法について述べる．ここでは，TM 波の場合について述べる．第 l 層内の磁場は次式で書ける．

$$H_l(z) = H_l^+ \exp(ik_{zl}z) + H_l^- \exp(-ik_{zl}z) \tag{3.69}$$

ここで，H_l^+ と H_l^- は第 l 層の下側界面における磁場である．一方，式(3.26)を用いると，電場の x 成分は次式で与えられる．

$$E_l(z) = \frac{k_{zl}Z_0}{k_0\varepsilon_l} H_l^+ \exp(ik_{zl}z) - \frac{k_{zl}Z_0}{k_0\varepsilon_l} H_l^- \exp(-ik_{zl}z) \tag{3.70}$$

ただし，z 座標は各層において下側の界面を基準にとっている．第 l 層と第 $l+1$ 層との界面では次の境界条件が成立する．

$$H_{l+1}(0) = H_l(h_l) \tag{3.71}$$

$$E_{l+1}(0) = E_l(h_l) \tag{3.72}$$

書き下すと，

$$H_{l+1}^+ + H_{l+1}^- = H_l^+ \exp(ik_{zl}h_l) + H_l^- \exp(-ik_{zl}h_l) \tag{3.73}$$

$$\frac{k_{zl+1}}{\varepsilon_{l+1}} H_{l+1}^+ - \frac{k_{zl+1}}{\varepsilon_{l+1}} H_{l+1}^- = \frac{k_{zl}}{\varepsilon_l} H_l^+ \exp(ik_{zl}h_l) - \frac{k_{zl}}{\varepsilon_l} H_l^- \exp(-ik_{zl}h_l) \tag{3.74}$$

となる．これを行列形式に書き直すと，

$$\begin{bmatrix} 1 & 1 \\ \alpha_{l+1} & -\alpha_{l+1} \end{bmatrix} \begin{bmatrix} H_{l+1}^+ \\ H_{l+1}^- \end{bmatrix} = \begin{bmatrix} 1 & 1 \\ \alpha_l & -\alpha_l \end{bmatrix} \begin{bmatrix} \exp(ik_{zl}h_l) & 0 \\ 0 & \exp(-ik_{zl}h_l) \end{bmatrix} \begin{bmatrix} H_l^+ \\ H_l^- \end{bmatrix} \tag{3.75}$$

となる．ただし，$\alpha_l = k_{zl}/\varepsilon_l$ である．さらに，

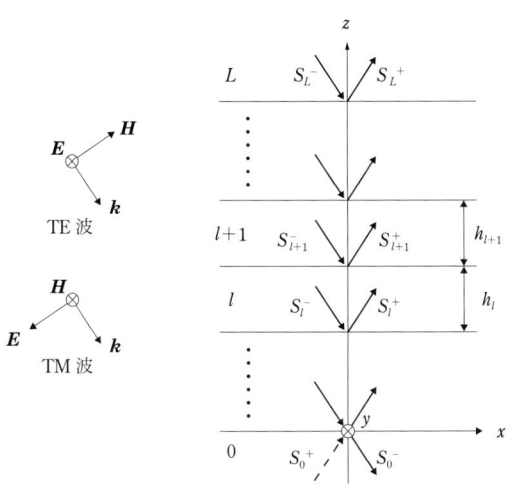

図 3.3　多層構造における反射と透過

3 平面波とエバネッセント波

$$\begin{bmatrix} H_{l+1}^+ \\ H_{l+1}^- \end{bmatrix} = \mathrm{M}_l \begin{bmatrix} H_l^+ \\ H_l^- \end{bmatrix} \tag{3.76}$$

となる．ただし，

$$\mathrm{M}_l = \begin{bmatrix} 1 & 1 \\ \alpha_{l+1} & -\alpha_{l+1} \end{bmatrix}^{-1} \begin{bmatrix} 1 & 1 \\ \alpha_l & -\alpha_l \end{bmatrix} \begin{bmatrix} \exp(ik_{zl}h_l) & 0 \\ 0 & \exp(-ik_{zl}h_l) \end{bmatrix} \tag{3.77}$$

である．M_l は l 層の透過行列（T-matrix）と呼ばれる．これを用いると最初と最後の層における電磁場の関係は次式で表される．

$$\begin{bmatrix} H_L^+ \\ H_L^- \end{bmatrix} = \mathrm{M}_{L-1} \mathrm{M}_{L-2} \cdots \mathrm{M}_0 \begin{bmatrix} H_0^+ \\ H_0^- \end{bmatrix} = \mathrm{M} \begin{bmatrix} H_0^+ \\ H_0^- \end{bmatrix} \tag{3.78}$$

ここで，

$$\mathrm{M} = \begin{bmatrix} m_{11} & m_{12} \\ m_{21} & m_{22} \end{bmatrix} \tag{3.79}$$

は系全体の透過行列である．M を用いると反射係数 r は

$$r = \frac{H_L^+}{H_L^-} = \frac{m_{12}}{m_{22}} \tag{3.80}$$

となる．同様に，透過係数 t は

$$t = \frac{H_0^-}{H_L^-} = \frac{1}{m_{22}} \tag{3.81}$$

となる．TE 波の場合も同様に計算できる．

3.9 全反射とエバネッセント波

入射側である媒質 1 においては，k_x および k_{z1} はともに実数である．しかしながら，透過側である媒質 2 の $\varepsilon_2\mu_2$ が媒質 1 の $\varepsilon_1\mu_1$ より小さい場合，k_{z2} は虚数となる場合がある．分散関係より，媒質 2 における波数 k_{z2} は次式で表される．

$$k_{z2} = \sqrt{\varepsilon_2\mu_2\left(\frac{\omega}{c}\right)^2 - k_x^2} \tag{3.82}$$

したがって，$k_x^2 > \varepsilon_2\mu_2\left(\frac{\omega}{c}\right)^2$ のとき，k_{z2} は虚数となる．

$$k_{z2} = i|k_{z2}| \tag{3.83}$$

とおくと，反射係数 r_{12} は

$$r_{12} = \frac{S_r}{S_i} = \frac{\dfrac{k_{z1}}{\xi_1} - \dfrac{i|k_{z2}|}{\xi_2}}{\dfrac{k_{z1}}{\xi_1} + \dfrac{i|k_{z2}|}{\xi_2}} \tag{3.84}$$

となり，反射率 R_{12} は

$$R_{12} = |r_{12}|^2 = 1 \tag{3.85}$$

となることがわかる．すなわち，このような条件では透過波は存在せず，すべてのエネルギーが反射される．このような現象を全反射という．

さて，全反射となった場合，媒質2側には電磁場はまったく存在しないのであろうか？ 電場あるいは磁場に関する境界条件を考えてみると，媒質1側の界面において電磁場が0でない限り，媒質2側にも電磁場が存在するはずである．この電磁場を考える．

上に述べたように，この電磁場の波数ベクトル $\boldsymbol{k}$ は次式で与えられる．

$$\boldsymbol{k} = \begin{bmatrix} k_x \\ 0 \\ \sqrt{\varepsilon_2\mu_2\left(\dfrac{\omega}{c}\right)^2 - k_x^2} \end{bmatrix} = \begin{bmatrix} k_x \\ 0 \\ i\sqrt{k_x^2 - \varepsilon_2\mu_2\left(\dfrac{\omega}{c}\right)^2} \end{bmatrix} = \begin{bmatrix} k_x \\ 0 \\ i|k_z| \end{bmatrix} \tag{3.86}$$

これを透過波の式（式(3.41)）に代入すると，

$$S = S_t \exp(ik_x x - |k_z|z) \tag{3.87}$$

となる．この式からわかるように，この電磁波は x 方向には振動しながら伝搬するが，z 方向には指数関数的に減衰する．したがって，界面から十分遠方の媒質2中には電磁場は存在しない．式(3.87)で表されるような界面に沿っては伝搬するが，界面から離れるに従って，指数関数的に減衰する波をエバネッセント(evanescent)波と呼ぶ．"evanescent" とは「消え入る」という意味である．エバネッセント波の振幅が界面における振幅の $1/e$ になる界面からの距離 $|k_z|^{-1}$ はエバネッセント波(場)の侵入長と呼ばれる．

3.10 エバネッセント波のポインティングベクトル

エバネッセント波の場合は波数ベクトルの1つの成分 k_z が虚数になっている．ポ

3 平面波とエバネッセント波

インティングベクトルの導出において場の実部をとるときにはこのことを考慮しなければならない．ここでは TE 波の場合を考える．

$$\boldsymbol{E} = \begin{bmatrix} 0 \\ \mathrm{Re}\{E_y \exp[i(k_x x + k_z z - \omega t)]\} \\ 0 \end{bmatrix} = \begin{bmatrix} 0 \\ E_y \cos(k_x x - \omega t)\exp(-|k_z|z) \\ 0 \end{bmatrix} \quad (3.88)$$

$$\boldsymbol{H} = \begin{bmatrix} \mathrm{Re}\left\{-\dfrac{k_z}{\mu\mu_0\omega} E_y \exp[i(k_x x + k_z z - \omega t)]\right\} \\ 0 \\ \mathrm{Re}\left\{\dfrac{k_x}{\mu\mu_0\omega} E_y \exp[i(k_x x + k_z z - \omega t)]\right\} \end{bmatrix}$$

$$= \begin{bmatrix} \dfrac{|k_z|}{\mu\mu_0\omega} E_y \sin(k_x x - \omega t)\exp(-|k_z|) \\ 0 \\ \dfrac{k_x}{\mu\mu_0\omega} E_y \cos(k_x x - \omega t)\exp(-|k_z|) \end{bmatrix} \quad (3.89)$$

すなわち，H_x の成分だけが他の成分と比較して，位相が $\pi/2$ だけずれていることに注意しなければならない．その結果，エバネッセント波のポインティングベクトルは

$$\boldsymbol{S} = \boldsymbol{E} \times \boldsymbol{H}$$

$$= \begin{bmatrix} \dfrac{k_x}{\mu\mu_0\omega} E_y^2 \cos^2(k_x x - \omega t)\exp(-2|k_z|) \\ 0 \\ -\dfrac{|k_z|}{\mu\mu_0\omega} E_y^2 \cos(k_x x - \omega t)\sin(k_x x - \omega t)\exp(-2|k_z|) \end{bmatrix} \quad (3.90)$$

となる．時間平均をとると，

$$\langle \boldsymbol{S} \rangle = \begin{bmatrix} \dfrac{k_x}{2\mu\mu_0\omega} E_y^2 \exp(-2|k_z|) \\ 0 \\ 0 \end{bmatrix} \quad (3.91)$$

となり，ポインティングベクトルの z 成分は 0 となる．すなわち，エバネッセント波では界面と平行な方向にのみエネルギーの流れが存在し，界面と垂直な方向にエネルギーの流れは存在しないことがわかる．

3.11 分散関係

波の伝搬における周波数と波数の関係を分散関係という．もともとは，物質の屈折率の周波数依存性を屈折率分散と呼んだことに由来する．分散のない(屈折率が周波数に依存しない)媒質では，周波数は波数に比例する．実際には，分散のない物質は存在せず，真空のみが無分散である．真空中の光の分散関係は次式で与えられる．

$$k = \frac{\omega}{c} \tag{3.92}$$

ここで，ω，k および c はそれぞれ光の角周波数，波数，真空中の光速である．光子のエネルギーは $\hbar\omega$ で，また，運動量は $\hbar k$ で表される．ただし，$\hbar = h/2\pi$ (h はプランク定数)である．したがって，分散関係は波のエネルギーと運動量の関係を表しているともいえる．通常，分散関係は角周波数(またはエネルギー)を縦軸に，波数を横軸にとったグラフに表される．真空における光の分散関係は図3.4(b)に示されるように直線となる．この直線はしばしば(真空における)ライトライン(light line)と呼ばれる．屈折率 n をもつ媒質中の光の分散関係は

$$k = n\frac{\omega}{c} \tag{3.93}$$

となる．n が1より大きく，周波数に依存しないならば，この分散関係は真空におけ

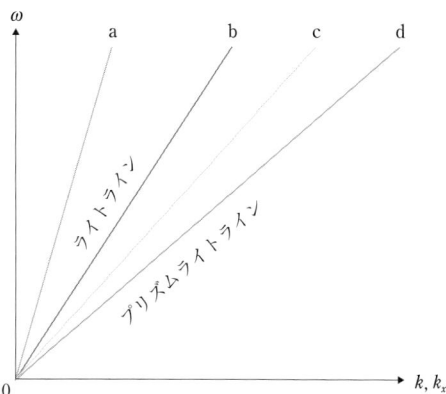

図 3.4 種々の光の分散関係
(a)真空中の光の界面に平行な波数ベクトル成分に対する分散関係，(b)真空中の光に対する分散関係(ライトライン)，(c)エバネッセント波の分散関係(プリズム中の光の界面に平行な波数ベクトル成分に対する分散関係)，(d)プリズム中の光の分散関係(プリズムライトライン)

るライトラインより傾きの小さい直線となる（図3.4(d)）．媒質がプリズムであるとき，この直線はプリズムライトラインと呼ばれることもある．表面プラズモンやエバネッセント波のような界面を伝搬する波と伝搬光との相互作用を考える場合，伝搬光の波数そのものを横軸にとるのではなく，波数の界面と平行な成分（接線成分）を横軸にとったほうが便利である．図3.5(a)のように，界面に角度 θ で入射する光の波数の接線成分 k_x は

$$k_x = \frac{\omega}{c}\sin\theta \tag{3.94}$$

となる．これを図示すると図3.4(a)のような直線となる．この直線は縦軸とライトラインの間に位置する．入射角が0°のとき，すなわち垂直入射の場合は縦軸と一致する．

図3.5(b)のようなプリズム内の光と全反射によって生じるエバネッセント波の分散関係を考える．プリズムの屈折率を n，プリズム底面への入射角を θ とする．プリズム内を伝搬する光の波数の接線成分 k_x は

$$k_x = k\sin\theta = n\frac{\omega}{c}\sin\theta \tag{3.95}$$

で与えられる．この分散関係は図3.4のプリズムライトラインと縦軸との間に位置する．入射角 θ が臨界角 θ_c の場合，この分散関係はライトラインと一致する．また，臨界角以上の入射角では全反射が起き，空気側にエバネッセント波がしみ出る．平坦な界面の両側において，波数の接線成分は保存される．したがって，エバネッセント波の波数 k_{ev} も同じ式

$$k_{ev} = k_x = \frac{n\omega}{c}\sin\theta \tag{3.96}$$

で与えられる．エバネッセント波の分散関係は図3.4(c)のようになる．すなわち，エバネッセント波の分散関係はライトラインとプリズムライトラインの間に位置する．入射角が90°の場合，分散関係はプリズムライトラインと一致し，入射角が臨界角の場合，分散関係はライトラインと一致する．

分散関係の図において，原点と分散曲線上の点を結んだ直線の傾き $v_p = k/\omega$ は波

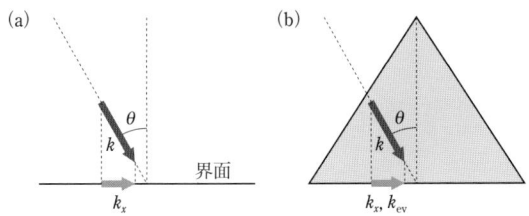

図3.5 (a)界面に入射する光の波数，(b)プリズム内の光の波数とその接線成分

の位相速度(phase velocity)を与える．位相速度とは波の速度の一つである．波の速度には三つの定義があり，残り二つは，群速度(group velocity)と波頭速度(front velocity)である．これらの速度のうち，波頭速度だけは真空中の光速 c を超えられない．

群速度 v_g は光のエネルギーの伝わる速さである．真空中では群速度も位相速度も等しい．しかし，媒質中では両者は一般に異なる．群速度 v_g は

$$v_g = \frac{d\omega}{dk} \tag{3.97}$$

で与えられ，群速度は分散曲線の傾きに等しい．媒質に分散がある場合，一般に位相速度と群速度は異なる．

参考文献

1) 北野正雄，"光速をめぐって"，cue：京都大学電気関係教室技術情報誌，No.17(2007-3)，pp.11-16
2) D. L. Landau, E. M. Lifshitz, and L. P. Pitaevskii, *Electrodynamics of Continuous Media, 2nd Ed.*, Pergamon Press, Oxford(1984), p.272
3) M. Born and E. Wolf, *Principles of Optics, 7th Ed.*, Cambridge University Press, Cambridge (1999)
4) 鶴田匡夫，応用光学，培風館(1990)
5) J. A. Stratton, *Electromagnetic Theory*, McGraw-Hill, New York(1941)

4 金属の誘電率

本章では，理想的な金属の誘電率を表すモデルとして，Drude モデルについて述べる．実際の金属としてプラズモニクスでは金と銀が多用されるが，紫外・可視域におけるこれらの金属の誘電率に影響を及ぼしているバンド間遷移について述べる．さらに金属のサイズが小さくなったときに誘電率の値がバルクのそれからずれる現象であるサイズ効果についても述べる．

4.1 Drude モデル

金属の誘電率は一般に自由電子による項 ε_f とバンド間遷移(interband transition)による項 ε_{ib} の和で表される．自由電子による項 ε_f は Drude の自由電子モデルによって表される．このモデルは Lorentz の調和振動子モデルにおいてばね定数を 0 としたものと等しい．自由電子の運動方程式は次式で与えられる．

$$m\frac{d^2\boldsymbol{r}}{dt^2} + m\Gamma\frac{d\boldsymbol{r}}{dt} = -e\boldsymbol{E}_0 \exp(-i\omega t) \tag{4.1}$$

ここで，r は電子の平均位置からの変位，m は電子の質量，e は電子の電荷，$\boldsymbol{E} = \boldsymbol{E}_0 \exp(-i\omega t)$ は外部電場，そして Γ は減衰定数である．式(4.1)を解くことによって次式が得られる．

$$\boldsymbol{r} = \frac{e\boldsymbol{E}_0 \exp(-i\omega t)}{m(\omega^2 + i\Gamma\omega)} \tag{4.2}$$

双極子モーメントは $\boldsymbol{p} = -e\boldsymbol{r}$ で与えられる．分極 $\boldsymbol{P}$ は単位体積あたりの双極子モーメントと定義されているため，N を単位体積あたりの自由電子の数とすると，$\boldsymbol{P} = N\boldsymbol{p}$ となる．簡単のため，等方性の媒質($\boldsymbol{P} \parallel \boldsymbol{E}$)を考えると，電束密度 $\boldsymbol{D}$ は

$$\boldsymbol{D} = \varepsilon_f \varepsilon_0 \boldsymbol{E} = \varepsilon_0 \boldsymbol{E} + \boldsymbol{P} \tag{4.3}$$

これより，誘電率 ε_f は

$$\varepsilon_\mathrm{f} = 1 + \frac{|\bm{P}|}{\varepsilon_0 |\bm{E}|} \tag{4.4}$$

となる．式(4.2)を用いると，

$$\varepsilon_\mathrm{f}(\omega) = 1 - \frac{\omega_\mathrm{p}^2}{\omega^2 + i\Gamma\omega} = 1 - \frac{\omega_\mathrm{p}^2}{\omega^2 + \Gamma^2} + i\frac{\omega_\mathrm{p}^2 \Gamma}{\omega(\omega^2 + \Gamma^2)} \tag{4.5}$$

となる．ここで，ω_p はプラズマ周波数で，

$$\omega_\mathrm{p} = \left(\frac{Ne^2}{\varepsilon_0 m}\right)^{1/2} \tag{4.6}$$

で与えられる．減衰定数 Γ は電子の平均自由行程 l とフェルミ速度 v_F を用いて次のように関連づけられる．

$$\Gamma = \frac{v_\mathrm{F}}{l} \tag{4.7}$$

4.2　バンド間遷移

　実際の金属では自由電子の影響だけでなく，バンド間遷移の影響も考えなければならない．ナトリウムやカリウムなどのアルカリ金属の場合，バンドギャップが大きいため可視域ではその影響はほとんど無視できる．しかし，これらの金属は空気中で安定に取り扱えないため，プラズモニクスでは金や銀などの貴金属が主として用いられる．これらの金属では可視域においてバンド間遷移の影響は無視できない．貴金属の場合，バンド間遷移は d バンドから sp バンドへの遷移である．銅，銀，金の場合，それぞれ 3d → 4sp，4d → 5sp，5d → 6sp の遷移となる．また自由電子はそれぞれ 4s，5s，6s バンドの電子である．

　金や銅の場合，バンド間遷移による吸収端が可視域にある（Cu：2.08 eV(600 nm)，Ag：3.87 eV(320 nm)，Au：2.45 eV(500 nm)）．そのため，色が付いている．銀の場合，吸収端は紫外域にあるが，可視域の誘電率に大きな影響を与えている．実際の金属の誘電率は自由電子による誘電率 ε_f とバンド間遷移による誘電率 ε_ib との和で表され，次式で与えられる．

$$\varepsilon(\omega) = \varepsilon_\mathrm{f}(\omega) + \varepsilon_\mathrm{ib}(\omega) = 1 - \frac{\omega_\mathrm{p}^2}{\omega^2 + i\Gamma\omega} + \varepsilon_\mathrm{ib}(\omega) \tag{4.8}$$

4.3　サイズ効果

　金属が微粒子の場合，そのサイズが小さくなると誘電率の値がバルクの誘電率の値からずれてくる．その理由は，粒子の径が電子の平均自由行程より短くなると，電子

がその距離を移動する前に粒子の表面に衝突し，散乱されるためである．この影響を考慮した減衰定数は次式で与えられる．

$$\Gamma = \Gamma_{\text{bulk}} + A\frac{v_F}{r_1} \tag{4.9}$$

ここで，v_F はフェルミ速度，r_1 は粒子の半径である．A は定数で，粒子の形状や採用する理論によって異なり，1 前後の値をとる．バルク金属における実験で得られた誘電関数 $\varepsilon_{\text{exp}}(\omega)$ を用いると，サイズ効果を含めた誘電率は次のように与えられる．

$$\varepsilon(\omega) = \varepsilon_{\text{exp}}(\omega) + \frac{\omega_p^2}{\omega^2 + i\Gamma_{\text{bulk}}\omega} - \frac{\omega_p^2}{\omega^2 + i\Gamma\omega} \tag{4.10}$$

ω_p と Γ_{bulk} はそれぞれバンド間遷移の影響が無視できる近赤外域における誘電率の実験値に，$\omega \gg \Gamma_{\text{bulk}}$ で成り立つ次の式をフィッティングすることによって求められる．

$$\text{Re}[\varepsilon(\omega)] \simeq 1 - \frac{\omega_p^2}{\omega^2} \tag{4.11}$$

$$\text{Im}[\varepsilon(\omega)] \simeq \frac{\omega_p^2}{\omega^3}\Gamma_{\text{bulk}} \tag{4.12}$$

表 4.1 に銅，銀，金のプラズマ周波数，減衰定数およびフェルミ速度を示す．また，図 4.1，図 4.2 には式(4.10)を用いて計算した銀と金の誘電関数を示す．それぞれの金

表 4.1　銅，銀，金のプラズマ周波数，減衰定数およびフェルミ速度[1,2]

	銅	銀	金
プラズマ周波数 $\omega_p (10^{15}\ \text{s}^{-1})$[1]	13.4	14.0	13.8
減衰定数 $\tau = 1/\Gamma_{\text{bulk}} (10^{-15}\ \text{s})$[1]	6.9	31	9.3
フェルミ速度 $v_F (10^8\ \text{cm s}^{-1})$[2]	1.57	1.39	1.39

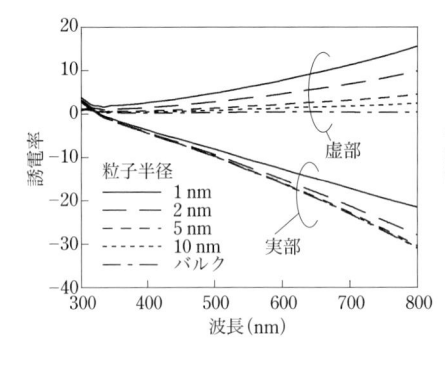

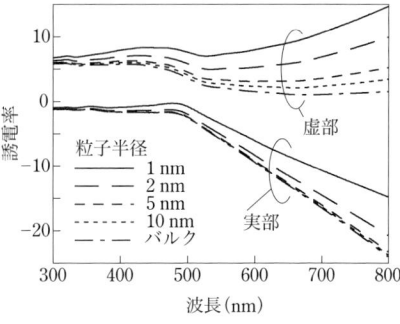

図 4.1　サイズ効果を考慮した銀の誘電関数　　図 4.2　サイズ効果を考慮した金の誘電関数

図 4.3 ナトリウムの誘電関数[3]

図 4.4 プラチナの誘電関数[4]

図 4.5 クロムの誘電関数[5]

図 4.6 タングステンの誘電関数[4]

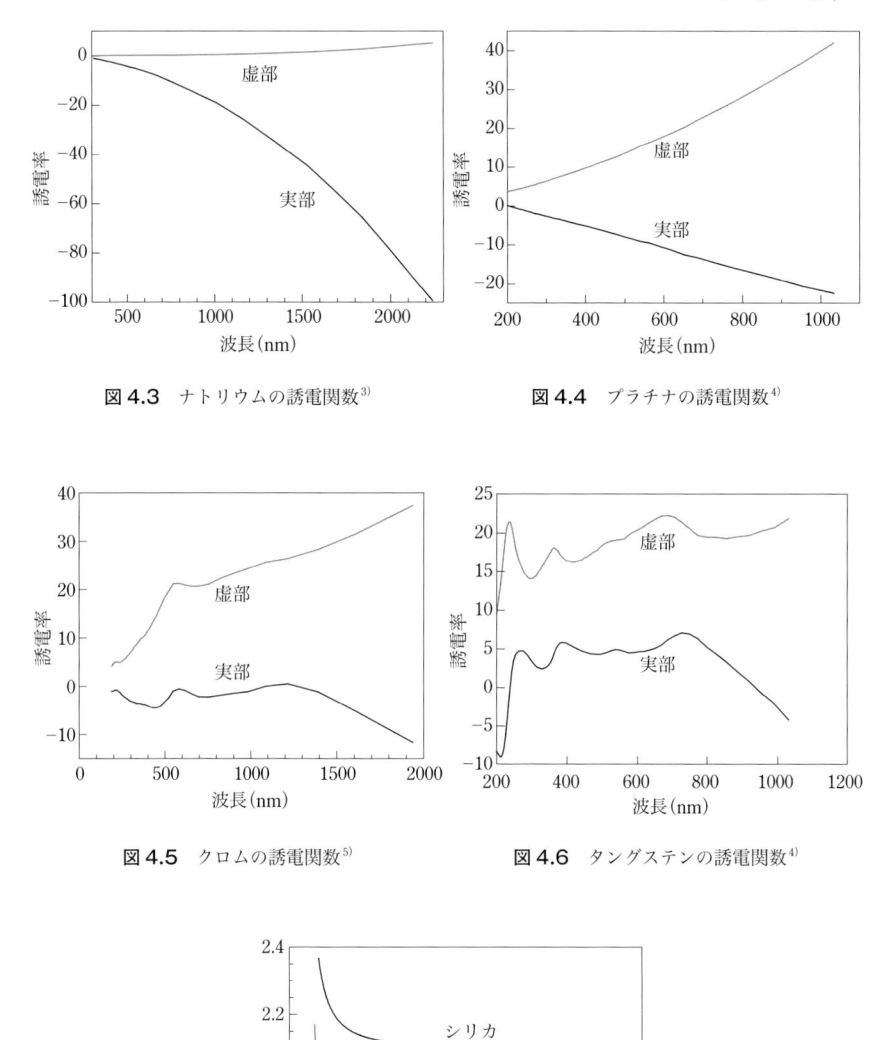

図 4.7 水の誘電関数[6]とシリカの誘電関数[7]

4 金属の誘電率

属のバルクでの誘電率は Johnson と Christy の論文[1]を参照した．本書の以下の計算ではすべてこの値を用いた．

他の金属の例として，ナトリウムの誘電率[3]を図 4.3 に，プラチナの誘電率[4]を図 4.4 に，クロムの誘電率[5]を図 4.5 に，タングステンの誘電率[4]を図 4.6 に示す．

誘電体の例として，溶融石英(シリカ)と水の誘電関数を図 4.7 に示す．これらの物質は図に示した波長領域で透明なので，この領域で誘電率の虚部は 0 である．

参考文献

1) P. B. Johnson and R. W. Christy, *Phys. Rev. B,* **6**, 4370 (1972)
2) C. Kittel, *Introduction to Solid State Physics*, Wiley, New York (1976)
3) N. Smith, *Phys. Rev.*, **183**, 634 (1969)
4) D. Palik ed., *Handbook of Optical Constant of Solid*, Academic Press, Orland (1985)
5) P. B. Johnson and R. W. Christy, *Phys. Rev. B*, **9**, 5056 (1974)
6) I. Thormählen, J. Straub, and U. Grigull, *J. Phys. Chem. Ref. Data*, **14**, 933 (1985)
7) I. H. Malitson, *J. Opt. Soc. Am.*, **55**, 1205 (1965)

5

伝搬型表面プラズモン

本章では，伝搬型表面プラズモンの基礎となる金属と誘電体によって形成される単一の無限平面界面における表面プラズモンについて詳しく述べる．表面プラズモンの存在条件，分散関係，伝搬損失，伝搬光との結合，ならびに，電場増強効果について述べる．さらに多層膜構造における伝搬型表面プラズモンについて述べる．

5.1 バルクプラズモン

図5.1に示すように，自由電子が全体としてその中性の位置からzだけ変位したとき，この自由電子の集団がどのようにふるまうかを考える．このとき表面に現れる電荷の面密度は

$$\sigma = \pm Nez \tag{5.1}$$

で与えられる．ここで，Nは自由電子の体積密度である．このとき，バルク内の電界は

$$E = \frac{\sigma}{\varepsilon_0} = \frac{Nez}{\varepsilon_0} \tag{5.2}$$

となる．この電界によって自由電子が引き戻される力は

$$F = -eE = -\frac{Ne^2 z}{\varepsilon_0} \tag{5.3}$$

となる．よって，自由電子の運動方程式はその質量をmとすると，

$$m\frac{\mathrm{d}^2 z}{\mathrm{d}t^2} = -\frac{Ne^2 z}{\varepsilon_0} \tag{5.4}$$

となる．この式を単振動の方程式

$$\frac{\mathrm{d}^2 z}{\mathrm{d}t^2} + \omega_\mathrm{p}^2 z = 0 \tag{5.5}$$

にあてはめてみると，

5 伝搬型表面プラズモン

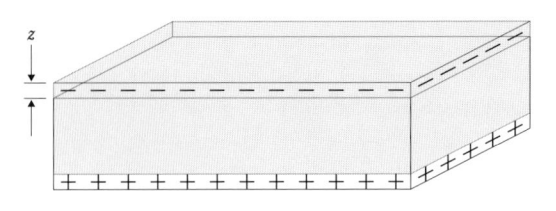

図 5.1 自由電子の集団的な変位

$$\omega_p = \sqrt{\frac{Ne^2}{\varepsilon_0 m}} \tag{5.6}$$

が得られる．ここで，ω_p はプラズマ周波数と呼ばれる．このように自由電子の集団はプラズマ周波数 ω_p で調和振動することがわかる．

プラズマ中の波（横波）の分散関係は次式で与えられることが知られている[1]．

$$\omega^2 = \omega_p^2 + c^2 k^2 \tag{5.7}$$

$k = 0$ のときがバルクプラズモンに対応する．また，$\omega < \omega_p$ のとき k は虚数となるので，波は伝わらない．

5.2 表面プラズモンの存在条件

表面電磁波とは2つの媒質が接しているとき，その界面に局在し，その界面に沿って伝搬する電磁波をいう．「界面に局在する」とは，界面の両側でエバネッセント波になっているという意味である．2つの媒質の誘電率の虚部がともに0の場合には，それについて最初に論じた Fano の名前を取って，しばしば Fano モードと呼ばれる[2]．それに対して，片方の媒質に吸収がある場合は Zenneck モードと呼ばれる[3]．

まず，このような電磁波が存在するためには，それぞれの媒質にどのような条件が必要かを考える．媒質1（$z \geq 0$）と媒質2（$z \leq 0$）が平面界面（$z = 0$）で接している状態を考える．界面に沿って x 方向に伝搬し，界面から離れるに従って指数関数的に減衰する電磁波の場の y 方向成分は，それぞれの媒質中で次のように与えられる．

$$S_1 = S_0 \exp[i(k_x x - \omega t)] \exp(-\gamma_1 z) \quad (z \geq 0) \tag{5.8}$$

$$S_2 = S_0 \exp[i(k_x x - \omega t)] \exp(\gamma_2 z) \quad (z \leq 0) \tag{5.9}$$

ここで，S は TE 波の場合は電場を指し，TM 波の場合は磁場を指す．また，k_x は波数の接線成分である．場が界面に局在するためには γ_1 および γ_2 はともに正の実数である必要がある．これらの場は界面で境界条件を満足しなければならない．すなわち，

電場，磁場の接線成分が連続で，かつ，電束密度，磁束密度の法線成分が連続でなければならない．式(5.9)は TE 波では電場の，TM 波では磁場の境界条件をすでに満足している．残る境界条件は

$$\frac{1}{\varepsilon_1}\frac{\partial S_1}{\partial z} = \frac{1}{\varepsilon_2}\frac{\partial S_2}{\partial z} \quad \text{(TM 波)} \tag{5.10}$$

$$\frac{1}{\mu_1}\frac{\partial S_1}{\partial z} = \frac{1}{\mu_2}\frac{\partial S_2}{\partial z} \quad \text{(TE 波)} \tag{5.11}$$

となる．ここで，ε_1, ε_2 はそれぞれ媒質 1，媒質 2 の誘電率，μ_1, μ_2 はそれぞれ媒質 1，媒質 2 の透磁率である．式(5.10)および式(5.11)より次の条件が導かれる．

$$\frac{\varepsilon_1}{\varepsilon_2} = -\frac{\gamma_1}{\gamma_2} \quad \text{(TM 波)} \tag{5.12}$$

$$\frac{\mu_1}{\mu_2} = -\frac{\gamma_1}{\gamma_2} \quad \text{(TE 波)} \tag{5.13}$$

式(5.12)および式(5.13)から，表面波が存在するためには 2 つの媒質のうち一方の誘電率または透磁率が負でなければならないことがわかる．光領域(可視域および近赤外域)では一般に $\mu = 1$ だから，この領域で表面電磁波が存在するのは TM 波のみである．ただし，近年メタマテリアルを用いて光領域で負の透磁率を実現しようと精力的な研究が行われている．両媒質への侵入長(振幅が $1/e$ になる界面からの距離)は γ の逆数で与えられるため，TM 波では誘電率に，TE 波では透磁率に反比例することがわかる．

4 章で述べたように，金や銀は可視域より低周波数側において誘電率が負になるため，上に示した TM 波に対する表面電磁波の存在条件を満足する．表面プラズモン(ポラリトン)はまさにこの TM 波の表面電磁波そのものである．ただし，注意しておきたいのは，誘電率が負になる原因がプラズモン(自由電子)である場合が表面プラズモンで，その原因がフォノンやエキシトンである場合はそれぞれ表面フォノンポラリトン，表面エキシトンポラリトンと呼ばれる．

5.3 表面プラズモンの分散関係

式(5.12)と両媒質での電磁波の分散関係

$$k_x^2 + k_{zi}^2 = k_i^2 - \gamma_i^2 = \varepsilon_i\left(\frac{\omega}{c}\right)^2 \quad (i = 1, 2) \tag{5.14}$$

から，表面プラズモンの分散関係

$$k_x = \left(\frac{\omega}{c}\right)\left(\frac{\varepsilon_1\varepsilon_2}{\varepsilon_1 + \varepsilon_2}\right)^{1/2} \tag{5.15}$$

が得られる．ただし，以降断りがない限り $\mu = 1$ とする．ここで，c は真空中の光速である．式(5.15)を式(5.14)に代入すると，

$$k_{zi}^2 = \left(\frac{\omega}{c}\right)^2 \left(\varepsilon_i - \frac{\varepsilon_1 \varepsilon_2}{\varepsilon_1 + \varepsilon_2}\right) = \left(\frac{\omega}{c}\right)^2 \left(\frac{\varepsilon_i^2}{\varepsilon_1 + \varepsilon_2}\right) \quad (5.16)$$

となり，よって，波数ベクトルの界面に垂直な方向の成分

$$k_{zi} = \left(\frac{\omega}{c}\right)\left(\frac{\varepsilon_i^2}{\varepsilon_1 + \varepsilon_2}\right)^{1/2} \quad (5.17)$$

が得られる．

損失を無視した理想金属の誘電率 $\varepsilon_m(\omega)$ は Drude の式で $\Gamma = 0$ とおいた次式で与えられる．

$$\varepsilon_m(\omega) = 1 - \frac{\omega_p^2}{\omega^2} \quad (5.18)$$

この式から，$\omega < \omega_p$ のとき，金属の誘電率は負になることがわかる．

$\varepsilon_2 = \varepsilon_m$ とし，式(5.18)を式(5.15)に代入し ω^2 に関して解くと，次の関係が得られる．

$$\left(\frac{\omega}{\omega_p}\right)^2 = \frac{1}{2\varepsilon_1}\left\{(1+\varepsilon_1)\left(\frac{k}{k_p}\right)^2 + \varepsilon_1 \pm \sqrt{\left[(1+\varepsilon_1)\left(\frac{k}{k_p}\right)^2 + \varepsilon_1\right]^2 - 4\varepsilon_1\left(\frac{k}{k_p}\right)^2}\right\} \quad (5.19)$$

ただし，$k_p = \omega_p/c$ である．$\varepsilon_1 = 1$ のときのこの関係をプロットすると，図5.2(a)のようになる．図の曲線 I は式(3.17)の複号の－に，曲線 II は複号の＋に対応している．図5.2(b)は電磁波が金属側と誘電体側ともにエバネッセント波となる領域，金属側

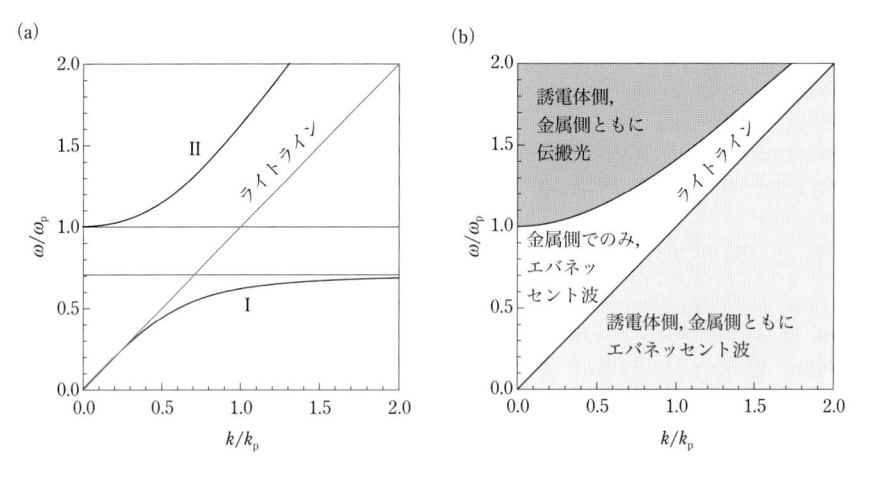

図5.2 (a)無損失 Drude 金属と真空との界面の表面プラズモンの分散関係，(b)誘電体と金属の両方の媒質でエバネッセント波となる条件

でのみエバネッセント波となる領域，両媒質で伝搬光となる領域を示している．この図から，図 5.2 の曲線 I が表面プラズモンに対応していることがわかる．

一方，曲線 II はブリュースター角に対応している．ブリュースター角は損失のない 2 つの媒質の界面において p 偏光が無反射となる条件で，次式で与えられる．

$$\tan\theta_1 = \frac{n_2}{n_1} \tag{5.20}$$

$\sin\theta_1 = k_x/k_0 = ck_x/\omega$，$n_1^2 = 1$ および $n_2^2 = \varepsilon_2$ の関係を用いると，上の式は

$$\frac{(ck_x/\omega)^2}{1-(ck_x/\omega)^2} = \varepsilon_2 \tag{5.21}$$

$$k_x = \frac{\omega}{c}\sqrt{\frac{\varepsilon_2}{1+\varepsilon_2}} \tag{5.22}$$

となる．この式は表面プラズモンの分散関係と同じである．ただし，$\varepsilon_2 > 0$ である．$\omega_p/\sqrt{2}$ と ω の間の周波数においては波数 k_x は純虚数となっている．

図 5.2 に示した分散関係から表面プラズモンの特徴として次のことがいえる．
(1) 表面プラズモンは $\omega_p/\sqrt{2}$ 以上の周波数領域では存在しない．
(2) 表面プラズモンの分散曲線は常にライトラインの右側に位置する．すなわち，表面プラズモンの波長は真空中を伝搬する光の波長より常に短い．
(3) 周波数が $\omega_p/\sqrt{2}$ に近づくに従い，表面プラズモンの波長は無限に小さくなる．逆に，周波数が 0 に近づくにつれ，表面プラズモンの波長は真空中を伝搬する光の波長に近づく．

図 5.3 に $\omega = \omega_p/3$ のときの表面プラズモンの電場および磁場の分布を示す．いずれの場も界面から離れるに従い指数関数的に減衰することがわかる．また，両媒質への（エバネッセント）場の侵入長の比が式(5.12)で示されるように媒質の誘電率の比の絶対値 $1/\left|1-\left[\omega_p/(\omega_p/3)\right]^2\right| = 1/8$ に等しくなっていることが確認できる．

さて，いくつかの実際の金属でも誘電率の実部は可視域で負であり，表面プラズモンの存在条件を満たす．金／空気界面および銀／空気界面の表面プラズモンの分散関係を計算したものを図 5.4 に示す．両者の分散関係においては，エネルギーの増加とともに波数が増加するが，あるエネルギーを超えると波数は減少に転じる．この変曲点以下のエネルギーが表面プラズモンの存在領域となっている．波長に換算すると金では 510 nm までで，銀では 340 nm までである．ただし，金属と接する誘電体の誘電率が高くなるとこの波長も長くなる．

5 伝搬型表面プラズモン

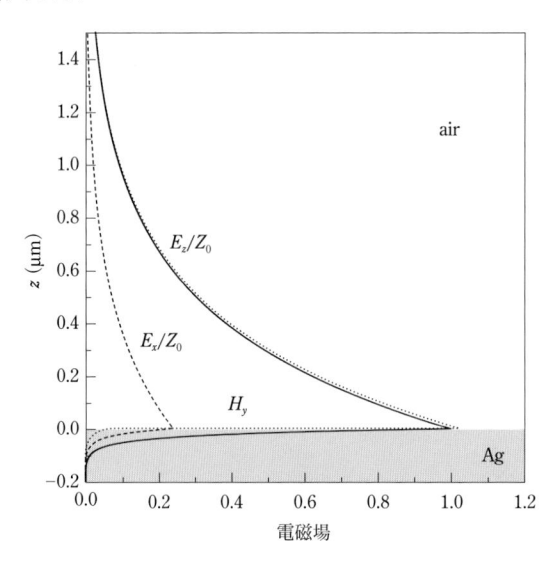

図 5.3 損失のない理想金属と空気の界面における表面プラズモンの電磁場分布 周波数は $\omega = \omega_p/3$ を仮定した．また，$\lambda_p = \omega_p/2\pi c$ である．

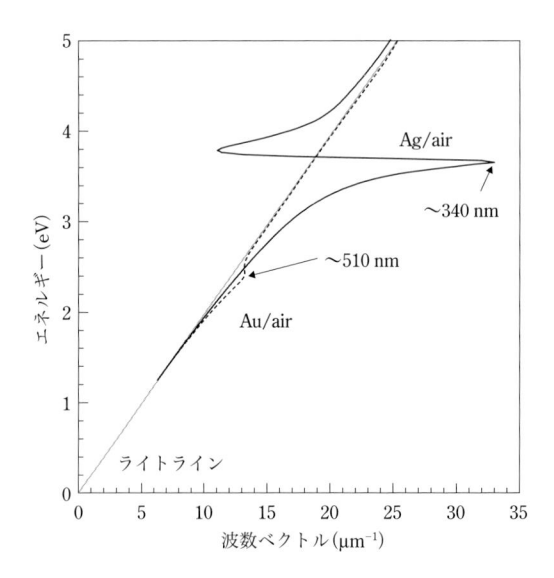

図 5.4 銀／空気界面および金／空気界面における表面プラズモンの分散関係

5.4　表面プラズモンの伝搬損失

金属の誘電率は虚部をもつため，表面プラズモンは界面に沿って伝搬しながら減衰する．いま，媒質 1 が複素誘電率 $\varepsilon_1 = \varepsilon_1' + i\varepsilon_1''$ をもつ金属であるとすると，表面プラズモンの波数も複素数 $k_x = k_x' + ik_x''$ となる．式(5.15)に複素誘電率を代入すると，

$$k_x = \left(\frac{\omega}{c}\right)\left[\frac{(\varepsilon_1' + i\varepsilon_1'')\varepsilon_2}{\varepsilon_1' + i\varepsilon_1'' + \varepsilon_2}\right]^{1/2}$$
$$= \left(\frac{\omega}{c}\right)\left[\frac{\varepsilon_1'\varepsilon_2(\varepsilon_1' + \varepsilon_2) + \varepsilon_1''^2\varepsilon_2 + i\varepsilon_1''\varepsilon_2^2}{(\varepsilon_1' + \varepsilon_2)^2 + \varepsilon_1''^2}\right]^{1/2} \tag{5.23}$$

となる．ここで，$\varepsilon_1'' \ll |\varepsilon_1'|$ とすると，$\varepsilon_1''^2$ が含まれる項は無視できる．よって，

$$k_x = \left(\frac{\omega}{c}\right)\left[\frac{\varepsilon_1'\varepsilon_2(\varepsilon_1' + \varepsilon_2) + i\varepsilon_1''\varepsilon_2^2}{(\varepsilon_1' + \varepsilon_2)^2}\right]^{1/2} \tag{5.24}$$

となる．これをテイラー展開し，一次の項までとると，

$$k_x \simeq \left(\frac{\omega}{c}\right)\left(\frac{\varepsilon_1'\varepsilon_2}{\varepsilon_1' + \varepsilon_2}\right)^{1/2}\left(1 + \frac{1}{2}\frac{i\varepsilon_1''}{\varepsilon_1'^2}\frac{\varepsilon_1'\varepsilon_2}{\varepsilon_1' + \varepsilon_2}\right) \tag{5.25}$$

となる．すなわち，

$$k_x' \simeq \left(\frac{\omega}{c}\right)\left(\frac{\varepsilon_1'\varepsilon_2}{\varepsilon_1' + \varepsilon_2}\right)^{1/2} \tag{5.26}$$

$$k_x'' \simeq \left(\frac{\omega}{c}\right)\left(\frac{\varepsilon_1'\varepsilon_2}{\varepsilon_1' + \varepsilon_2}\right)^{3/2}\left[\frac{\varepsilon_1''}{2(\varepsilon_1')^2}\right] \tag{5.27}$$

となる．式(5.27)より，表面プラズモンの波数ベクトルの虚部の大きさは金属の誘電率の虚部の大きさに比例することがわかる．また，$\varepsilon_2 \ll |\varepsilon_1'|$ とすると，誘電体の誘電率の3/2乗，すなわち，誘電体の屈折率 $n_2 = \sqrt{\varepsilon_2}$ の3乗に比例することがわかる．図5.5に銀/空気界面における表面プラズモンの波数ベクトルの実部および虚部を示す．

表面プラズモンの伝搬長，すなわち，その強度が伝搬にともない $1/e$ になる距離 L は次式で与えられる．

$$L = (2k_x'')^{-1} \propto (\varepsilon_1'')^{-1} \tag{5.28}$$

すなわち，表面プラズモンの伝搬長は金属の誘電率の虚部の大きさに反比例する．

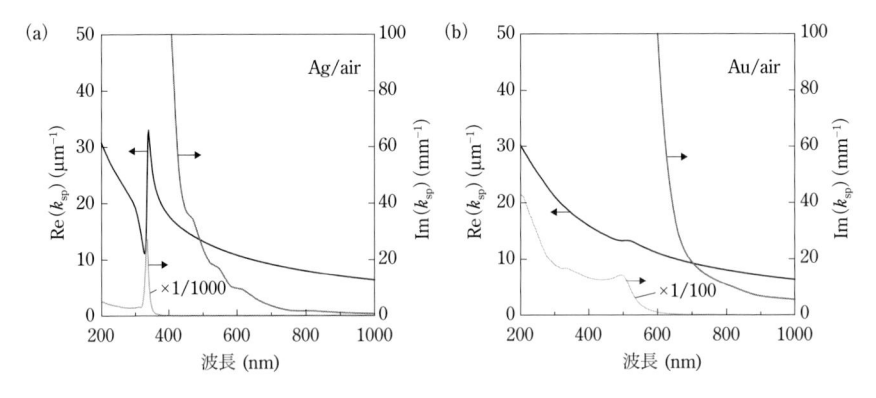

5 伝搬型表面プラズモン

図 5.5 表面プラズモンの波数ベクトルの実部および虚部
(a)銀/空気界面，(b)金/空気界面．

波数ベクトル k_x に虚部を負わせる代わりに，波数ベクトルを実数とし，周波数 ω に虚部を負わせることもできる．式(5.15)より，

$$\omega = ck_x \left[\frac{(\varepsilon_1' + \varepsilon_2) + i\varepsilon_1''}{\varepsilon_1'\varepsilon_2 + i\varepsilon_1''\varepsilon_2} \right]^{1/2} = ck_x \left[\frac{\varepsilon_2\left(\varepsilon_1'^2 + \varepsilon_1'\varepsilon_2 + \varepsilon_1''^2\right) - i\varepsilon_1''\varepsilon_2^2}{\left(\varepsilon_1' + \varepsilon_1''\right)^2 + \varepsilon_2^2} \right]^{1/2} \quad (5.29)$$

再び，$\varepsilon_1''^2$ が含まれる項を無視すると，

$$\begin{aligned}\omega &= ck_x \left[\frac{\varepsilon_2\left(\varepsilon_1'^2 + \varepsilon_1'\varepsilon_2\right) - i\varepsilon_1''\varepsilon_2^2}{\varepsilon_1'^2 + \varepsilon_2^2} \right]^{1/2} \\ &= ck_x \left(\frac{\varepsilon_1' + \varepsilon_2}{\varepsilon_1'\varepsilon_2} \right)^{1/2} \left[1 - \frac{i}{2} \frac{\varepsilon_1''\varepsilon_2}{\varepsilon_1'(\varepsilon_1' + \varepsilon_2)} \right]\end{aligned} \quad (5.30)$$

となる．ここで，$\omega = \omega' - i\omega''$ とおくと，

$$\omega' = ck_x \left(\frac{\varepsilon_1' + \varepsilon_2}{\varepsilon_1'\varepsilon_2} \right)^{1/2} \quad (5.31)$$

$$\omega'' = ck_x \frac{1}{2} \frac{\varepsilon_1''}{\varepsilon_1'^2} \left(\frac{\varepsilon_1'\varepsilon_2}{\varepsilon_1' + \varepsilon_2} \right)^{1/2} \quad (5.32)$$

が得られる．
式(5.26)，式(5.27)，式(5.31)，式(5.32)より，次の関係が導かれる．

$$\frac{k_x''}{k_x'} = \frac{\omega''}{\omega'} \quad (5.33)$$

5.5 表面プラズモンと伝搬光の結合

　自由空間を伝搬する光と表面プラズモンが結合を生じるためにはある条件を満たさなければならない．ここでいう結合とはエネルギーのやり取りであり，光による表面プラズモンの励起と表面プラズモンからの光の放射を意味する．2つの波が結合するためには，両者が空間的に重なることはもちろんであるが，それらの波の角周波数 ω（エネルギー）と波数 k（運動量）が一致しなければならない．角周波数 ω が異なっていれば，両者の間の位相差は時間とともに周期的に変化し，あるときは強め合い，またあるときは打ち消し合う関係になる．そのため，波の周期より長い時間で考えると，エネルギーのやり取りは生じない．また，波数 k が異なっていると，伝搬とともに位相差が変化し，やはりエネルギーのやり取りは生じない．このことを分散関係を用いて説明すると，2つの波の分散曲線が交わる点でのみ，エネルギーのやり取り，すなわち，結合が生じる．

　理想金属と空気(真空)との界面の表面プラズモンと空気中を伝搬する光との結合を考える．図5.6に示したように，伝搬光の接線成分の分散曲線は常にライトラインの左側に位置する．これに対して，表面プラズモンのそれはライトラインの常に右側に位置する．したがって，両者が交差することはない．光の分散曲線を(真空の)ライトラインの右側にもってくる一つの方法は媒質の屈折率(誘電率)を大きくすることである．しかし，この方法ではうまくいかない．なぜなら，その媒質と金属との界面の表面プラズモンの分散曲線も右下にシフトし，やはり，媒質中の光の分散曲線より右側にくるからである(図5.6参照)．表面プラズモンの分散関係を保ったまま，光の波数を大きくする必要がある．

　ここで，エバネッセント波が活躍する．エバネッセント波の分散関係は5.3節で述べたように，空気中でありながら，ライトラインの右側に位置する．したがって，プリズムにおける全反射を用いてそこからしみ出すエバネッセント波の存在領域と表面プラズモンの電磁場の存在領域を重ねれば，角周波数と波数が一致したところで両者の結合が生じる．もちろん伝搬光はTM波(p偏光)でなければならない．この様子を示したのが図5.7である．図5.7(a)はプリズムと金属表面との距離が遠い場合である．この図で示されるように，エバネッセント波はしばしばその減衰特性から指数関数で表記される．一方，表面プラズモンは両媒質においてエバネッセント波になっているので，2つの指数関数を組み合わせた形で表記される．図5.7(b)に示されるように，プリズムと金属表面が近づくとエバネッセント波と表面プラズモンの重なりが生じ，エネルギーのやり取りが可能となる．このときの分散関係は図5.6のように，空気／金属界面の表面プラズモンの分散曲線とエバネッセント波の分散曲線の交点で結合が

5 伝搬型表面プラズモン

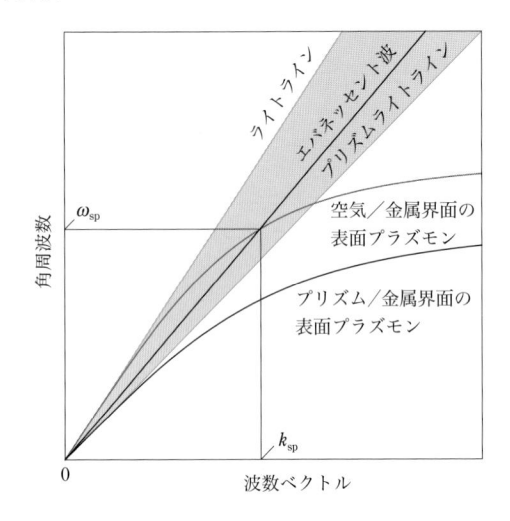

図 5.6 全反射におけるエバネッセント波と表面プラズモンの分散関係 両者が交わったところで結合が生じる.

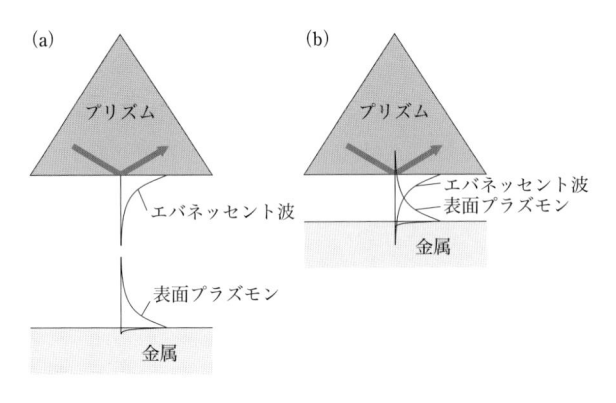

図 5.7 Otto 配置

生じる．すなわち，表面プラズモンの波数の実部を k_{sp}，プリズムの屈折率を n_1，入射角を θ_0 とすると，

$$k_{sp} = \left(\frac{\omega}{c}\right) n_1 \sin \theta_0 \tag{5.34}$$

のとき，表面プラズモンが励起され共鳴が起きる(実際には次に述べるように，この条件からわずかにずれる)．この配置は考案した人の名前をとって Otto 配置と呼ばれている[4].

5.5 表面プラズモンと伝搬光の結合

Otto がこの配置を発表したのは 1968 年であるが，同じ年に図 5.8(b) に示すように，Otto 配置の金属と空気を交換した配置が提案された．この配置は Kretschmann 配置または Kretschmann–Raether 配置と呼ばれており[5,6]，Otto 配置と同様に伝搬光と表面プラズモンが結合する．Kretschmann 配置の場合，金属は薄膜で誘電体との界面が 2 つ存在する．すなわち，金属/プリズム界面と金属/空気界面の 2 つである．したがって，両界面に表面プラズモンが存在可能であるが，上にも述べたようにエバネッセント波と分散関係が一致するのは空気側界面の表面プラズモンのみである．Otto 配置ではプリズムと金属表面との距離を数十 nm に制御しなければならない．また，センサーなどの用途においては何らかの試料を金属表面上に設置しなければならず，

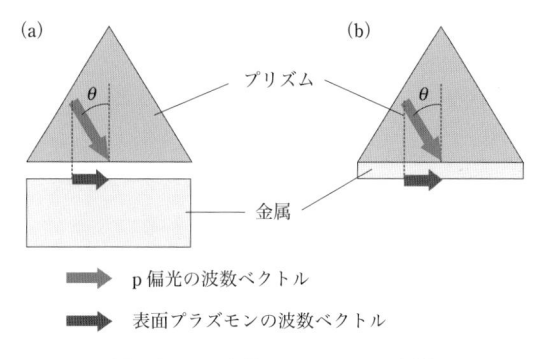

図 5.8　Otto 配置と Kretschmann 配置

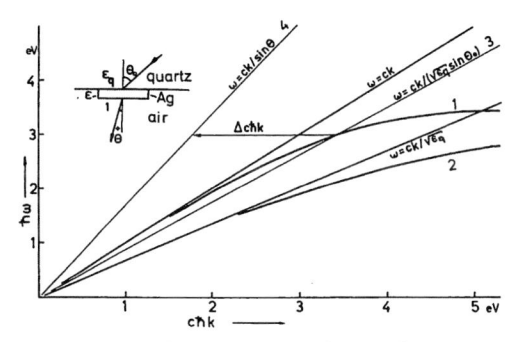

Fig. 1. Dispersion relations of the non-radiative surface oscillations at the boundaries silver/air (1) and silver/quartz (2) calculated from the optical constants [8]. The light which is incident in quartz at the angle Θ_0 is indicated by the light line (3). The maximum excitation of the surface mode takes place where line (3) cuts the curve (1). Line (4) represents the light measured at the angle Θ.

図 5.9　Kretschmann と Raether の論文
[E. Kretschmann and H. Raether, *Z. Naturfors.*, **23**a, 2135 (1968), Fig.1]

これを実現することに制約を受けるため，Kretschmann 配置がよく用いられる．Kretschmann 配置はプリズムの底面に金属薄膜を真空蒸着することで簡単に実現できる．Otto 配置と Kretschmann 配置を合わせて全反射減衰(attenuated total reflection : ATR)法と呼ばれる．図 5.9 は Kretschmann と Raether の論文である．

5.6　回折格子による表面プラズモンとの結合

Kretschmann 配置におけるプリズムを図 5.10(a)に示すように誘電体からなる回折格子に置き換えても同じように表面プラズモンとの結合が行えることがわかる．このとき，誘電体内の回折光の波数の接線成分 k_x は回折格子のピッチを Λ とおくと次式で与えられる．

$$k_x = k_0 \sin\theta + mK \tag{5.35}$$

ここで，m は整数であり，負の値もとりうる．$K = 2\pi/\Lambda$ は格子ベクトルと呼ばれ，波に対する波数ベクトルと同様に定義される．波数ベクトルの向きは格子が並ぶ方向と一致し，格子の溝の方向とは垂直になる．この系において $k_x > k_0$ のとき回折光は下側界面で全反射し，エバネッセント波を発生する．その波数は $k_{ev} = k_x$ となり，この k_{ev} が表面プラズモンの波数 k_{sp} と一致したとき，表面プラズモンが励起される．

実は誘電体回折格子を用いなくても，金属の表面に直接回折格子を刻んでも表面プラズモンを励起することができる．励起の条件は式(5.34)と同じである．

図 5.11(a)に回折格子結合の場合の分散関係を示す．入射光の接線成分の分散曲線はライトラインの内側となるため，表面プラズモンとは結合しない．それに対して，$m(>0)$ 次の回折光は表面プラズモンの分散曲線と交わるため両者は結合する．また，$m(<0)$ 次の回折光は逆方向に伝搬する表面プラズモンと結合する．

式(5.35)は，入射光が回折されるとした式になっているが，これを変形して，

$$k_{sp} + m'K = k_0 \sin\theta \tag{5.36}$$

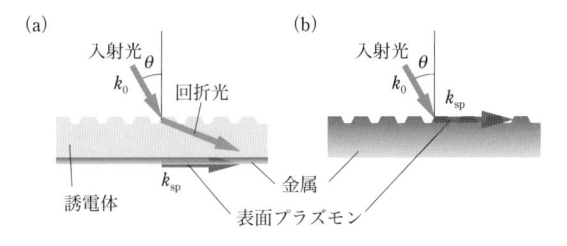

図 5.10　回折格子による表面プラズモンの励起

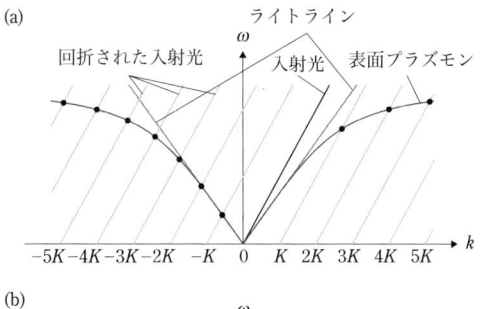

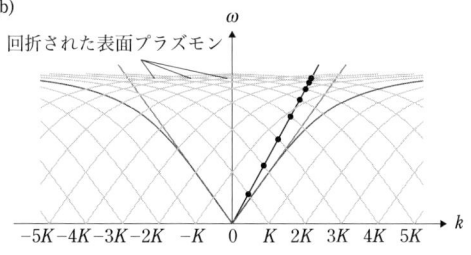

図 5.11 回折格子結合における光(a)と表面プラズモン(b)の分散関係 黒丸印のところで両者の結合が生じる．

と書くこともできる．この式は，表面プラズモンが格子により回折され，伝搬光と結合すると見なしたものである．これに対応した分散関係は図5.11(b)のように表される．回折された表面プラズモンの分散曲線と入射光の分散曲線の交点で両者の結合が生じる．なお，金属回折格子における表面プラズモンのふるまいは7章で詳しく述べる．

5.7 共鳴曲線

全反射結合法や回折格子結合法では，実際に共鳴が起きたかどうかは反射率を観測することで確認できる．Kretschmann配置における反射率 R は3層構造の反射率の式(3.66)より次式で与えられる．

$$R = |r_{123}|^2 = \left|\frac{r_{12} + r_{23}\exp(2ik_{z2}h_2)}{1 + r_{12}r_{23}\exp(2ik_{z2}h_2)}\right|^2 \tag{5.37}$$

ここで，添え字1，2，3はそれぞれ，プリズム，金属薄膜，空気(または誘電体)を指す．また，h_2 は金属薄膜の膜厚である．反射率の入射角依存性を測定すると，共鳴角 θ_r において反射率が急激に減衰する現象(ディップ)が見られ，この入射角において表面プラズモン共鳴が起きていることが確認できる．すなわち，入射光のエネルギーが表面プラズモンに与えられ，最終的に熱として消費されている．以後，ディッ

プが示された反射率の角度分布を共鳴曲線と呼ぶ．図5.12にプリズム／銀／空気の系において，銀の膜厚を変化させたときの共鳴曲線を示す．励起光はHe-Neレーザー（波長 λ = 632.8 nm），プリズムの材質はBK7ガラス（屈折率 n_1 = 1.515）を仮定した．

Kretschmann配置における共鳴曲線のふるまいをもう少し詳しく考えてみる．この配置では金属の厚さが有限になるため，分散関係は式(5.15)からずれてくる．Kretschmann配置における表面プラズモンの波数を k_x' とすると，

$$k_x' = k_x^0 + \Delta k_x \tag{5.38}$$

$$k_x^0 = \left(\frac{\omega}{c}\right)\left(\frac{\varepsilon_2 \varepsilon_3}{\varepsilon_2 + \varepsilon_3}\right)^{1/2} \tag{5.39}$$

$$\Delta k_x = 2r_{12} \exp(2ik_{z2}h_2)\left(\frac{\omega}{c}\right)\left(\frac{\varepsilon_2 \varepsilon_3}{\varepsilon_2 + \varepsilon_3}\right)^{3/2} \frac{1}{\varepsilon_2 - \varepsilon_3} \tag{5.40}$$

となる．ここで，波数 k_x^0 および Δk_x の虚部をそれぞれ Γ_{int} および Γ_{rad} と書き換えると，式(5.37)は次のように変形できる[7]．

$$R = |r_{123}|^2 = |r_{12}|^2 \left\{ 1 - \frac{4\Gamma_{\mathrm{int}}\Gamma_{\mathrm{rad}}}{\left[k_x - \mathrm{Re}(k_x^0) - \mathrm{Re}(\Delta k_x)\right]^2 + (\Gamma_{\mathrm{int}} + \Gamma_{\mathrm{rad}})^2} \right\} \tag{5.41}$$

この式を用いると，ディップのふるまいが説明できる．ディップの深さは，入射光エネルギーの表面プラズモンへの変換率で決まる．Γ_{int} と Γ_{rad} は表面プラズモンの伝搬

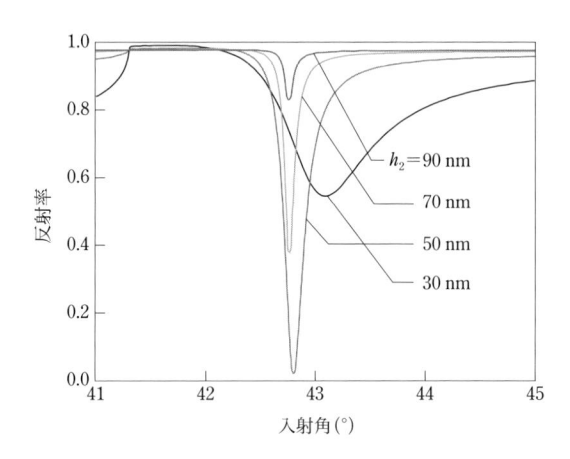

図5.12 Kretschmann配置における反射率の角度依存性
計算で仮定したプリズムはBK7製で，金属は銀，h_2 はその厚さである．また，入射光の波長は λ = 632.8 nm である．

にともなう損失を表している．Γ_{int} は金属での吸収による内部損失で，Γ_{rad} は一度励起された表面プラズモンが再びプリズム側に光を放射するために起こる放射損失である．後者は励起に ATR 法を用いたことに起因する．したがって，放射損失 Γ_{rad} は金属の膜厚が厚くなるに従って小さくなる．一方，内部損失 Γ_{int} は金属膜厚によらず一定である．式(5.41)からわかるように，放射損失と内部損失が等しいとき，ディップでの反射率が 0 となることがわかる．別の見方をすると，金属膜が厚い場合，入射波はほとんどプリズム／金属界面で反射され，表面プラズモンの励起に関与しなくなるため，ディップは浅くなる．また，金属膜が薄い場合，放射損失が大きくなりやはりディップは浅くなる．金属膜厚が適当で，再放射光とプリズム／金属界面での反射光の振幅が等しくなったとき（このとき両者の位相は π だけ異なっている）ディップは最も深くなる．

一方，ディップの幅は表面プラズモンの伝搬長に逆比例する．これは，スペクトル幅が波連の長さに逆比例するのと同じ関係である．金属の厚さが半無限の場合の伝搬長は式(5.28)で与えられるが，Kretschmann 配置の場合，放射損失が存在するため，伝搬長はそれよりも短くなる．その結果，金属薄膜が薄くなるほど放射損失が大きくなり，ディップ幅は広くなる．ディップの反射率が 0 のときの伝搬長は式(5.28)で与えられる伝搬長の 1/2 となる．

図 5.13 に種々の金属薄膜を用いたときの共鳴曲線を示す．金属薄膜の厚さはディップにおける反射率が 0 になるように選んでいる．このときの各金属の複素屈折率および，膜厚は図に示したとおりである．金属薄膜として，銀を選んだときに最も狭い

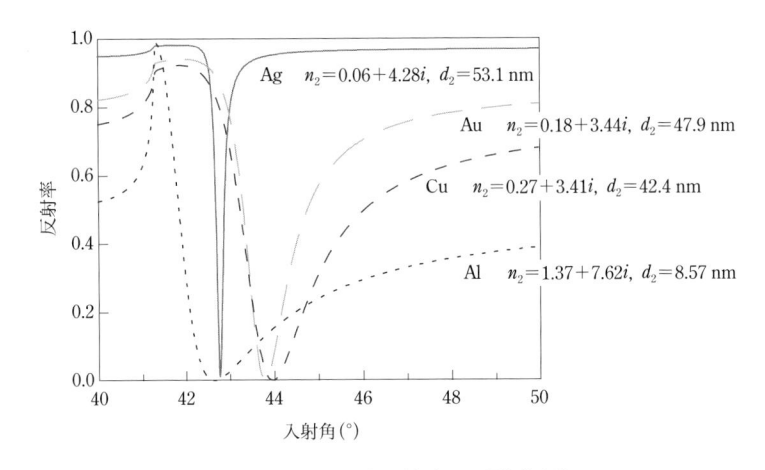

図 5.13 種々の金属からなる Kretschmann 配置の反射率の入射角依存性
　　　　　金属の膜厚は反射率の最小値が 0 になるように設定．また，波長は $\lambda = 632.8$ nm である．

ディップが得られることがわかる．この理由は，これらの金属の中で銀の複素誘電率の虚部が最も小さいためである．このように表面プラズモンの損失を減じるためには銀が最も優れる．しかし，銀は化学的に不安定であるため，実際の使用においては金が用いられることもよくある．また，金表面は種々の物質をよく吸着するため，バイオセンサーにはほとんど金が用いられる．

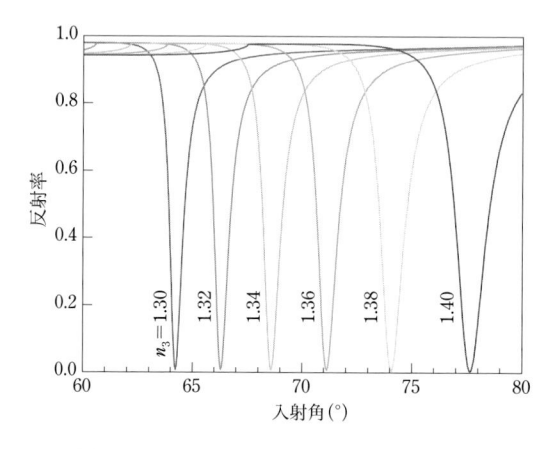

図 5.14 Kretschmann 配置において，誘電体の屈折率を変化させたときの反射率の角度依存性
プリズムは BK7 製で，金属は銀，n_3 は誘電体の屈折率である．また，波長は $\lambda = 632.8$ nm である．

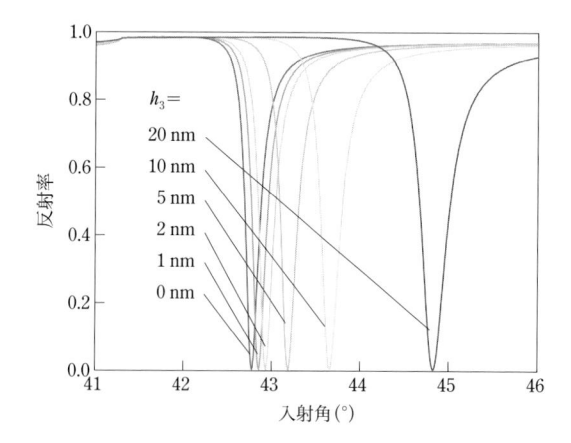

図 5.15 Kretschmann 配置において，金属薄膜の上にシリカ薄膜を堆積したときの反射率の角度依存性
プリズムは BK7 製で，金属は銀，h_3 はシリカ薄膜の厚さである．また，波長は $\lambda = 632.8$ nm である．

誘電率は周波数の関数になっているため，使用する光の波長が変わると，当然ディップの形状も変化する．一般に長波長になるに従って，損失が小さくなり，ディップの幅が小さくなる．

ここまで，金属の種類と膜厚の変化に対する表面プラズモン共鳴の応答について述べてきたが，センサーなどへの応用では誘電体部分の変化に対する応答を知る必要がある．式(5.15)に示される表面プラズモンの分散関係からわかるように，プラズモン共鳴は誘電体の誘電率の変化に対しても敏感である．図 5.14 は BK7 プリズム／銀(厚さ 53.1 nm)／誘電体の系において He-Ne レーザーを用いたときの共鳴曲線を誘電体の屈折率 n_3 をパラメーターとして計算したものである．屈折率変化に対して感度良く共鳴角が変化しているのがわかる．また，図 5.15 に同じ系において，銀の上にシリカ薄膜を堆積したときの共鳴曲線を示す．ただしシリカ薄膜の外側は空気である．屈折率変化と同様，膜厚 h_3 の変化に対しても共鳴角は敏感に移動する．

5.8 電場増強効果

表面プラズモン共鳴の特徴の一つに電場増強効果がある．図 5.16 にその考え方を示す．この図は入射平面波を位相の揃った光線で表したものである．物理的には正確ではないが，現象を直感的に理解するには便利である．入射光が共鳴条件を満たしているとき，光線 1 は表面プラズモンを励起する．この表面プラズモンは指数関数的に減衰しながら伝搬する．同様に光線 2, 3, 4, …も表面プラズモンを励起する．これらの表面プラズモンは位相が揃っているため強め合う．全電場は各表面プラズモンの電場の和となる．その結果，電場増強効果が生じる．この図からわかるように，表面

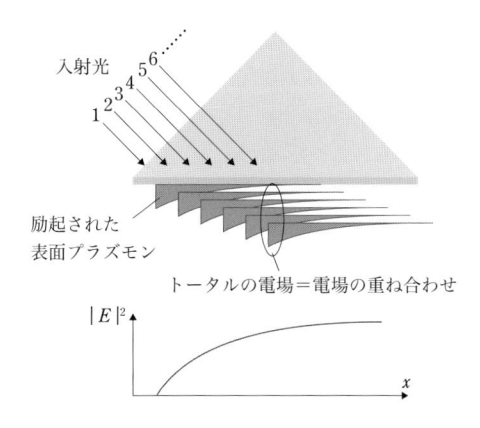

図 5.16 Kretschmann 配置における電場増強の考え方

5 伝搬型表面プラズモン

プラズモンの伝搬長が長いほど電場増強効果は大きくなる．また，伝搬方向の金属薄膜の長さが表面プラズモンの伝搬長より短ければ増強効果も小さくなる．このような電場増強効果はラマン散乱，第二高調波発生，蛍光，吸収などの増大に用いられる．

電場強度の増強度 η は入射電場を E_0，表面プラズモン共鳴による界面における増強電場を E_{sp} としたとき，$\eta = |E_{sp}|^2/|E_0|^2$ で定義される．図 5.17 および図 5.18 に計算によって求めた Kretschmann 配置における電場強度の増強度を示す．銀／空気界面で電場強度の増強度は約 350 という大きな値になっていることがわかる．電場強度の

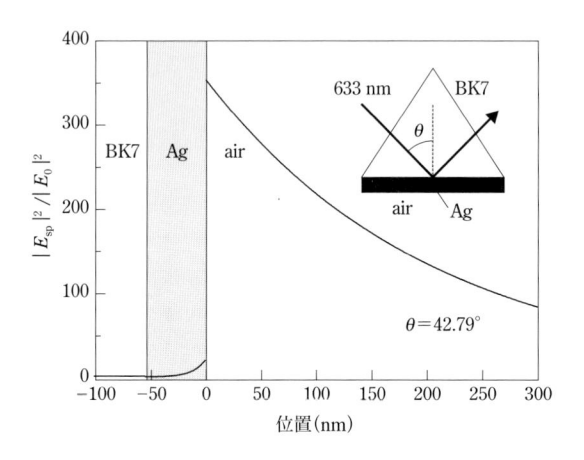

図 5.17 Kretschmann 配置における電場強度の増強度（銀薄膜の場合）

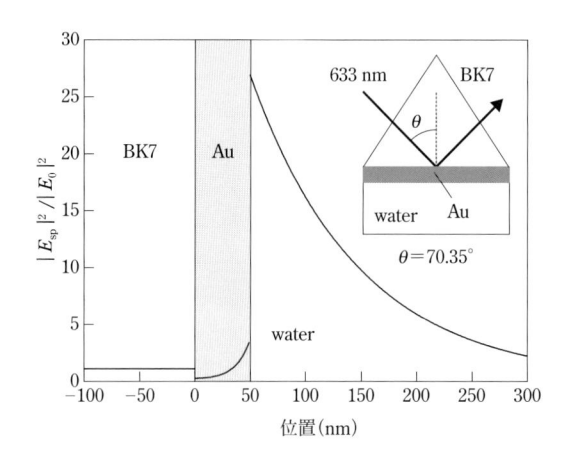

図 5.18 Kretschmann 配置における電場強度の増強度（金薄膜の場合）
ただし，誘電体は水である．

5.9 多層構造における表面プラズモンの分散関係

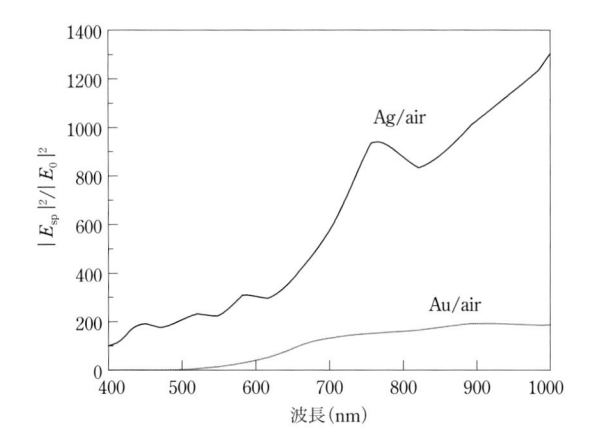

図 5.19 銀／空気界面および金／空気界面における表面プラズモン共鳴による電場強度の増強度の最大値

増強度は多層膜の式から厳密に求めることができる．しかし近似的にではあるが，もっと簡単に求めることができる．Weber と Ford はその方法について述べている[8]．これはエネルギー保存則から導出したもので，ATR 法だけでなく，回折格子結合法に対しても適用できる．電場強度の増強度は次式で与えられる．

$$\eta = \frac{|E_{sp}|^2}{|E_0|^2} = \frac{2\varepsilon_2'^2}{\varepsilon_1^{1/2}\varepsilon_2''(-\varepsilon_1-\varepsilon_2')^{1/2}}(1-R)\cos\theta \quad (5.42)$$

ただし，R は反射率，θ は界面への入射角である．また，ε_1 および $\varepsilon_2 = \varepsilon_2' + i\varepsilon_2''$ は誘電体および金属の誘電率である．式の導出は付録において述べる．図 5.19 は $R = 0$，$\theta = 0$ としたときに与えられる電場強度の増強度の最大値を波長の関数として計算したものである．

5.9 多層構造における表面プラズモンの分散関係

5.7 節で示したように，Kretschmann 配置では金属の厚さが有限であるため，表面プラズモンの分散関係は半無限厚をもつ金属と誘電体との界面を伝搬する表面プラズモンの分散関係からわずかにずれる．このことは，Otto 配置においても同様である．これらの 3 層からなる系における表面プラズモンの分散関係も 2 層の場合と同様に，電磁場の境界条件から求めることができる．

これとは別に，分散関係は固有モードの概念を用いても求めることができる．もちろん両者は同じ結果となる．両端が固定された弦をはじくと，ある決まった周波数で

弦は振動する．この周波数は固有周波数と呼ばれる．固有周波数と同じ周期で弦に外力を加え続けると，時間とともにその振幅は大きくなる．この現象は共鳴と呼ばれる．しかし，固有周波数とは異なる周期の外力では，弦の振幅は大きくならない．

固有周波数においては，外力(入力)がいくら小さくても，時間が十分長ければ十分大きい振幅(出力)が得られる．多層構造における共鳴の場合を考えると，これは反射率が無限大となる条件に相当する．たとえば，3層構造の場合の反射係数 r_{123} は

$$r_{123} = \frac{r_{12} + r_{23}\exp(2ik_{z2}h_2)}{1 + r_{12}r_{23}\exp(2ik_{z2}h_2)} \quad (5.43)$$

で与えられるが，この式の極，すなわち分母が0となる周波数が固有周波数となる．伝搬型の表面プラズモンや光導波路モードの場合，分母＝0が分散関係(固有方程式)そのものとなる．

3層の場合でかつ，TM波の場合の反射係数は

$$r_{ij}^{\mathrm{TM}} = \frac{\dfrac{k_{zi}}{\varepsilon_i} - \dfrac{k_{zj}}{\varepsilon_j}}{\dfrac{k_{zi}}{\varepsilon_i} + \dfrac{k_{zj}}{\varepsilon_j}} \quad (5.44)$$

であるので，分散関係(固有方程式)は

$$\left(\frac{k_{z1}}{\varepsilon_1} + \frac{k_{z2}}{\varepsilon_2}\right)\left(\frac{k_{z2}}{\varepsilon_2} + \frac{k_{z3}}{\varepsilon_3}\right) + \left(\frac{k_{z1}}{\varepsilon_1} - \frac{k_{z2}}{\varepsilon_2}\right)\left(\frac{k_{z2}}{\varepsilon_2} - \frac{k_{z3}}{\varepsilon_3}\right)\exp(2ik_{z2}h_2) = 0 \quad (5.45)$$

となる．ただし，k_{zi} を求めるときに平方根の計算を行うが，そのときの符号のとり方に注意を要する．

この式からもう少し見慣れた光導波路モードの固有方程式の形を導くことができる．まず，

$$\frac{\left(\dfrac{k_{z1}}{\varepsilon_1} - \dfrac{k_{z2}}{\varepsilon_2}\right)\left(\dfrac{k_{z3}}{\varepsilon_3} - \dfrac{k_{z2}}{\varepsilon_2}\right)}{\left(\dfrac{k_{z1}}{\varepsilon_1} + \dfrac{k_{z2}}{\varepsilon_2}\right)\left(\dfrac{k_{z3}}{\varepsilon_3} + \dfrac{k_{z2}}{\varepsilon_2}\right)}\exp(2ik_{z2}h_2) = 1 \quad (5.46)$$

の両辺の対数をとると，

$$\log\frac{\left(\dfrac{k_{z1}}{\varepsilon_1} - \dfrac{k_{z2}}{\varepsilon_2}\right)}{\left(\dfrac{k_{z1}}{\varepsilon_1} + \dfrac{k_{z2}}{\varepsilon_2}\right)} + \log\frac{\left(\dfrac{k_{z3}}{\varepsilon_3} - \dfrac{k_{z2}}{\varepsilon_2}\right)}{\left(\dfrac{k_{z3}}{\varepsilon_3} + \dfrac{k_{z2}}{\varepsilon_2}\right)} + 2ik_{z2}h_2 = 0 \quad (5.47)$$

となる．ここで，

$$\log\left(\frac{1-z}{1+z}\right) = 2i\tan^{-1}(iz) \quad (5.48)$$

5.9 多層構造における表面プラズモンの分散関係

であることを用いると，

$$\tan^{-1}\left[i\left(\frac{\varepsilon_1 k_{z2}}{\varepsilon_2 k_{z1}}\right)\right] + \tan^{-1}\left[i\left(\frac{\varepsilon_3 k_{z2}}{\varepsilon_2 k_{z3}}\right)\right] + k_{z2}h_2 - m\pi = 0 \qquad (5.49)$$

となる．ただし，m は整数である．

4層以上の場合も反射係数の分母＝0としたものが固有方程式となるが，与えられた周波数における伝搬モードの波数(複素伝搬定数)の計算は3.8節で示した透過行列の $m_{22} = 0$ を満たす k_x を求めるのが簡便である．

式(5.45)や(5.49)で与えられる固有方程式では波数は陰関数の形となっており，陽関数では与えられない．Kretschmann 配置における表面プラズモンの分散関係を陽関数の一次近似式で表したのは Kretschmann 自身で[6]，式(5.38)と式(5.40)に示したとおりである．その後，Pockrand によって，二次までの近似式が与えられた[9]．さらに，彼は金属表面に誘電体薄膜がある場合の分散関係も陽関数の形で導き出している．ここでは，一次までの近似式を示す．図 5.20 に示すように，プリズム，金属薄膜，誘電体薄膜および媒質の誘電率を，それぞれ ε_1, ε_2, ε_3 および ε_4 とする．また，金属薄膜および誘電体薄膜の膜厚を，それぞれ h_2 および h_3 とする．このとき，表面プラズモンの波数ベクトル k_{sp} は次式で与えられる．

$$k_{\mathrm{sp}} = k_x^0 + k_x^{1C} + k_x^{1R} \qquad (5.50)$$

ただし，

$$k_x^0 = \frac{\omega}{c}\left(\frac{\varepsilon_2 \varepsilon_4}{\varepsilon_2 + \varepsilon_4}\right)^{1/2} \qquad (5.51)$$

$$k_x^{1C} = \left(\frac{\omega}{c}\right)\left(\frac{\varepsilon_3 - \varepsilon_4}{\varepsilon_3}\right)\left(\frac{\varepsilon_2' \varepsilon_4}{\varepsilon_2' + \varepsilon_4}\right)^2 \left(\frac{\varepsilon_3 - \varepsilon_2'}{\varepsilon_4 - \varepsilon_2'}\right)(-\varepsilon_2'\varepsilon_4)^{-1/2}\left(\frac{2\pi h_3}{\lambda}\right) \qquad (5.52)$$

$$k_x^{1R} = \left(\frac{\omega}{c}\right)r_{12}\left(\frac{2}{\varepsilon_4 - \varepsilon_2'}\right)\left(\frac{\varepsilon_2' \varepsilon_4}{\varepsilon_2' + \varepsilon_4}\right)^{3/2} \exp\left[-2\frac{2\pi h_2}{\lambda}\frac{-\varepsilon_2'}{(-\varepsilon_2' - \varepsilon_4)^{1/2}}\right] \qquad (5.53)$$

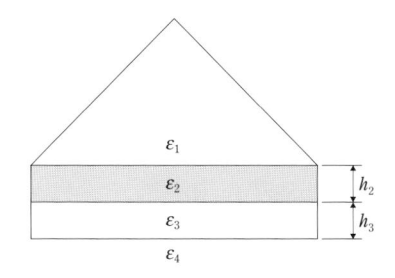

図 5.20　金属薄膜上に誘電体薄膜が堆積された Kretschmann 配置

$$r_{12} = \left(\frac{k_{z2}}{\varepsilon_2} - \frac{k_{z1}}{\varepsilon_1}\right) \bigg/ \left(\frac{k_{z2}}{\varepsilon_2} + \frac{k_{z1}}{\varepsilon_1}\right) \tag{5.54}$$

である．ここで，k^{IC} は誘電体薄膜による効果，k^{IR} は金属薄膜の厚さが有限になることによる効果である．

5.10　長距離伝搬型表面プラズモン

　金属薄膜を数十 nm 以下に薄くし，両側を同じ誘電率をもつ誘電体で挟めば，金属薄膜の両界面のプラズモンが同じ波数をもち結合する．その結果，長距離伝搬モード（long-range surface plasmon：LRSP）と短距離伝搬モード（short-range surface plasmon：SRSP）の 2 つのモードに分離する．長距離伝搬モードの伝搬損失は，金属の膜厚が薄くなるに従い，劇的に小さくなる．

　このモードの存在そのものはずっと以前から知られていたが，その損失の小ささは 1979 年に福井（現徳島大学）によって見出された[10]．その後，Sarid が 1981 年に long-range surface plasmon（正確には long-range surface plasma wave）という名前を付けてから[11]，この名称が広く用いられるようになった．

　LRSP と SRSP モードの分散関係を導出する．式(5.45)において，$\varepsilon_1 = \varepsilon_3$ とおくと，

$$\left(\frac{k_{z1}}{\varepsilon_1} + \frac{k_{z2}}{\varepsilon_2}\right)^2 = \left(\frac{k_{z1}}{\varepsilon_1} - \frac{k_{z2}}{\varepsilon_2}\right)^2 \exp 2ik_{z2}h_2$$

$$\left(\frac{k_{z1}}{\varepsilon_1} + \frac{k_{z2}}{\varepsilon_2}\right)\exp(-ik_{z2}h_2/2) = \pm\left(\frac{k_{z1}}{\varepsilon_1} - \frac{k_{z2}}{\varepsilon_2}\right)\exp(ik_{z2}h_2/2)$$

$$\frac{k_{z1}}{\varepsilon_1}\left[\exp(-ik_{z1}h_2/2) \mp \exp(-ik_{z2}h_2/2)\right] = -\frac{k_{z2}}{\varepsilon_2}\left[\exp(-ik_{z1}h_2/2) \pm \exp(ik_{z2}h_2/2)\right]$$

$$\varepsilon_1 k_{z2} + \varepsilon_2 k_{z1} \frac{\exp(k_{z2}h_2/2i) \mp \exp(-k_{z2}h_2/2i)}{\exp(k_{z2}h_2/2i) \pm \exp(-k_{z2}h_2/2i)} = 0$$

$$\tag{5.55}$$

となる．最終的に，次の 2 つの固有方程式が得られる．

$$\varepsilon_1 k_{z2} + \varepsilon_2 k_{z1} \coth(k_{z2}h_2/2i) = 0 \tag{5.56}$$

$$\varepsilon_1 k_{z2} + \varepsilon_2 k_{z1} \tanh(k_{z2}h_2/2i) = 0 \tag{5.57}$$

式(5.56)が LRSP に，式(5.57)が SRSP に対応する．

　図 5.21 に Drude 金属（損失は無視）の場合の LRSP と SRSP の分散関係を示す．金属の膜厚が大きい場合は，両界面の表面プラズモンは独立に存在し，分散関係は一致する．しかし，金属の膜厚が薄くなるに従い，LRSP の分散関係は高周波数側に

SRSP の分散関係は低周波数側にシフトしていく．それにともない，LRSP の分散曲線はライトラインに漸近する．

LRSP と SRSP の電荷分布を図 5.22 に示す．LRSP では電荷分布が金属薄膜の表裏で反対称に，SRSP では対称になるのが特徴である．この電荷分布にともなう電磁場分布を図 5.23 に示す．さらに，図 5.24 にシリカ／銀／シリカの系における波長 632.8 nm での LRSP と SRSP の伝搬長の銀膜厚依存性を示す．銀の膜厚が 100 nm のときは両者の伝搬長は同程度であるが，膜厚が薄くなるに従い，LRSP の伝搬長は急激に大きくなることがわかる．一方，SRSP の伝搬長はそれと反対に非常に小さくなる．この理由は図 5.23 を見るとよくわかる．LRSP では誘電体側へのエバネッセント波のしみ出しが SRSP のそれと比較して大きくなっている．すなわち LRSP の伝搬エネルギーのうち，誘電体中を伝わる成分の割合が，SRSP のそれと比較して大きい．

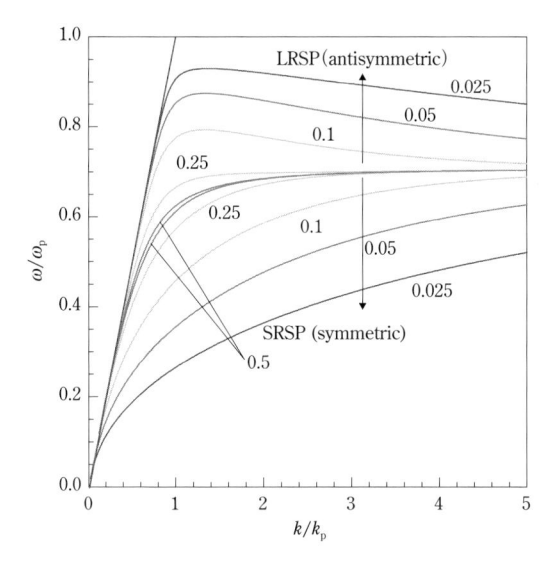

図 5.21 誘電体／金属／誘電体構造における LRSP および SRSP の分散関係
図中のパラメーターは $\lambda_p (= 2\pi c/\omega_p)$ で規格化した金属層の厚さ．

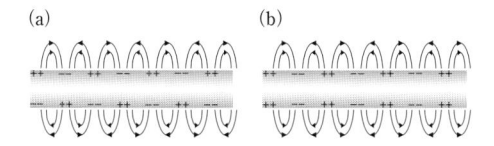

図 5.22 (a)長距離伝搬型および(b)短距離伝搬型表面プラズモンの電荷分布

5 伝搬型表面プラズモン

そのため，損失のある金属中を伝わるエネルギーの割合がSRSPと比較して小さくなるため伝搬長が長くなる．SRSPはその逆で，エネルギーが金属中を伝わる割合が大きい．このことは図5.21に示した分散関係からも理解できる．LRSPの分散曲線のほ

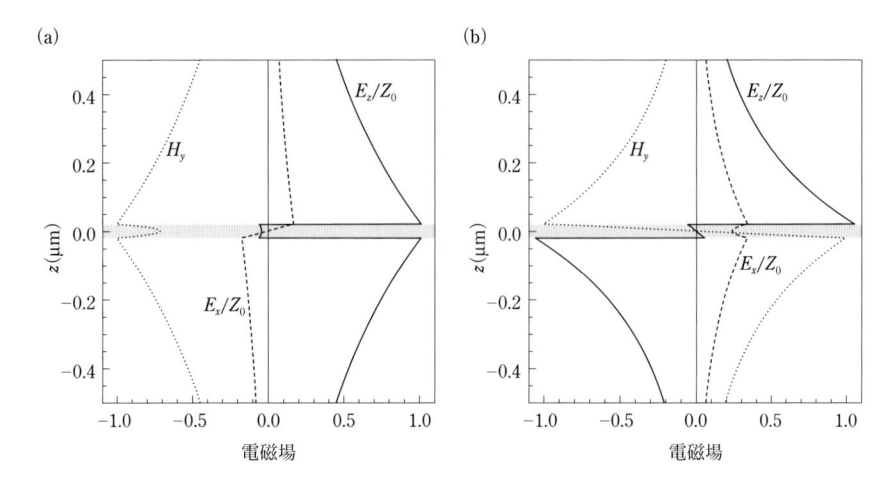

図5.23 (a)長距離伝搬型および(b)短距離伝搬型表面プラズモンの電磁場分布
$z=0$ 近傍の灰色で示した部分が銀薄膜に対応している．銀の膜厚は40 nm，両側の誘電体は空気，波長(真空中)は632.8 nmを仮定した．

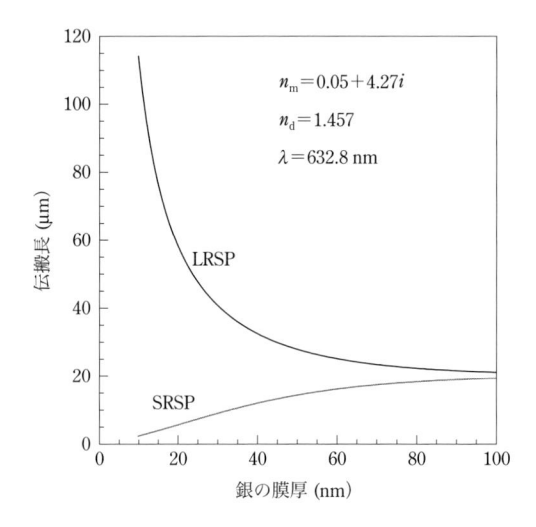

図5.24 シリカ／銀／シリカ構造における長距離伝搬型および短距離伝搬型表面プラズモンの伝搬長の銀膜厚依存性

うが SRSP と比較してライトラインに近い位置にある．これは誘電体中へのエバネッセント波のしみ出しが大きいことを意味する．

　金属薄膜の両側の誘電体の誘電率が非対称な系での表面プラズモンのふるまいは Burke らによって詳しく述べられている[12]．また，Yang らは，誘電率が対称な系とそうでない系における LRSP の分散を陽関数表示の形で与えている[13]．Pigeon らは，基板／金属薄膜／透明誘電体薄膜／誘電体の系における LRSP について議論している[14]．そこでは，金属薄膜の中点で E_x がゼロとなる場合に吸収が最小になり，そのときの吸収は透明誘電体薄膜／誘電体を基板で置き換えたときと同じであると述べている(完全に同じではない)．もちろん，誘電体薄膜に吸収がある場合はこの限りではない．

5.11　MIM 構造における表面プラズモン

　金属／誘電体／金属(metal-insulator-metal：MIM)構造での表面プラズモンを考える．分散関係は LRSP と SRSP のときと同様，式(5.56)（反対称モード）と式(5.57)（対称モード）で与えられる．ただし，ε_1 および ε_2 はそれぞれ金属および誘電体の誘電率である．

　図 5.25 は MIM 構造における表面プラズモンの分散関係を示す．前節で述べた IMI 構造においては，低エネルギー側のモードが対称モードに高エネルギー側のモードが反対称モードに対応していたが，MIM 構造では逆に低エネルギー側のモードが反対称モードに高エネルギー側のモードが対称モードに対応している．対称モードのほうがライトラインに近いため，伝搬損失が小さく伝搬長は長い．MIM 構造における表面プラズモンの特徴はこの図からわかるように，対称モードの分散曲線がライトラインを横切っていることである．ライトラインの内側(左側)において，このモードは金属中ではエバネッセント波になっているが，誘電体中では伝搬光となっている(図 5.2 参照)．したがって，厳密にいえばライトラインの内側ではこのモードは表面プラズモンではない．しかし，誘電体層が半無限厚の金属に挟まれているためエネルギーが外に漏れ出すことはない．

　MIM 構造における電磁場分布の例を図 5.26 および図 5.27 に示す．どちらも同じ構造で，厚さ 200 nm のシリカ薄膜が銀によって挟み込まれている．図 5.26 は波長(真空中)450 nm での分布である．伝搬しているモードはすべて表面プラズモンであることが見て取れる．これに対して，図 5.27 は波長(真空中)500 nm での分布である．この波長では対称モードはライトラインの内側に位置する．そのため，対称モードの電場 E_x は中央部で凸の分布を示している．これは表面プラズモンではなく，伝搬光の特徴である．

5 伝搬型表面プラズモン

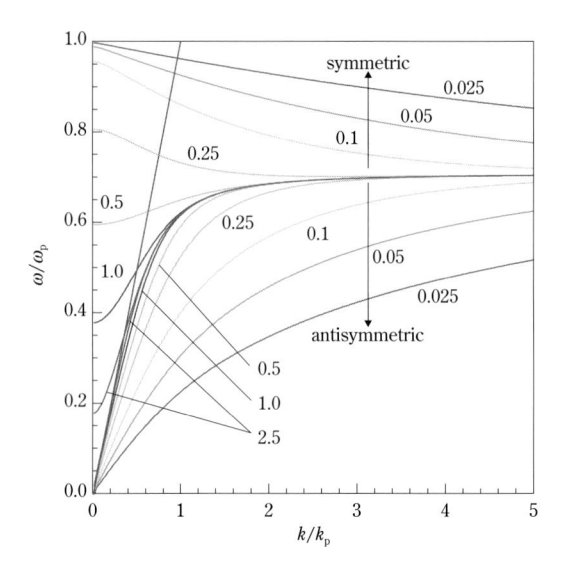

図 5.25 金属/誘電体/金属構造における表面プラズモンの分散関係
図中のパラメーターは $\lambda_p (= 2\pi c/\omega_p)$ で規格化した誘電体層の厚さ.

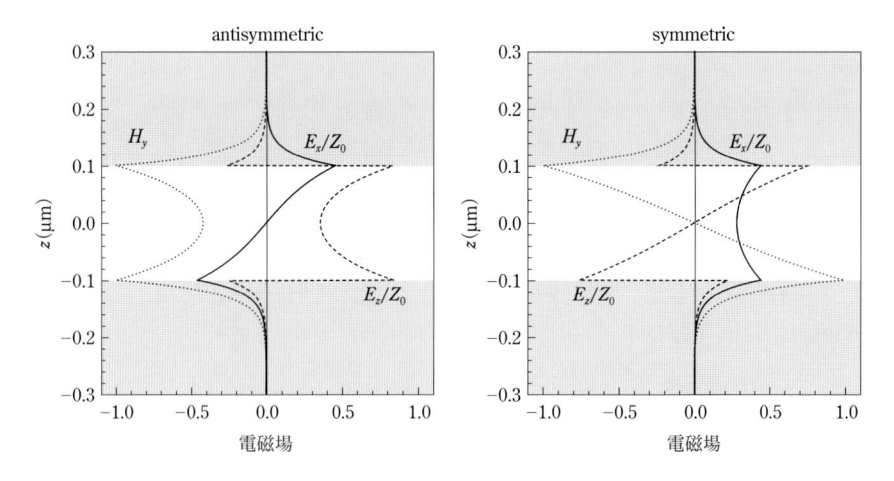

図 5.26 MIM 構造における表面プラズモンの電磁場分布
灰色で示した部分が銀に対応している.誘電体は厚さ 200 nm のシリカを,波長(真空中)は 450 nm を仮定した.左側が反対称モード,右側が対称モードである.

5.12 IMIMI 構造における表面プラズモン

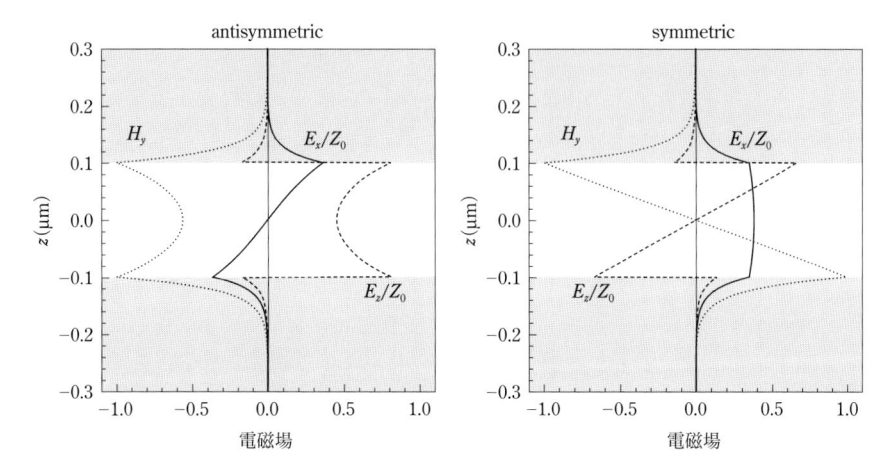

図 5.27 MIM 構造における表面プラズモンの電磁場分布
灰色で示した部分が銀に対応している．誘電体は厚さ 200 nm のシリカを，波長（真空中）500 nm を仮定した．左側が反対称モード，右側が対称モードである．

5.12　IMIMI 構造における表面プラズモン

さらに多層からなる構造を考える．それぞれの金属/誘電体界面に表面プラズモンが存在可能である．界面と界面との距離が十分離れている場合，それぞれの表面プラズモンは独立に存在する．しかし，互いの距離が小さくなるとそれぞれの界面の表面プラズモンは相互作用を起こす．その結果，表面プラズモンのモード（分散曲線）は界面の数だけ生じる．分散曲線が交わることはない．

多層構造における表面プラズモンの分散関係は Economou によって最初に求められている[15]．彼が計算した結果を図 5.28 にまとめる．界面の数だけ分散曲線が存在することがわかる．

ここでは対称な誘電体/金属/誘電体/金属/誘電体（IMIMI）構造における表面プラズモンの分散関係を考える．界面が 4 つあるため，4 つのモードが得られるはずである．中央の誘電体，金属および外側の誘電体の誘電率をそれぞれ ε_1，ε_2 および ε_3 とする．またそれぞれの領域での z 方向の波数ベクトルをそれぞれ k_{z1}，k_{z2} および k_{z3} とする．また，中央の誘電体の厚さを $2a$，金属の厚さを $b-a$ とする．x 軸をミラー対称面にとる．それぞれの領域における磁場は次式で与えられる．

$$H_3(z) = A\exp\left[ik_{z3}(z-b)\right] \tag{5.58}$$

59

$$H_2(z) = B\exp[-ik_{z2}(z-b)] + C\exp[ik_{z2}(z-a)] \tag{5.59}$$

$$H_1(z) = D\{\exp[ik_{z1}(z-a)] \pm \exp[-ik_{z1}(z+a)]\} \tag{5.60}$$

複号の正のときが対称モード，負のときが反対称モードに対応する．境界条件は$z = b$で，

$$A = B + C\exp[ik_{z3}(b-a)] \tag{5.61}$$

$$A\frac{k_{z3}}{\varepsilon_3} = -B\frac{k_{z2}}{\varepsilon_2} + C\frac{k_{z2}}{\varepsilon_2}\exp[ik_{z2}(b-a)] \tag{5.62}$$

$z = a$で，

$$B\exp[-ik_{z2}(a-b)] + C = D[1 \pm \exp(-2ik_{z1}a)] \tag{5.63}$$

$$B\frac{k_{z2}}{\varepsilon_2}\exp[-ik_{z2}(a-b)] - C\frac{k_{z2}}{\varepsilon_2} = -D\frac{k_{z1}}{\varepsilon_1}[1 \mp \exp(-2ik_{z1}a)] \tag{5.64}$$

となる．行列形式で書くと，

$$\begin{bmatrix} 1 & -1 & -\exp[ik_{z2}(a-b)] & 0 \\ \dfrac{k_{z3}}{\varepsilon_3} & \dfrac{k_{z2}}{\varepsilon_2} & -\dfrac{k_{z2}}{\varepsilon_2}\exp[ik_{z2}(a-b)] & 0 \\ 0 & \exp[-ik_{z2}(a-b)] & 1 & -1 \mp \exp(-2ik_{z1}a) \\ 0 & \dfrac{k_{z2}}{\varepsilon_2}\exp[-ik_{z2}(a-b)] & -\dfrac{k_{z2}}{\varepsilon_2} & \dfrac{k_{z1}}{\varepsilon_1}[1 \mp \exp(-2ik_{z1}a)] \end{bmatrix}\begin{bmatrix} A \\ B \\ C \\ D \end{bmatrix} = 0 \tag{5.65}$$

となる．この式(5.65)が自明でない解をもつためには行列式が0とならなければならない．すなわち，

$$\left(\frac{k_{z1}}{\varepsilon_1}\right)[1 \mp \exp(-2ik_{z1}a)] \times \left\{\left(\frac{k_{z2}}{\varepsilon_2}\right)\{1 + \exp[-2ik_{z2}(a-b)]\}\right.$$
$$+\left(\frac{k_{z3}}{\varepsilon_3}\right)\{1 - \exp[-2ik_{z2}(a-b)]\}\right\} - \left(\frac{k_{z2}}{\varepsilon_2}\right)[1 - \exp(-2ik_{z2}a)] \tag{5.66}$$
$$\times\left\{\left(\frac{k_{z2}}{\varepsilon_2}\right)\{1 - \exp[-2ik_{z2}(a-b)]\} + \left(\frac{k_{z3}}{\varepsilon_3}\right)\{1 + \exp[-2ik_{z2}(a-b)]\}\right\} = 0$$

となる必要がある．これがIMIMI構造における表面プラズモンの分散関係である．

図5.29に各層の膜厚を$0.25\lambda_p$，誘電体を真空，金属を損失のないDrude金属と仮定した場合の分散関係を示す．また，各モードに対する磁場分布も同時に示す．IMIMI構造においても1つのモード（分散曲線）はライトラインを横切る．

5.12 IMIMI 構造における表面プラズモン

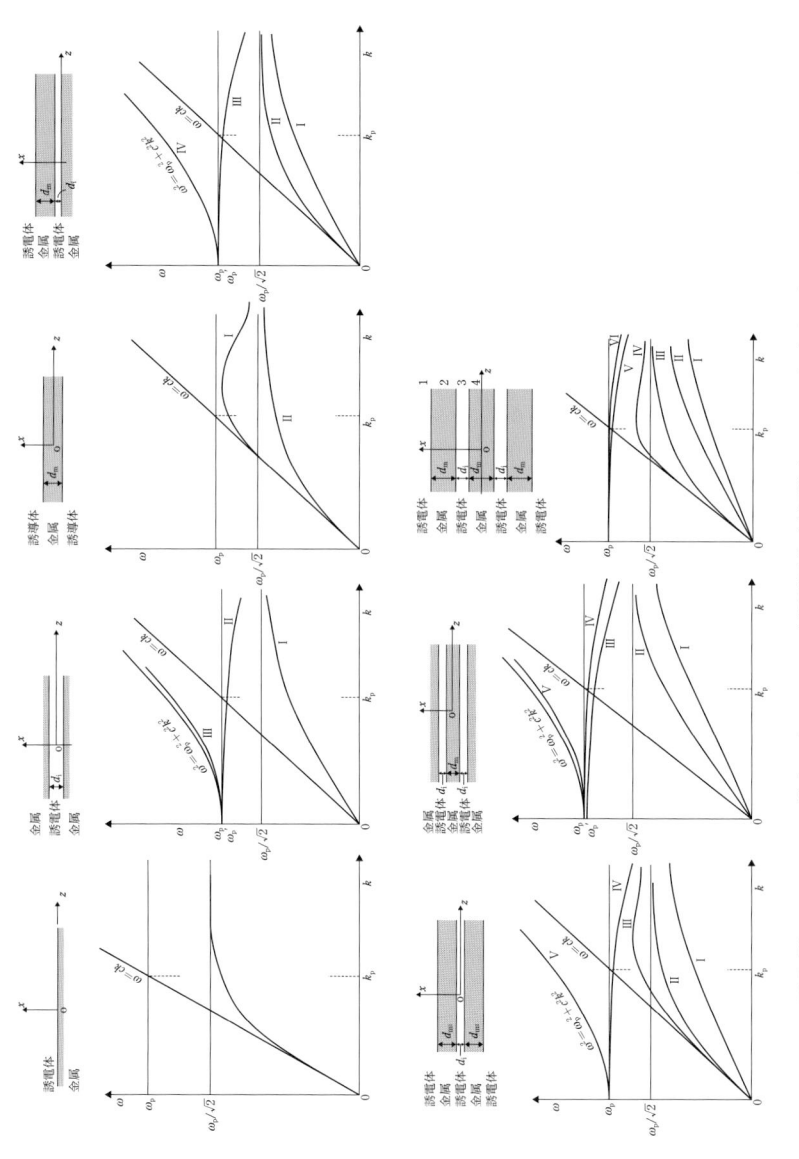

図 5.28 Economou の論文に示されている多層誘電体/金属構造における表面プラズモンの分散関係
[E. N. Economou, *Phys. Rev.* **182**, 539 (1969), Fig.1, 3, 4, 5, 6, 7, 8]

61

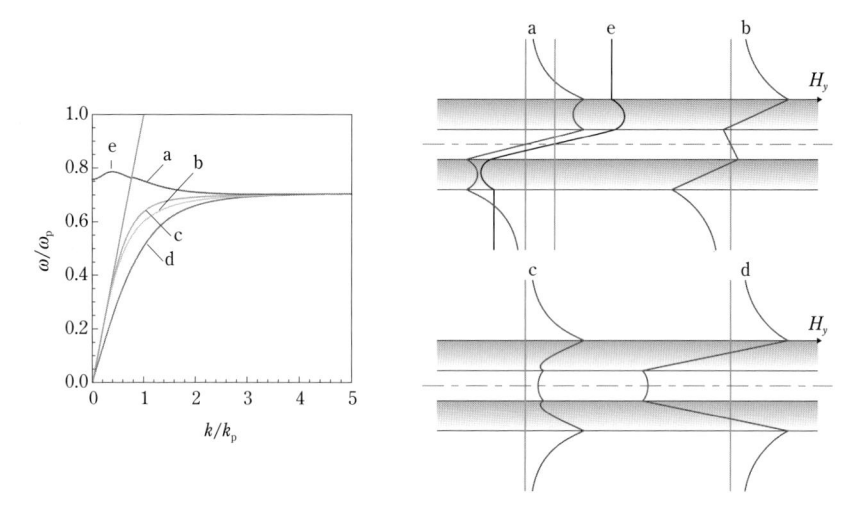

図 5.29 対称な IMIMI 構造における表面プラズモンの分散関係と各モードに対する表面プラズモンの磁場分布
(e) の磁場分布はライトラインの内側のモードの場合（見やすくするために中心を右にずらして表示している）．

参考文献

1) C. Kittel, *Introduction to Solid State Physics*, Wiley, New York (1976)
2) U. Fano, *J. Opt. Soc. Am.*, **31**, 213 (1941)
3) J. Zenneck, *Ann. Phys.*, **23**, 846 (1907)
4) A. Otto, *Z. Physik.*, **216**, 398 (1968)
5) E. Kretschmann and H. Raether, *Z. Naturfors.*, **23**a, 2135 (1968)
6) E. Kretschmann, *Z. Physik.*, **241**, 313 (1971)
7) H. Raether, *Surface Plasmons on Smooth and Rough Surfaces and on Gratings*, Springer-Verlag, Berlin (1988)
8) W. H. Weber and G. W. Ford, *Opt. Lett.*, **6**, 122 (1981)
9) I. Pockrand, *Surf. Sci.*, **72**, 577 (1978)
10) M. Fukui, V. C. Y. So, and R. Normandin, *Phys. Stat. Sol.* (b), **91**, K61 (1979)
11) D. Sarid, *Phys. Rev. Lett.*, **47**, 1927 (1981)
12) J. J. Burke, G. I. Stegeman, and T. Tamir, *Phys. Rev. B*, **33**, 5186 (1986)
13) F. Yang, J. R. Samble, and G. W. Bradberry, *Phys. Rev. B*, **44**, 5855 (1991)
14) F. Pigeon, I. F. Salakhotdinov, and A. V. Tishchenko, *J. Appl. Phys.*, **90**, 852 (2001)
15) E. N. Economou, *Phys. Rev.*, **182**, 539 (1969)

6
局在型表面プラズモン

　本章では，最も基本的な形状である球形微粒子における局在型表面プラズモン共鳴について述べる．まず，局在型表面プラズモン共鳴によって形成される電磁場を表す双極子放射について述べるが，これは粒子の大きさが無限小の極限の場合に相当する．次に，粒子が有限の大きさをもつ場合のふるまいを準静電近似を用いて説明する．さらに，金および銀の微小球の散乱および吸収断面積の波長依存性を示す．球以外の形状として，回転楕円体，ナノシェル，ナノワイヤー，ナノロッドにおける局在型表面プラズモン共鳴について述べる．最後に，金属ナノ粒子からの発光現象について紹介する．

6.1　双極子放射

　先に述べたように，局在型の表面プラズモン（以下，局在プラズモンと略す）は伝搬型の表面プラズモンと異なり，常に伝搬光と結合する．したがって，局在プラズモンのふるまいを調べるためには，光を金属微粒子に照射し，その応答を調べればよい．最も単純な微粒子の形状は球である．球の大きさが光の波長に対して十分小さい場合は，微粒子が感じる場は粒子全体にわたって一様な場と見なせる．このとき，微粒子には単一の双極子が誘起される．したがって，この粒子によってできる新たな場は双極子放射に等しい．ここではまず双極子放射について述べる．双極子放射の導出はかなり複雑なので付録に譲る．

　真空中に双極子モーメント $\boldsymbol{p}$ をもち，角周波数 ω で振動する双極子が原点に置かれているとき，双極子放射によって生じる電場と磁場は次式で与えられる．

$$\boldsymbol{E}(\boldsymbol{r},t) = \frac{1}{4\pi\varepsilon_0}\left\{-\frac{\boldsymbol{p}(t_0)}{r^3} + \frac{3\boldsymbol{r}[\boldsymbol{r}\cdot\boldsymbol{p}(t_0)]}{r^5} - \frac{\dot{\boldsymbol{p}}(t_0)}{cr^2} + \frac{3\boldsymbol{r}[\boldsymbol{r}\cdot\dot{\boldsymbol{p}}(t_0)]}{cr^4} + \frac{\boldsymbol{r}\times[\boldsymbol{r}\times\ddot{\boldsymbol{p}}(t_0)]}{c^2r^3}\right\}$$

(6.1)

$$B(r,t) = \frac{\mu_0}{4\pi} \left[-\frac{r \times \dot{p}(t_0)}{r^3} - \frac{r \times \ddot{p}(t_0)}{cr^2} \right] \quad (6.2)$$

ただし，$r=|r|$，$t_0 = t - r/c$ である．$\dot{p}$ および $\ddot{p}$ はそれぞれ p の時間 t に関する1階および2階微分を表す．

式(6.1)の括弧内の最初の2項は静電場(static field)と呼ばれ，双極子が振動していない場合にも生じる場である．次の2項は誘導場(induction field)と呼ばれ，双極子振動によって流れる電流により誘起される場である．最後の項が放射場(radiation field)と呼ばれる．それぞれの場は双極子からの距離 r に対して，r^{-3}, r^{-2}, r^{-1} で減衰する．また，式(6.2)からわかるように，磁場に関しては静電場に対応する r^{-3} で減衰する項は存在しない．

双極子モーメントが z 方向を向いている場合の電場を考える．r 方向成分および θ 方向成分はそれぞれ，

$$E_r = \frac{2\cos\theta}{4\pi\varepsilon_0} \left(\frac{p}{r^3} + \frac{\dot{p}}{cr^2} \right) \quad (6.3)$$

$$E_\theta = \frac{\sin\theta}{4\pi\varepsilon_0} \left(\frac{p}{r^3} + \frac{\dot{p}}{cr^2} + \frac{\ddot{p}}{c^2 r} \right) \quad (6.4)$$

となる．同様に磁場は

$$B_\phi = \frac{\mu_0 \sin\theta}{4\pi} \left(\frac{\dot{p}}{r^2} + \frac{\ddot{p}}{cr} \right) \quad (6.5)$$

となる．ただし，$p = |p|$ である．ここで，

$$p(t_0) = p_0 \exp(-i\omega t_0) = p_0 \exp[i(kr - \omega t)] \quad (6.6)$$

を用いると，

$$E_r = \frac{2\cos\theta}{4\pi\varepsilon_0} \left(\frac{p_0}{r^3} - \frac{ikp_0}{r^2} \right) \exp[i(kr - \omega t)] \quad (6.7)$$

$$E_\theta = \frac{\sin\theta}{4\pi\varepsilon_0} \left(\frac{p_0}{r^3} - \frac{ikp_0}{r^2} - \frac{k^2 p_0}{r} \right) \exp[i(kr - \omega t)] \quad (6.8)$$

$$B_\phi = -\frac{\mu_0 c \sin\theta}{4\pi} \left(\frac{ikp_0}{r^2} + \frac{k^2 p_0}{cr} \right) \exp[i(kr - \omega t)] \quad (6.9)$$

さらに，

$$E_r = \frac{2p_0 k^3 \cos\theta}{4\pi\varepsilon_0} \left[\frac{1}{(kr)^3} - \frac{i}{(kr)^2} \right] \exp[i(kr - \omega t)] \quad (6.10)$$

$$E_\theta = \frac{p_0 k^3 \sin\theta}{4\pi\varepsilon_0} \left[\frac{1}{(kr)^3} - \frac{i}{(kr)^2} - \frac{1}{kr} \right] \exp[i(kr - \omega t)] \quad (6.11)$$

6.1 双極子放射

図 6.1 双極子放射の電気力線

$$B_\phi = -\frac{p_0 k^3 \mu_0 c \sin\theta}{4\pi}\left[\frac{i}{(kr)^2} + \frac{1}{kr}\right]\exp[i(kr-\omega t)] \tag{6.12}$$

となる．図 6.1 に双極子放射の電気力線を示す．

双極子を中心とした球面を考えたとき，その面積は r^2 に比例する．そのためポインティングベクトルが r^2 より早く減衰する成分は遠方にエネルギーを伝えない．したがって，外部にエネルギーを伝える成分は電場磁場ともに r^{-1} に比例した成分，すなわち放射場のみである．一方，誘導場と静電場は r^{-2} および r^{-3} に比例するため，伝搬光としてそのエネルギーを外部に取り出すことはできない．放射場がいわゆる遠方場成分で，誘導場と静電場は近接場成分となる．

放射場のポインティングベクトルは

$$\begin{aligned}\mathbf{S} &= \mathbf{E}\times\mathbf{H} = \frac{1}{\mu_0}\mathbf{E}\times\mathbf{B} \\ &= \frac{1}{\mu_0}\mathrm{Re}(E_\theta)\mathrm{Re}(B_\phi)\mathbf{e}_r \\ &= \frac{p_0^2 k^4 c \sin^2\theta}{16\pi^2\varepsilon_0 r^2}\cos^2(kr-\omega t) \\ &= \frac{\mu_0\omega^4 p_0^2 \sin^2\theta}{16\pi^2 r^2 c}\cos^2(kr-\omega t)\end{aligned} \tag{6.13}$$

となる．時間平均をとると，

$$\langle \mathbf{S}\rangle = \frac{\mu_0\omega^4 p_0^2 \sin^2\theta}{32\pi^2 r^2 c} \tag{6.14}$$

となる．さらに，双極子を取り囲む球面上で積分すると，

$$W = \int_0^{2\pi}\int_0^{\pi} \langle \boldsymbol{S} \rangle r^2 \sin\theta \, \mathrm{d}\theta \mathrm{d}\phi = \frac{\mu_0 \omega^4 p_0^{\,2}}{12\pi c} = \frac{\omega^4 p_0^{\,2}}{12\pi\varepsilon_0 c^3} \tag{6.15}$$

となる．

6.2 自由電子モデル

バルクにおいては自由電子の集団はプラズマ周波数 ω_p で振動することがわかった（5.1節参照）．では，自由電子が球に閉じ込められている場合はどうであろう．

バルクのプラズマ周波数を求めたときと同じように運動方程式を立てる．図6.2に示すように，電子の集団の重心とイオンの集団の重心が z だけ変位したとする．この変位によって生じる球表面の電荷密度 $\sigma(\theta)$ は

$$\sigma(\theta) = nez\cos\theta \tag{6.16}$$

で与えられる．ここで，n は電子の密度，e は電子の電荷である．この電荷によって生じる球内の電場を考える．このときの球内の電場は一様である．簡単のため球の中心での電場を計算する．図6.2に示す帯状の部分の電荷は

$$\mathrm{d}Q = 2\pi nea^2 z \cos\theta \sin\theta \, \mathrm{d}\theta \tag{6.17}$$

となる．系は z 軸に関して対称なので，電場は z 方向成分のみをもつ．式(6.17)で表される電荷が球中心につくる電場は

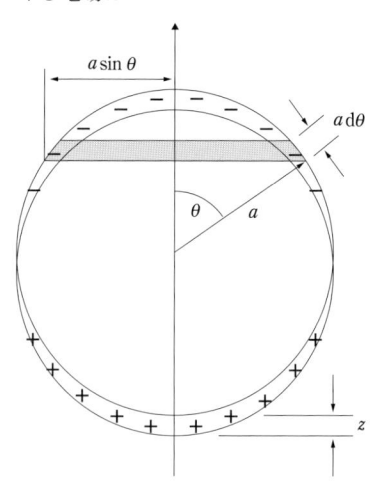

図6.2 球表面に誘起された電荷

$$E = \frac{1}{4\pi\varepsilon_0} \int \frac{dQ \cos\theta}{a^2}$$

$$= \frac{1}{4\pi\varepsilon_0} \int_0^\pi 2\pi nez \cos^2\theta \sin\theta \, d\theta \qquad (6.18)$$

$$= \frac{nez}{3\varepsilon_0}$$

となる．この電場に従う電子の運動方程式は，電子の質量を m とすると，

$$m\frac{d^2z}{dt^2} = -\frac{ne^2z}{3\varepsilon_0} \qquad (6.19)$$

となり，共鳴周波数は ω_{sph} は

$$\omega_{\text{sph}} = \sqrt{\frac{ne^2}{3\varepsilon_0 m}} = \frac{\omega_{\text{p}}}{\sqrt{3}} \qquad (6.20)$$

となる．この条件を満たすときに球内の自由電子は共鳴振動を生じる．金属の誘電率を損失を無視した Drude モデルで表した

$$\varepsilon = 1 - \left(\frac{\omega_{\text{p}}}{\omega}\right)^2 \qquad (6.21)$$

に式(6.20)を代入すると，共鳴条件として次の関係が得られる．

$$\varepsilon = -2 \qquad (6.22)$$

6.3　金属微小球における局在プラズモン

　局在プラズモン共鳴においては自由電子モデルで示された振動は光によって誘起される．この現象は球の散乱問題と等価であり，その解は Mie によって与えられている[1)]．Mie の解については複雑なので，付録で述べる．局在プラズモン共鳴において重要となるのは球の材料が金属で，その直径が波長より十分小さい場合である．この場合，複雑な Mie の散乱公式ではなく，より簡単な準静電近似が使える．準静電近似とは，空間的には遅延(retardation)がなく，一様であるが，時間的には $\exp(-i\omega t)$ で振動する場を考えた近似である．

　図 6.3 に示すように，粒径が入射光の波長と比較して小さいときには粒子全体が一様な電場を感じるのに対して，粒径が大きくなると粒子の入射側と出射側で感じる光の電場が逆方向になる．この効果は遅延効果(retardation effect)と呼ばれる．波の位相遅れの効果である．その結果，図 6.3 に示すように四重極子の成分が生じる．遅延が無視できない場合，Mie の公式を用いる必要がある．

　場が時間的に変動しない静電場においては，ポテンシャル Ψ はラプラス方程式

6 局在型表面プラズモン

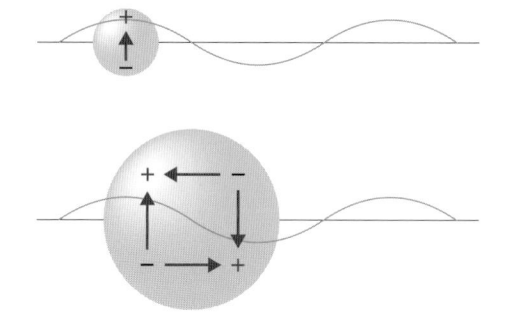

図6.3 遅延効果

$$\nabla^2 \Psi = 0 \tag{6.23}$$

を満足する．この式を極座標系を用いて書き換えると，

$$\frac{1}{r^2}\frac{\partial}{\partial r}\left(r^2\frac{\partial \Psi}{\partial r}\right) + \frac{1}{r^2 \sin\theta}\frac{\partial}{\partial \theta}\left(\sin\theta\frac{\partial \Psi}{\partial \theta}\right) + \frac{1}{r^2 \sin^2\theta}\frac{\partial^2 \Psi}{\partial \phi^2} = 0 \tag{6.24}$$

となる．ここで，ポテンシャル Ψ が

$$\Psi = R(r)\Theta(\theta)\Phi(\phi) \tag{6.25}$$

のように書けるとすると，式(6.24)は適当な分離定数 m と n を用いて次のように分離できる．

$$\frac{1}{R}\frac{\mathrm{d}}{\mathrm{d}r}\left(r^2\frac{\mathrm{d}R}{\mathrm{d}r}\right) = n(n+1) \tag{6.26}$$

$$\frac{\sin\theta}{\Theta}\frac{\mathrm{d}}{\mathrm{d}\theta}\left(\sin\theta\frac{\mathrm{d}\Theta}{\mathrm{d}\theta}\right) = m^2 - n(n+1)\sin^2\theta \tag{6.27}$$

$$\frac{1}{\Phi}\frac{\mathrm{d}^2\Phi}{\mathrm{d}\phi^2} = -m^2 \tag{6.28}$$

それぞれの方程式の解は

$$R = A_n r^n + B_n \frac{1}{r^{n+1}} \tag{6.29}$$

$$\Theta = C_{mn} P_n^m(\cos\theta) + D_{mn} Q_n^m(\cos\theta) \tag{6.30}$$

$$\Phi = E_m \exp(im\phi) + F_m \exp(-im\phi) \tag{6.31}$$

で与えられる．ここで，P_n^m および Q_n^m はルジャンドル陪関数である．$\theta = 0$ で $Q_n^m(\cos\theta)$ が発散することを考慮すると，ポテンシャルは

6.3 金属微小球における局在プラズモン

$$\Psi = \sum_{n=0}^{\infty}\sum_{m=0}^{\infty}\left(a_{nm}r^n + \frac{b_{nm}}{r^{n+1}}\right)P_n^m(\cos\theta)\left[E_m\exp(im\phi) + F_m\exp(-im\phi)\right] \quad (6.32)$$

となる．さらに，入射電場が z 軸に関して対称なとき，ϕ 依存項が存在せず，$m = 0$ の項だけが残り，

$$\Psi = \sum_{n=0}^{\infty}\left(a_n r^n + \frac{b_n}{r^{n+1}}\right)P_n^0(\cos\theta) \quad (6.33)$$

となる．また，入射電場が z 軸に平行な一様場（平面波入射に相当），すなわち，入射ポテンシャル Ψ_0 が

$$\Psi_0 = -E_0 z = -E_0 r\cos\theta = -E_0 r P_1^0(\cos\theta) \quad (6.34)$$

のとき，境界条件より $n = 1$ の項だけが残り，式(6.33)は次式のように簡単になる．

$$\Psi = \left(ar + \frac{b}{r^2}\right)\cos\theta \quad (6.35)$$

球における散乱問題は，球の内部ポテンシャル Ψ_1 と球の外部ポテンシャル $\Psi_2 = \Psi_{\text{sca}} + \Psi_0$ を球表面で，境界条件を満足させることによって解かれる．ここで，Ψ_{sca} は散乱ポテンシャルである．球の半径を r_1 とすると，電場の接線成分が連続であることより，境界条件は

$$\left.\frac{\partial \Psi_1}{\partial \theta}\right|_{r=r_1} = \left.\frac{\partial \Psi_2}{\partial \theta}\right|_{r=r_1} \quad (6.36)$$

となる．ここでは，電場とポテンシャルの関係 $\boldsymbol{E} = -\nabla\Psi$ を用いた．さらに，電束密度の法線成分の連続性より，

$$\varepsilon_1\left.\frac{\partial \Psi_1}{\partial r}\right|_{r=r_1} = \varepsilon_2\left.\frac{\partial \Psi_2}{\partial r}\right|_{r=r_1} \quad (6.37)$$

となる．ただし，ε_1 および ε_2 はそれぞれ球および周囲の媒質の誘電率である．また，内部ポテンシャルは $r \to 0$ で有限であり，散乱ポテンシャルは $r \to \infty$ で有限である必要がある．この条件の下で式(6.36)と式(6.37)を解くと，球の内部ポテンシャルは

$$\Psi_1 = -\frac{3\varepsilon_2}{\varepsilon_1 + 2\varepsilon_2}E_0 r\cos\theta \quad (6.38)$$

となり，球の外部ではポテンシャルは

$$\Psi_2 = -E_0 r\cos\theta + \frac{\varepsilon_1 - \varepsilon_2}{\varepsilon_1 + 2\varepsilon_2}r_1^3 E_0 \frac{\cos\theta}{r^2} \quad (6.39)$$

となる．電場で表すと，

$$\boldsymbol{E}_1 = \frac{3\varepsilon_2}{\varepsilon_1 + 2\varepsilon_2}\left(E_0\cos\theta \boldsymbol{e}_r - E_0\sin\theta \boldsymbol{e}_\theta\right) = \frac{3\varepsilon_2}{\varepsilon_1 + 2\varepsilon_2}E_0\boldsymbol{e}_z \quad (6.40)$$

$$\boldsymbol{E}_2 = E_0 \cos\theta \boldsymbol{e}_r - E_0 \sin\theta \boldsymbol{e}_\theta + \frac{\varepsilon_1 - \varepsilon_2}{\varepsilon_1 + 2\varepsilon_2} \frac{r_1^3}{r^3} E_0 \left(2\cos\theta \boldsymbol{e}_r + \sin\theta \boldsymbol{e}_\theta\right)$$
$$= E_0 \boldsymbol{e}_z + \frac{\varepsilon_1 - \varepsilon_2}{\varepsilon_1 + 2\varepsilon_2} \frac{r_1^3}{r^3} E_0 \left(2\cos\theta \boldsymbol{e}_r + \sin\theta \boldsymbol{e}_\theta\right) \quad (6.41)$$

となる．ここで，$\boldsymbol{e}_z$, $\boldsymbol{e}_r$, $\boldsymbol{e}_\theta$ は単位ベクトルである．

　式(6.41)の第2項で表される球の外側に誘起される場(散乱場)と，双極子によって誘起される場(式(6.7)および式(6.8))の静電場成分(r^{-3} に比例する項)を比較すると，球による散乱場は球の中心に次式で与えられるモーメント $\boldsymbol{p}$ の双極子が置かれたときに誘起される場とまったく同じである．

$$\boldsymbol{p} = \varepsilon_2 \alpha \boldsymbol{E}_0 \quad (6.42)$$

$$\alpha = 4\pi r_1^3 \frac{\varepsilon_1 - \varepsilon_2}{\varepsilon_1 + 2\varepsilon_2} \quad (6.43)$$

すなわち，静電場中の微小球はその中心に置かれた1つの双極子と見なすことができる．双極子モーメントの大きさは入射電場の大きさと式(6.43)の α で与えられる．α は微小球の分極率となっている．この式からわかるように，金属の誘電率の虚部が小さく，分母の実部が $\mathrm{Re}(\varepsilon_1 + 2\varepsilon_2) = 0$ を満たすとき，分極率 α は非常に大きくなる．この状態が局在プラズモン共鳴である．金属微小球の誘電率がこの条件を満たす周波数は Fröhlich 周波数とも呼ばれる[2]．

　球の径が大きくなると遅延と放射損失を無視できなくなる．これらを補正した分極率の式が Meier と Wokaun によって与えられている[3]．

$$\alpha = 4\pi r_1^3 \frac{(\varepsilon_1 - \varepsilon_2)(1 - q^2/10)}{(\varepsilon_1 + 2\varepsilon_2) - [(7/10)\varepsilon_1 - \varepsilon_2]q^2 - (\varepsilon_1 - \varepsilon_2)i(2/3)q^3} \quad (6.44)$$

ただし，q はサイズパラメーターで，$q = 2\pi r_1/\lambda$ で与えられる．

　ここまでは，入射場(外場) $\boldsymbol{E}_0$ の時間に関する項を無視してきたが，実際には入射場は $\exp(-i\omega t)$ で振動している．その結果，双極子放射が生じる．したがって，球によって誘起されるすべての散乱場は式(6.10)および式(6.11)より，

$$\boldsymbol{E}(r,\theta) = \frac{\alpha E_0 \exp(ikr)}{4\pi} \left[2\cos\left(\frac{1}{r^3} - \frac{ik}{r^2}\right)\boldsymbol{e}_r + \sin\theta\left(\frac{1}{r^3} - \frac{ik}{r^2} - \frac{k^2}{r}\right)\boldsymbol{e}_\theta\right] \quad (6.45)$$

となる．この式からわかるように，散乱場は z 軸上では E_θ が0となり，E_r が最大となる．また，x 軸上ではその逆で，E_r が0となり，E_θ が最大となる．この様子を図6.4に示す．

　球表面近傍，すなわち $r \ll 1/k = 0.16\lambda$ では静電場が支配的となる．静電場が最大になるのは z 軸上の球表面で，

6.3 金属微小球における局在プラズモン

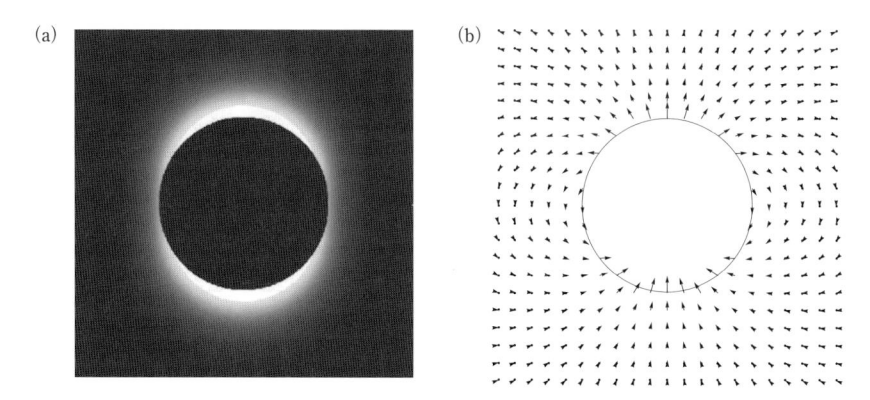

(a) (b)

図6.4 金属微小球の周りの近接場
(a) 電場強度の濃淡表示と(b) 電場のベクトル表示.

$$E_{\max} = 2\frac{\varepsilon_1 - \varepsilon_2}{\varepsilon_1 + 2\varepsilon_2} E_0 \tag{6.46}$$

となる．この場所における入射場も含めた電場強度の増強度 $\eta = |E_{\max}/E_0|^2$ は

$$\eta = \left|2\frac{\varepsilon_1 - \varepsilon_2}{\varepsilon_1 + 2\varepsilon_2} + 1\right|^2 = \left|\frac{3\varepsilon_1}{\varepsilon_1 + 2\varepsilon_2}\right|^2 \tag{6.47}$$

となる．さらに，$\varepsilon_1 = \varepsilon_1' + i\varepsilon_1''$ とおくと，共鳴条件 $\varepsilon_1' + 2\varepsilon_2 = 0$ では，

$$\eta_{\max} = 9\left[\left(\frac{\varepsilon_1'}{\varepsilon_1''}\right)^2 + 1\right] \tag{6.48}$$

となる．ただし，空気中に置かれた金属小球の場合，$\varepsilon_1' = -2$ を示すのは $\lambda = 490$ nm であるが，そのときの誘電率の虚部は $\varepsilon_1'' = 4.5$ とバンド間遷移の影響で大きい．そのため，増強度が最大になるのは誘電率の虚部が小さくなる $\lambda = 532$ nm で，$\eta = 18$ となる．図6.5は種々の金属からなる微小球における電場強度の増強度を波長の関数として表したものである．

式(6.45)より，静電場が支配的な領域では，

$$|E| \propto \left(\frac{r_1}{r}\right)^3 \tag{6.49}$$

となる．ここで注意すべきことは，この電場強度分布のプロフィールは球の中心からの距離だけに依存し，球の半径には依存しないことである．半径は強度だけに影響を与える．しかし，距離の基準を球の表面にとった場合，その様子は変わってくる．R を球表面からの距離とすると，

6 局在型表面プラズモン

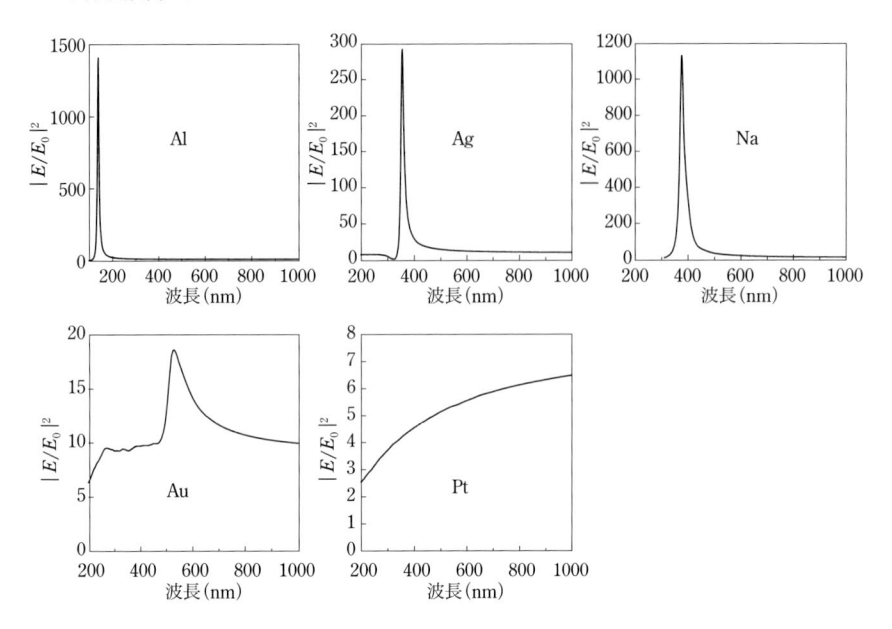

図 6.5 準静電近似計算した種々の金属微小球における電場強度の増強度の波長依存性 金と銀の誘電率には直径 40 nm を仮定してサイズ効果を取り入れた．媒質は空気を仮定した．

$$|\boldsymbol{E}| \propto \left(\frac{r_1}{r_1+R}\right)^3 \tag{6.50}$$

となる．この式で表される場を侵入長 R'（振幅が $1/e$ になる距離）で指数関数的に減衰する場 $|\boldsymbol{E}| \propto \exp(-R/R')$ で近似することを考える．比較する領域を $0 \leq R \leq r_1$ とすると，$R' = 0.49r_1$ となる．また，領域を $0 \leq R \leq 2r_1$ とすると，$R' = 0.63r_1$ となる．このように，静電場を球表面から指数関数的にしみ出す減衰場で近似すると，その侵入長 R' は球の半径に比例することになる．このことを言い換えると，局在プラズモン共鳴によって生じる近接場は球の表面から球の直径程度の距離まで存在するということになる．

6.4 散乱断面積と吸収断面積

微粒子による散乱を特徴づける指標として，散乱断面積と吸収断面積がよく用いられる．散乱断面積とは散乱光の全パワーと等しくなる入射平面波の断面積をいう．吸収断面積も同様の定義である．また，散乱断面積および吸収断面積を粒子の幾何学的

な断面積で割り算したものは散乱効率および吸収効率と呼ばれる．

微粒子からの全放射（散乱光）パワーは式(6.42)を式(6.15)に代入すると得られる．すなわち，

$$W = \frac{\omega^4 \varepsilon_2}{12\pi c^3}|\alpha|^2 E_0^2 = \frac{\omega k^3 \varepsilon_2}{12\pi}|\alpha|^2 E_0^2 \tag{6.51}$$

となる．一方，入射光の単位面積あたりのパワー密度 $\bar{S}_0$ は

$$\bar{S}_0 = \frac{\omega \varepsilon_2}{2k} E_0^2 \tag{6.52}$$

だから，散乱断面積 C_{sca} は次式で与えられる．

$$C_{\text{sca}} = \frac{W}{\bar{S}_0} = \frac{k^4}{6\pi}|\alpha|^2 \tag{6.53}$$

また，吸収断面積 C_{abs} は次式で与えられる．

$$C_{\text{abs}} = k\,\text{Im}(\alpha) \tag{6.54}$$

したがって，分極率 α が求まれば散乱断面積と吸収断面積は容易に計算できる．

金属微小球の誘電率を $\varepsilon_1 = \varepsilon_1' + i\varepsilon_1''$ とすると，式(6.43)より分極率 α は次式で与えられる．

$$\alpha = 4\pi r_1^3 \frac{(\varepsilon_1' - \varepsilon_2)(\varepsilon_1' + 2\varepsilon_2) + (\varepsilon_1'')^2 + i3\varepsilon_1''\varepsilon_2}{(\varepsilon_1' + 2\varepsilon_2)^2 + (\varepsilon_1'')^2} \tag{6.55}$$

したがって，吸収断面積 C_{abs} は

$$C_{\text{abs}} = k\frac{12\pi r_1^3 \varepsilon_1'' \varepsilon_2}{(\varepsilon_1' + 2\varepsilon_2)^2 + (\varepsilon_1'')^2} \tag{6.56}$$

となる．ここで，$k = 2\pi \varepsilon_2^{1/2}/\lambda$ の関係を用いると，共鳴条件 $\varepsilon_1' + 2\varepsilon_2 = 0$ で，

$$C_{\text{abs}} = \frac{12\pi k r_1^3 \varepsilon_2}{\varepsilon_1''} = \frac{24\pi^2 r_1^3 \varepsilon_2^{3/2}}{\lambda \varepsilon_1''} = \frac{24\pi^2 r_1^3 n_2^3}{\lambda \varepsilon_1''} \tag{6.57}$$

となる．ただし，n_2 は周囲の媒質の屈折率である．すなわち，表面プラズモン共鳴下において金属微小球の吸収断面積は周囲の媒質の屈折率の3乗に比例することがわかる．

ここまでは，散乱断面積を実エネルギーの流れから計算したが，近接場では，エネルギーの流れはなくても大きな電場が存在する．この電場だけに着目し，その強度を，球と同じ中心をもつ任意の半径 r をもつ球表面上で積分したものを一般化された散乱断面積と定義する．すなわち，

$$C(r) = \int_0^{2\pi}\int_0^{\pi} \boldsymbol{E}\cdot\boldsymbol{E}^* r^2 \sin\theta\,\text{d}\theta\text{d}\phi \tag{6.58}$$

とすると，

$$C(r) = C_\theta(r) + C_r(r) = \frac{|\alpha|^2}{6\pi}\left(\frac{3}{r^4} + \frac{k^2}{r^2} + k^4\right) \quad (6.59)$$

となる．ここで，

$$C_\theta(r) = \frac{|\alpha|^2}{6\pi}\left(\frac{1}{r^4} - \frac{k^2}{r^2} + k^4\right) \quad (6.60)$$

$$C_r(r) = \frac{|\alpha|^2}{6\pi}\left(\frac{2}{r^4} + \frac{2k^2}{r^2}\right) \quad (6.61)$$

である．さらに，球の表面での一般化散乱断面積を近接場散乱断面積 C_nf と定義すると，

$$C_\mathrm{nf} = C(r_1) = \frac{|\alpha|^2}{6\pi}\left(\frac{3}{r_1^4} + \frac{k^2}{r_1^2} + k^4\right) \quad (6.62)$$

となる．

　金および銀の微小球の種々の断面積の波長（真空中）ならびに球半径依存性を見ていく．ただし，計算は正確を期すため，準静電近似ではなく，Mie の公式を用いた．また，金属の誘電率はサイズ効果を考慮した．

　図 6.6 は空気中に置かれた種々の半径をもつ金微小球の散乱断面積の波長依存性を示したものである．ただし，球半径のスペクトル形状への影響をより明確にするため半径の 6 乗で規格化してある．なぜなら，式(6.53)からわかるように，散乱断面積は半径の 6 乗に比例するからである．波長 500～600 nm の間に現れているピークが局在プラズモン共鳴によるものである．半径が小さいほど散乱断面積のピーク値が低くなっているのは，サイズ効果により，半径が小さいほど誘電率の虚部の値が大きくなるためである．半径 100 nm の微小球のピーク値が低くなっているのは，遅延効果が無視できなくなるためである．

　図 6.7 は同じ微小球の吸収断面積の波長依存性を示したものである．ただし，図 6.6 と同じ理由で，球の体積で規格化してある．スペクトルは散乱断面積のそれとよく似ていることがわかる．ただし，バンド間遷移による吸収が波長 500 nm 以下に現れている．

　図 6.8 は同じ微小球の近接場散乱効率の波長依存性である．近接場散乱効率は通常の遠方場における散乱効率と比較して非常に大きい．たとえば，半径 50 nm の金微小球の空気中における近接場散乱効率は $Q_\mathrm{nf}(\lambda = 537\,\mathrm{nm}) = 41.1$ で，これは，遠方場における通常の散乱効率 $Q_\mathrm{sca}(\lambda = 531\,\mathrm{nm}) = 1.39$ の約 30 倍である．吸収断面積のスペクトルとは逆に，波長 500 nm 以下で，バンド間遷移が近接場散乱効率を下げている．図 6.9 は近接場散乱効率のうち，動径方向成分（式(6.61)に相当）だけを取り出したものである．近接場では，この成分が全体の 3 分の 2 を占めていることがわかる．

　図 6.10～図 6.13 は空気中における，銀微小球の散乱断面積，吸収断面積，近接場

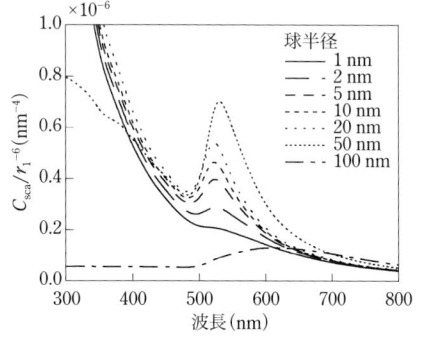

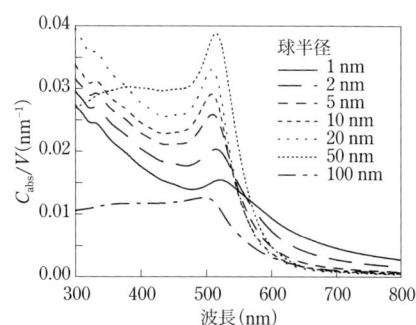

図 6.6 空気中の金微小球の半径の 6 乗 (r^6) で規格化した散乱断面積

図 6.7 空気中の金微小球の体積で規格化した吸収断面積

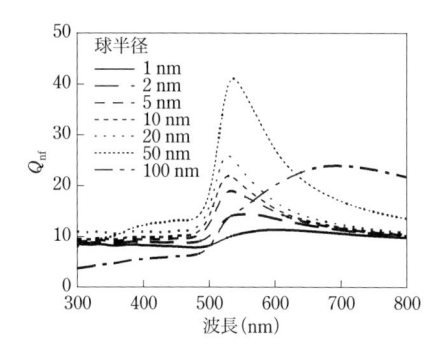

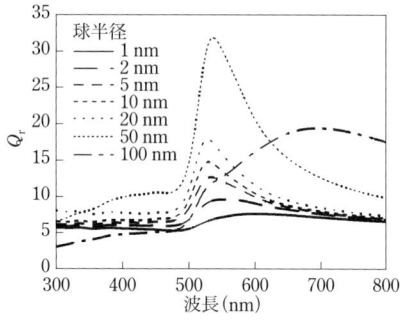

図 6.8 空気中の金微小球の近接場散乱効率

図 6.9 空気中の金微小球の近接場散乱効率の法線成分

散乱効率，および，その動径方向成分の波長依存性を示したものである．銀の場合，空気中では表面プラズモン共鳴によるピークは 360 nm あたりに現れている．バンド間遷移による吸収端は紫外域にあるため，その影響は現れていない．金の場合と比較して，短波長側において表面プラズモン共鳴を示すため，半径の小さいときから遅延効果が現れている．

図 6.14 〜図 6.16 に水中における金微小球の散乱断面積，吸収断面積，近接場散乱効率の波長依存性を示す．また，図 6.17 〜図 6.19 に水中における銀微小球の散乱断面積，吸収断面積，近接場散乱効率の波長依存性を示す．

図 6.20 および図 6.21 に直径 20 nm の金微小球および銀微小球の吸収効率スペクトルの周囲の媒質の屈折率に対する依存性を示す．媒質の屈折率が大きくなるほど共鳴波長は長波長側にシフトすることがわかる．

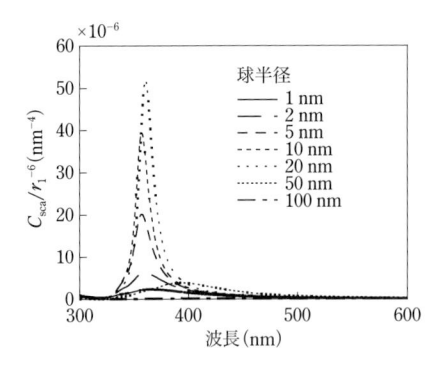

6　局在型表面プラズモン

図 6.10　空気中の銀微小球の半径の 6 乗 (r^6) で規格化した散乱断面積

図 6.11　空気中の銀微小球の体積で規格化した吸収断面積

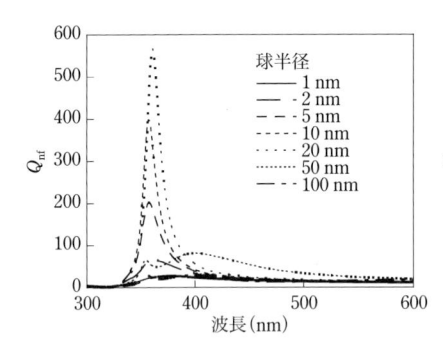

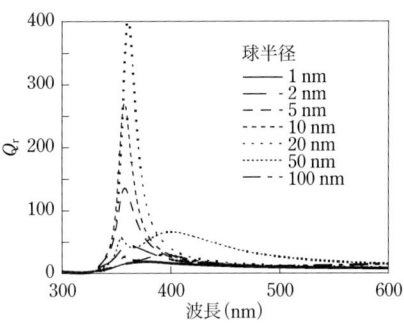

図 6.12　空気中の銀微小球の近接場散乱効率

図 6.13　空気中の銀微小球の近接場散乱効率の動径成分

図 6.14　水中の金微小球の半径の 6 乗 (r^6) で規格化した散乱断面積

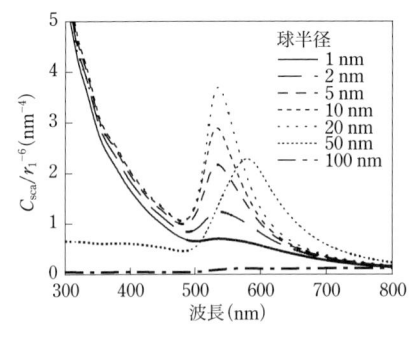

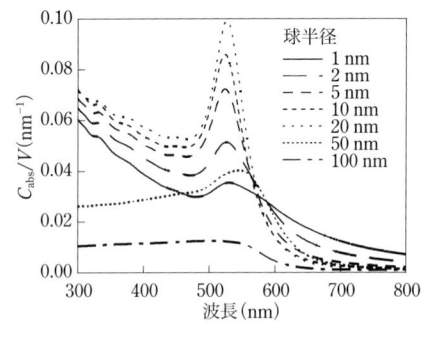

図 6.15　水中の金微小球の球の体積で規格化した吸収断面積

6.4 散乱断面積と吸収断面積

図 6.16 水中の金微小球の近接場散乱効率

図 6.17 水中の銀微小球の半径の 6 乗 (r_1^6) で規格化した散乱断面積

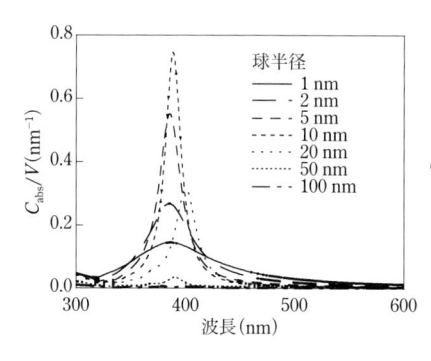

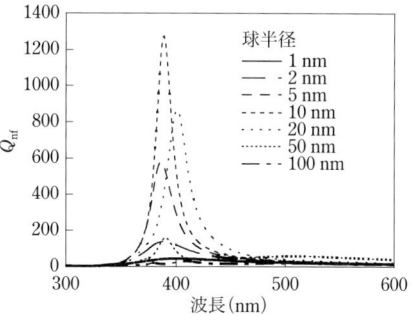

図 6.18 水中の銀微小球の球の体積で規格化した吸収断面積

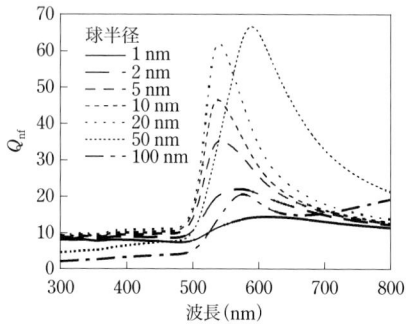

図 6.19 水中の銀微小球の近接場散乱効率

図 6.20 種々の屈折率をもつ媒質中の直径 20 nm の金微小球の吸収効率

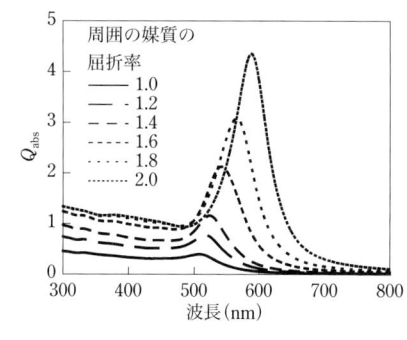

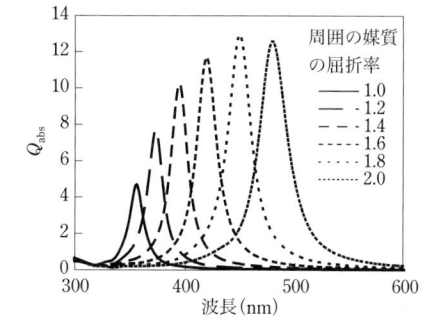

図 6.21 種々の屈折率をもつ媒質中の直径 20 nm の銀微小球の吸収効率

6.5 回転楕円体における局在プラズモン

球以外の形状をもつ微粒子の分極率 α は静電近似の成り立つ範囲においては次のように書ける．

$$\alpha = \frac{V(\varepsilon_1 - \varepsilon_2)}{L(\varepsilon_1 - \varepsilon_2) + \varepsilon_2} \tag{6.63}$$

ここで，V は粒子の体積で L は粒子形状に依存したパラメーターで形状因子と呼ばれる．粒子の形状が球の場合は $L = 1/3$ となる．さて，粒子形状が球以外の場合，L はどのような値をとるのか．一般の形状に対して，形状因子は数値計算で求めるしかない．唯一，解析的に求めることができるのが球を含む回転楕円体の場合である．遅延を含めた場合の回転楕円体の計算は複雑である．これを求めるための二つの方法が考案されている．一つは浅野らが開発した回転楕円体座標系 (spheroidal coordinates) における電磁場計算法であり [4]，もう一つは T-matrix を用いる方法である．T-matrix 法は回転対称性をもつ任意の形状の粒子に対応しており，文献 [5] に詳しい．任意形状の微粒子に対する散乱問題の数値解法には 8.1 節で述べる離散双極子近似 (discrete dipole approximation : DDA) がよく用いられる [6]．また，プログラムコードも公開されている [7]．

さて，静電近似の下での回転楕円体の散乱問題について述べる．この近似の適用範囲は Barber らが T-matrix 法を用いて確認しており，近似が厳密な計算と同じ値を示すのは楕円体の長軸半径が波長の 0.02 倍程度までであると述べている [8]．

回転楕円体は図 6.22 に示すように，葉巻型回転楕円体 (prolate spheroid) とパンケーキ型回転楕円体 (oblate spheroid) に分けられる．ここでは，葉巻型回転楕円体による散乱を考える．楕円体の表面は次式で表される．

$$\frac{x^2}{b^2} + \frac{y^2}{b^2} + \frac{z^2}{a^2} = 1 \tag{6.64}$$

ただし，$a > b$ である．この問題を解くためには次に示す回転楕円体座標系を用いるのが便利である．すなわち，

$$x = f\left[(\xi^2 - 1)(1 - \eta^2)\right]^{1/2} \cos\phi \tag{6.65}$$

$$y = f\left[(\xi^2 - 1)(1 - \eta^2)\right]^{1/2} \sin\phi \tag{6.66}$$

$$z = f\xi\eta \tag{6.67}$$

である．ここで，

$$f = (a^2 - b^2)^{1/2} \tag{6.68}$$

6.5 回転楕円体における局在プラズモン

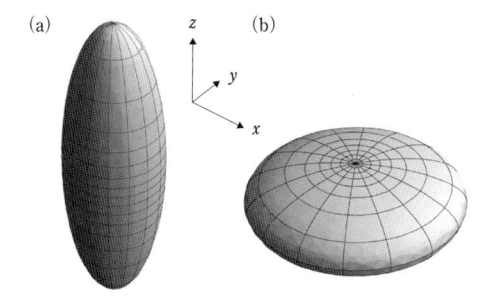

図6.22 (a)葉巻型回転楕円体(prolate spheroid)と(b)パンケーキ型回転楕円体(oblate spheroid)

である．この座標系では楕円体の表面は

$$\xi = \xi_0 \equiv a/f \tag{6.69}$$

で表される．以下，楕円体の大きさは波長に比べて十分小さいと仮定する．このとき，静電近似が使え，ポテンシャル Ψ はラプラス方程式 $\nabla^2 \Psi = 0$ を満足する．回転楕円体座標系におけるラプラス方程式は次式で与えられる．

$$\frac{\partial}{\partial \eta}\left[(1-\eta^2)\frac{\partial \Psi}{\partial \eta}\right] + \frac{\partial}{\partial \xi}\left[(\xi^2-1)\frac{\partial \Psi}{\partial \xi}\right] + \frac{\xi^2-\eta^2}{(1-\eta^2)(\xi^2-1)}\frac{\partial^2 \Psi}{\partial \phi^2} = 0 \tag{6.70}$$

この方程式の一般解は次式のように変数分離型で書ける．

$$\Psi = \sum_m \sum_n H_{mn} \Xi_{mn} \Phi_m \tag{6.71}$$

ここで，

$$H_{mn}(\eta) = A_{mn} P_n^m(\eta) + B_{mn} Q_n^m(\eta) \tag{6.72}$$

$$\Xi_{mn}(\xi) = C_{mn} P_n^m(\xi) + D_{mn} Q_n^m(\xi) \tag{6.73}$$

$$\Phi_m(\phi) = E_m \cos m\phi + F_m \sin m\phi \tag{6.74}$$

である．ただし，P および Q はそれぞれ第1種および第2種のルジャンドル陪関数である．この楕円体の z 方向に一様な入射電場 E_0 が印加されているとすると，入射場のポテンシャル Ψ_0 は次式で与えられる．

$$\Psi_0 = -E_0 z = -E_0 f \xi \eta = -E_0 f P_1(\xi) P_1(\eta) \tag{6.75}$$

境界条件を導入する前に，一般解を限定しておく．系がz軸に関して対象な場合，$m = 0$の項だけが残る．次に楕円体内部でのポテンシャルを考える．楕円体の焦点($\xi = 1$, $\eta = \pm 1$)では，ポテンシャルは有限の値をもつ必要がある．

$$\lim_{\xi \to 1} Q_n(\xi) \to \infty \tag{6.76}$$

だから，楕円体の内部ポテンシャルΨ_1は次のように書ける．

$$\Psi_1 = \sum_n A_n P_n(\xi) P_n(\eta) \tag{6.77}$$

次に散乱ポテンシャルΨ_{sca}を考える．z軸上($\eta = \pm 1$)で有限である必要があるため，

$$\Psi_{\mathrm{sca}} = \sum_n [B_n P_n(\xi) + C_n Q_n(\xi)] P_n(\eta) \tag{6.78}$$

となる．

さらに，無限遠($\xi \to \infty$)では，$\Psi_{\mathrm{sca}} = 0$とならなければならない．$Q_n(\xi \to \infty) \to 0$を用いると，式(6.78)より，

$$\lim_{\xi \to \infty} B_n P_n(\xi) P_n(\eta) = 0 \tag{6.79}$$

となる必要がある．$P_n(\xi)$は$\xi \to \infty$で有限もしくは発散するので，$B_n = 0$でなければならない．したがって，外部ポテンシャルΨ_2は

$$\Psi_2 = \Psi_0 + \Psi_{\mathrm{sca}} = -E_0 f P_1(\xi) P_1(\eta) + \sum_n C_n Q_n(\xi) P_n(\eta) \tag{6.80}$$

となる．

楕円体および媒質の誘電率をそれぞれε_1およびε_2とすると，楕円体表面($\xi = \xi_0$)での境界条件は

$$\Psi_1(\xi_0) = \Psi_2(\xi_0) \tag{6.81}$$

$$\varepsilon_1 \left.\frac{\partial \Psi_1}{\partial \xi}\right|_{\xi=\xi_0} = \varepsilon_2 \left.\frac{\partial \Psi_2}{\partial \xi}\right|_{\xi=\xi_0} \tag{6.82}$$

となる．式(6.81)より，

$$\sum_n A_n P_n(\xi_0) P_n(\eta) = -E_0 f P_1(\xi_0) P_1(\eta) + \sum_n C_n Q_n(\xi_0) P_n(\eta) \tag{6.83}$$

が得られる．さらに，$P_n(\eta)$の直交性より，

$$\begin{cases} A_1 P_1(\xi_0) = -E_0 f P_1(\xi_0) + C_1 Q_1(\xi_0) & (n = 1) \\ A_n P_n(\xi_0) = C_n Q_n(\xi_0) & (n \neq 1) \end{cases} \tag{6.84}$$

となる．一方，式(6.82)より，

6.5 回転楕円体における局在プラズモン

$$\varepsilon_1 \sum_n A_n \frac{dP_n(\xi)}{d\xi}\bigg|_{\xi=\xi_0} P_n(\eta) = -\varepsilon_2 E_0 f \frac{dP_1(\xi)}{d\xi}\bigg|_{\xi=\xi_0} P_1(\eta) + \varepsilon_2 \sum_n C_n \frac{dQ_n(\xi)}{d\xi}\bigg|_{\xi=\xi_0} P_n(\eta)$$
(6.85)

が得られる.再び $P_n(\eta)$ の直交性を用いると,

$$\begin{cases} (\varepsilon_1 A_1 + \varepsilon_2 E_0 f)\dfrac{dP_1(\xi)}{d\xi}\bigg|_{\xi=\xi_0} - \varepsilon_1 C_1 \dfrac{dQ_1(\xi)}{d\xi}\bigg|_{\xi=\xi_0} = 0 & (n=1) \\ \varepsilon_1 A_n - \varepsilon_2 C_n \dfrac{dQ_n(\xi)}{d\xi}\bigg|_{\xi=\xi_0} \dfrac{dP_n(\xi)}{d\xi}\bigg|_{\xi=\xi_0} = 0 & (n \neq 1) \end{cases}$$
(6.86)

となる.以降,

$$\frac{dP_n(\xi)}{d\xi}\bigg|_{\xi=\xi_0} = P_n'(\xi_0), \quad \frac{dQ_n(\xi)}{d\xi}\bigg|_{\xi=\xi_0} = Q_n'(\xi_0) \tag{6.87}$$

と書く.式(6.84)および式(6.86)より,

$$A_n = 0 \quad (n \neq 1) \tag{6.88}$$

$$C_n = 0 \quad (n \neq 1) \tag{6.89}$$

が得られる.さらに,式(6.84)および式(6.86)より,

$$A_1 = \frac{\varepsilon_2 E_0 f (P_1 Q_1' - P_1' Q_1)}{\varepsilon_1 P_1' Q_1 - \varepsilon_2 P_1 Q_1'} \tag{6.90}$$

$$C_1 = E_0 f P_1 P_1' \frac{\varepsilon_1 - \varepsilon_2}{\varepsilon_1 P_1' Q_1 - \varepsilon_2 P_1 Q_1'} \tag{6.91}$$

が得られる.結局,この C_1 を用いて,散乱ポテンシャルは次式のように表される.

$$\Psi_{\text{sca}} = C_1 Q_1(\xi) P_1(\eta) \tag{6.92}$$

次に,楕円体から十分離れたところでのポテンシャルを考える.ξ が十分大きいところでは,

$$Q_1(\xi) \simeq \frac{1}{3\xi^2} \tag{6.93}$$

$$P_1(\eta) = \eta \simeq \cos\theta \tag{6.94}$$

ここで,θ は偏角である.これらの関係を用いると,$\xi \to \infty$ で

$$\Psi_{\text{sca}} \simeq \frac{C_1}{3} \frac{f^2}{r^2} \cos\theta \tag{6.95}$$

となる.これは球の場合と同じ形である.球の場合(式(6.39)および式(6.43))と比較すると回転楕円体の分極率 α は次式で与えられる.

6 局在型表面プラズモン

$$\begin{aligned}\alpha &= \frac{4\pi\left(a^2-b^2\right)^{3/2}}{3}\frac{\left(\varepsilon_1-\varepsilon_2\right)P_1P_1'}{\varepsilon_1 P_1'Q_1-\varepsilon_2 P_1 Q_1'}\\ &= \frac{4\pi ab^2}{3}\frac{1}{\xi_0\left(\xi_0^{\,2}-1\right)}\frac{\left(\varepsilon_1-\varepsilon_2\right)P_1P_1'}{\varepsilon_1 P_1'Q_1-\varepsilon_2 P_1 Q_1'}\end{aligned} \qquad (6.96)$$

さらに，ルジャンドル陪関数の明示的な表現[9]

$$P_1(\xi)=\xi \qquad (6.97)$$

$$Q_1(\xi)=\frac{\xi}{2}\ln\left(\frac{\xi+1}{\xi-1}\right)-1 \qquad (6.98)$$

を用いると，

$$\alpha=\frac{4\pi ab^2}{3}\frac{\varepsilon_1-\varepsilon_2}{\left(\xi_0^{\,2}-1\right)\left[\frac{\xi_0}{2}\ln\left(\frac{\xi_0+1}{\xi_0-1}\right)-1\right](\varepsilon_1-\varepsilon_2)+\varepsilon_2} \qquad (6.99)$$

となる．すなわち，電場を長軸方向に印加した場合の形状因子 L_z は次式で与えられる．

$$L_z=\left(\xi_0^{\,2}-1\right)\left[\frac{\xi_0}{2}\ln\left(\frac{\xi_0+1}{\xi_0-1}\right)-1\right] \qquad (6.100)$$

ここで，$L_x+L_y+L_z=1$ の関係を用いると，電場が短軸方向に印加された場合の形状因子は

$$L_x=L_y=\frac{1-L_z}{2} \qquad (6.101)$$

で与えられる．

類似の計算により，パンケーキ型の回転楕円体における散乱問題も計算できる．楕円体表面が

$$\frac{x^2}{b^2}+\frac{y^2}{b^2}+\frac{z^2}{a^2}=1 \qquad (6.102)$$

で与えられるとき（ただし，$a<b$），形状因子は

$$L_z=\left(1+\xi_0^{\,2}\right)\left(1-\frac{\pi}{2}\xi_0+\xi_0\tan^{-1}\xi_0\right) \qquad (6.103)$$

で与えられる．ただし，

$$\xi_0=\frac{b}{\left(a^2-b^2\right)^{1/2}} \qquad (6.104)$$

である．L_x および L_y は式(6.101)より求められる．楕円体の散乱断面積および吸収断面積は得られた分極率を式(6.53)および式(6.54)に代入することによって得られる．

図6.23に金の葉巻型回転楕円体の散乱断面積の波長依存性を示す．媒質は空気を仮定した．電場の方向が楕円体の長軸と一致する場合（図6.23(a)），楕円率が大きく

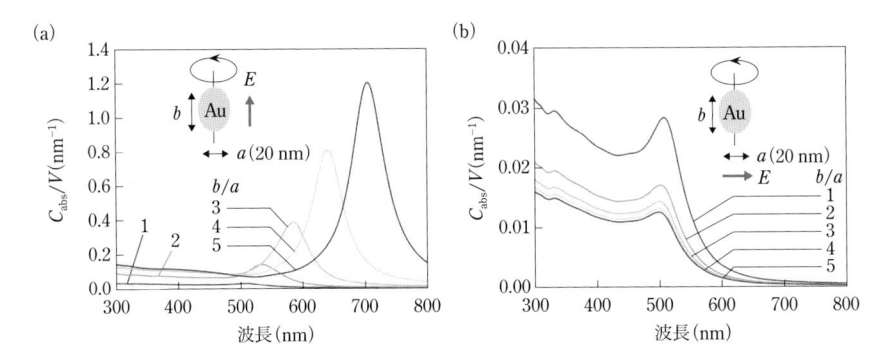

図 6.23 空気中の金の葉巻型微小回転楕円体の体積で規格化した吸収断面積 (a)電場が長軸に平行な場合と(b)垂直な場合. 短軸半径は 10 nm に固定した.

なるほど,共鳴波長は長波長側に移動することがわかる.また,それにともない散乱断面積も大きくなる.これとは逆に,電場の方向が短軸方向と一致する場合(図 6.23 (b)),楕円率が大きくなるに従い,共鳴波長はわずかに短波長側に移動する.また,それとともに散乱断面積は小さくなる.

6.6 コートされた球と金属球殻における局在プラズモン

金属微小球を誘電体でコートした粒子や,その逆の構造である誘電体微小球を金属でコートした構造(球殻構造)における共鳴を考える.コートされた球における散乱問題は,式(6.33)で表されるポテンシャルを用いて,境界条件(式(6.36)および式(6.37))を内核(コア)と外殻(シェル)ならびに,外殻と媒質の 2 つの界面で満足させることによって解かれる.内核,外殻,および媒質における電場 E_1, E_2 および E_3 は次のようになる.

$$\boldsymbol{E}_1 = \frac{9\varepsilon_2 \varepsilon_3}{\varepsilon_2 \varepsilon_a + 2\varepsilon_3 \varepsilon_b} E_0 \left(\cos\theta \boldsymbol{e}_r - \sin\theta \boldsymbol{e}_\theta \right) \tag{6.105}$$

$$\boldsymbol{E}_2 = \frac{3\varepsilon_3}{\varepsilon_2 \varepsilon_a + 2\varepsilon_3 \varepsilon_b} \\ \left\{ \left[(\varepsilon_1 + 2\varepsilon_2) + 2(\varepsilon_1 - \varepsilon_2)\left(\frac{r_1}{r}\right)^3 \right] E_0 \cos\theta \boldsymbol{e}_r - \left[(\varepsilon_1 + 2\varepsilon_2) - (\varepsilon_1 - \varepsilon_2)\left(\frac{r_1}{r}\right)^3 \right] E_0 \sin\theta \boldsymbol{e}_\theta \right\} \tag{6.106}$$

$$\boldsymbol{E}_3 = \left(2\frac{\varepsilon_2\varepsilon_a - \varepsilon_3\varepsilon_b}{\varepsilon_2\varepsilon_a + 2\varepsilon_3\varepsilon_b}\frac{r_2^3}{r^3}+1\right)E_0\cos\theta\boldsymbol{e}_r + \left(\frac{\varepsilon_2\varepsilon_a - \varepsilon_3\varepsilon_b}{\varepsilon_2\varepsilon_a + 2\varepsilon_3\varepsilon_b}\frac{r_2^3}{r^3}-1\right)E_0\sin\theta\boldsymbol{e}_\theta$$
(6.107)

ここで，r_1 は内核の半径，r_2 は外殻の半径，ε_1，ε_2 および ε_3 はそれぞれ内核，外殻および媒質の誘電率である．さらに，

$$\varepsilon_a = \varepsilon_1(3-2P)+2\varepsilon_2 P \tag{6.108}$$

$$\varepsilon_b = \varepsilon_1 P + \varepsilon_2(3-P) \tag{6.109}$$

$$P = 1-(r_1/r_2)^3 \tag{6.110}$$

である．$\boldsymbol{E}_3$ と同じ場を誘起する等価的な双極子モーメントを考えると微粒子の分極率 α は

$$\alpha = 4\pi r_2^3\left(\frac{\varepsilon_2\varepsilon_a - \varepsilon_3\varepsilon_b}{\varepsilon_2\varepsilon_a + 2\varepsilon_3\varepsilon_b}\right) \tag{6.111}$$

となる．書き換えると，

$$\alpha = 4\pi r_2^3\left[\frac{(\varepsilon_1+2\varepsilon_2)(\varepsilon_2-\varepsilon_3)+(r_1/r_2)^3(\varepsilon_1-\varepsilon_2)(2\varepsilon_2+\varepsilon_3)}{(\varepsilon_1+2\varepsilon_2)(\varepsilon_2+2\varepsilon_3)+2(r_1/r_2)^3(\varepsilon_1-\varepsilon_2)(\varepsilon_2-\varepsilon_3)}\right] \tag{6.112}$$

となる．この式の分母を 0 とおいた式が共鳴条件となる．すなわち，

$$(\varepsilon_1+2\varepsilon_2)(\varepsilon_2+2\varepsilon_3)+2\left(\frac{r_1}{r_2}\right)^3(\varepsilon_1-\varepsilon_2)(\varepsilon_2-\varepsilon_3)=0 \tag{6.113}$$

となる．金属微小球殻(ナノシェルと呼ばれる)で，外殻が無損失 Drude 金属，内核と媒質が空気の場合，すなわち，

$$\varepsilon_1 = \varepsilon_3 = 1 \tag{6.114}$$

$$\varepsilon_2 = 1-\frac{\omega_\mathrm{p}^2}{\omega^2} \tag{6.115}$$

のとき，共鳴条件は

$$\omega = \frac{\omega_\mathrm{p}}{\sqrt{6}}\left[3\pm\sqrt{1+8\left(\frac{r_2}{r_1}\right)^3}\right]^{1/2} \tag{6.116}$$

となり，図 1.1 に示した共鳴周波数が得られる．

式(6.112)で与えられる分極率 α を用いると，これまでと同様，式(6.53)および式(6.54)を用いて粒子の吸収断面積 C_abs および散乱断面積 C_sca が計算できる．

6.7　金属ナノワイヤーにおける局在プラズモン

長手方向に断面が一様な金属ナノワイヤーの場合，2種類の表面プラズモンが存在可能である．一つは図6.24(a)に示すような局在プラズモンである．この場合，電磁場は長軸方向に一様であり，伝搬しない．また，電場は長手方向成分をもたない．このモードは自由空間の伝搬光と常に結合する．もう一つの表面プラズモンは図6.24(b)に示すような伝搬型の表面プラズモンである．この表面プラズモンは平面界面における伝搬型表面プラズモンと類似の性質を示す．したがって，伝搬光とは結合しない．

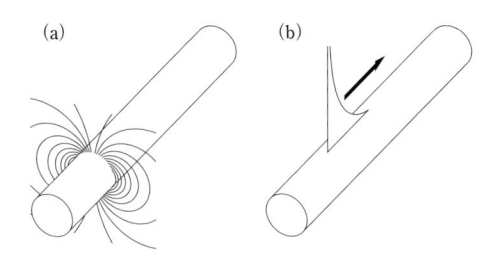

図 6.24　無限に長い円形断面をもつ金属ワイヤーにおける表面プラズモン

まず，局在プラズモンについて述べる．ナノワイヤーとしてz方向に無限に長い金属円筒を仮定する．入射光がこのワイヤーに垂直に入射し，その電気ベクトルがワイヤーに対して垂直な場合を考える．ワイヤーの径が波長に対して十分に小さい場合，遅延が無視でき，準静電近似が適用できる．ポテンシャルは2次元のラプラス方程式 $\nabla^2 \Phi = 0$ を満足する．円筒座標系を用いると，このラプラス方程式は次式で表される．

$$\frac{\partial^2 \Phi}{\partial r^2} + \frac{1}{r}\frac{\partial \Phi}{\partial r} + \frac{1}{r^2}\frac{\partial^2 \Phi}{\partial \theta^2} = 0 \tag{6.117}$$

解の形を

$$\Phi(r,\theta) = R(r)\Theta(\theta) \tag{6.118}$$

とおくと，

$$\frac{\partial^2 R}{\partial r^2}\Theta + \frac{1}{r}\frac{\partial R}{\partial r}\Theta + \frac{1}{r^2}\frac{\partial^2 \Theta}{\partial \theta^2} = 0 \tag{6.119}$$

となり，両辺をΘで割り算し，書き直すと，

$$\frac{r^2}{R}\frac{\partial^2 R}{\partial r^2} + \frac{r}{R}\frac{\partial R}{\partial r} = -\frac{1}{\Theta}\frac{\partial^2 \Theta}{\partial \theta^2} \tag{6.120}$$

となる．分離定数を n^2 とすると，

$$-\frac{1}{\Theta}\frac{\partial^2 \Theta}{\partial \theta^2} = n^2 \tag{6.121}$$

$$\frac{r^2}{R}\frac{\partial^2 R}{\partial r^2} + \frac{r}{R}\frac{\partial R}{\partial r} = n^2 \tag{6.122}$$

となり，これらの方程式の一般解は

$$\Theta(\theta) = c_n \exp(in\theta) - d_n \exp(-in\theta) \tag{6.123}$$

$$R(r) = a_n r^n + b_n r^{-n} \tag{6.124}$$

となる．よって，Φ の解は

$$\Phi = \sum_n (a_n r^n + b_n r^{-n})[c_n \exp(in\theta) + d_n \exp(-in\theta)] \tag{6.125}$$

となる．入射ポテンシャルは $\Phi_0 = -Er\cos\theta$ で与えられるため，境界条件より $n=1$ の項だけが残り，

$$\Phi = (ar + br^{-1})\cos\theta \tag{6.126}$$

となる．また，散乱ポテンシャル Φ_{sca} は $r \to \infty$ で有限でなければならないから，

$$\Phi_{\mathrm{sca}} = \frac{b}{r}\cos\theta \tag{6.127}$$

一方，内部ポテンシャル Φ_1 は $r \to 0$ で有限でなければならないから，

$$\Phi_1 = ar\cos\theta \tag{6.128}$$

となる．外部ポテンシャル Φ_2 は入射ポテンシャル Φ_0 と散乱ポテンシャル Φ_{sca} との和で表され，

$$\Phi_2 = -E_0 r\cos\theta + \frac{b}{r}\cos\theta \tag{6.129}$$

となる．内部ポテンシャルと外部ポテンシャルは円筒界面で境界条件を満たす必要がある．円筒の半径を r_1 とすると，電場の接線成分が連続であることより，

$$\left.\frac{\partial \Phi_1}{\partial \theta}\right|_{r=r_1} = \left.\frac{\partial \Phi_2}{\partial \theta}\right|_{r=r_1} \tag{6.130}$$

$$-ar\sin\theta = E_0 r_1 \sin\theta - \frac{b}{r_1}\sin\theta \tag{6.131}$$

$$ar_1 = -E_0 r_1 + \frac{b}{r_1} \tag{6.132}$$

一方，電束密度の法線成分が連続であることより，

$$\varepsilon_1 \frac{\partial \Phi_1}{\partial \theta}\bigg|_{r=r_1} = \varepsilon_2 \frac{\partial \Phi_2}{\partial \theta}\bigg|_{r=r_1} \tag{6.133}$$

$$\varepsilon_1 a \cos\theta = -\varepsilon_2 E_0 \cos\theta - \varepsilon_2 \frac{b}{r_1^2} \cos\theta \tag{6.134}$$

$$\varepsilon_1 a = -\varepsilon_2 E_0 - \varepsilon_2 \frac{b}{r_1^2} \tag{6.135}$$

となり,これらの式より,

$$a = -E_0 \frac{2\varepsilon_2}{\varepsilon_1 + \varepsilon_2} \tag{6.136}$$

$$b = E_0 r_1^2 \frac{\varepsilon_1 - \varepsilon_2}{\varepsilon_1 + \varepsilon_2} \tag{6.137}$$

となり,最終的に,

$$\Phi_1 = -\frac{2\varepsilon_2}{\varepsilon_1 + \varepsilon_2} E_0 r \cos\theta \tag{6.138}$$

$$\Phi_2 = -E_0 r \cos\theta + \frac{\varepsilon_1 - \varepsilon_2}{\varepsilon_1 + \varepsilon_2} E_0 \frac{r_1^2}{r} \cos\theta \tag{6.139}$$

となる.これらのポテンシャルは球におけるそれらと似た式となっている.両者の違いは内部ポテンシャルおよび散乱ポテンシャルに含まれる分数の分母が球では $\varepsilon_1 + 2\varepsilon_2$ であるのに対して,円筒では $\varepsilon_1 + \varepsilon_2$ であることである.したがって,共鳴条件は $\mathrm{Re}(\varepsilon_1) + \varepsilon_2 = 0$ で与えられる.

6.8 金属ナノワイヤーにおける伝搬型表面プラズモン

球の場合(付録参照)と同様,ベクトル円筒調和関数は次式で与えられる円筒座標におけるスカラー波動方程式の解から導かれる.

$$\frac{1}{r}\frac{\partial}{\partial r}\left(r\frac{\partial \psi}{\partial r}\right) + \frac{1}{r^2}\frac{\partial^2 \psi}{\partial \phi^2} + \frac{\partial^2 \psi}{\partial z^2} + k^2 \psi = 0 \tag{6.140}$$

変数分離型とするために,

$$\psi = R(r)\Phi(\phi)Z(z) \tag{6.141}$$

を代入すると,

$$\frac{1}{r}\left(r\Phi Z \frac{\partial R}{\partial r} + r\Phi Z \frac{\partial^2 R}{\partial r^2}\right) + \frac{1}{r^2} RZ \frac{\partial^2 \Phi}{\partial \phi^2} + R\Phi \frac{\partial^2 Z}{\partial z^2} + k^2 R\Phi Z = 0 \tag{6.142}$$

となる.両辺を $R\Phi Z$ で割ると,

6 局在型表面プラズモン

$$\frac{1}{R}\left(\frac{1}{r}\frac{\partial R}{\partial r}+\frac{\partial^2 R}{\partial r^2}\right)+\frac{1}{r^2\Phi}\frac{\partial^2 \Phi}{\partial \phi^2}+\frac{1}{Z}\frac{\partial^2 Z}{\partial z^2}+k^2=0 \tag{6.143}$$

となる．分離定数を h^2 とすると，

$$\frac{1}{Z}\frac{\partial^2 Z}{\partial z^2}+h^2=0 \tag{6.144}$$

$$\frac{r}{R}\left(\frac{\partial R}{\partial r}+r\frac{\partial^2 R}{\partial r^2}\right)+\frac{1}{\Phi}\frac{\partial^2 \Phi}{\partial \phi^2}+\left(k^2-h^2\right)r^2=0 \tag{6.145}$$

となる．さらに，分離定数を n^2 として，式(6.145)を分離すると，

$$\frac{1}{\Phi}\frac{\partial^2 \Phi}{\partial \phi^2}+n^2=0 \tag{6.146}$$

$$\frac{\partial^2 R}{\partial r^2}+\frac{1}{r}\frac{\partial R}{\partial r}+\left(k^2-h^2-\frac{n^2}{r^2}\right)R=0 \tag{6.147}$$

となる．ここで，$\rho=r\sqrt{k^2-h^2}$ とおくと，

$$\frac{\partial^2 R}{\partial \rho^2}+\frac{1}{\rho}\frac{\partial R}{\partial \rho}+\left(1-\frac{n^2}{\rho^2}\right)R=0 \tag{6.148}$$

となる．この方程式の解は

$$R=Z_n(\rho) \tag{6.149}$$

となる．ただし，Z_n は広義の n 次のベッセル関数である．式(6.144)および式(6.146)の解はそれぞれ，

$$Z(z)=\exp(ihz) \tag{6.150}$$

$$\Phi(\phi)=\exp(in\phi) \tag{6.151}$$

だから，式(6.140)の一般解，すなわち，スカラー円筒調和関数は

$$\psi_n=Z_n(\gamma r)\exp\left[i(n\phi+hz)\right] \tag{6.152}$$

となる．ただし，$\gamma=\sqrt{k^2-h^2}$ である．

スカラー円筒調和関数から，次のようにベクトル円筒調和関数が得られる．

$$\boldsymbol{M}_n=\nabla\times\boldsymbol{e}_z\psi_n \tag{6.153}$$

$$\boldsymbol{N}_n=\frac{\nabla\times\boldsymbol{M}_n}{k} \tag{6.154}$$

ここで，$\boldsymbol{e}_z$ は単位ベクトルである．式(6.152)を式(6.153)に代入すると，

6.8 金属ナノワイヤーにおける伝搬型表面プラズモン

$$M_n = \gamma \left[in \frac{Z_n(\gamma r)}{\gamma r} e_r - Z'_n(\gamma r) e_\phi \right] \exp\left[i(n\phi + hz)\right] \tag{6.155}$$

となる．さらに，式(6.155)を式(6.154)に代入すると，

$$N_n = \frac{\gamma}{k} \left[ihZ'_n(\gamma r) e_r - hn \frac{Z_n(\gamma r)}{\gamma} e_\phi + \gamma Z_n(\gamma r) e_z \right] \exp\left[i(n\phi + hz)\right] \tag{6.156}$$

となる．ベッセル関数の肩の′は微分を表す．任意の電場および磁場はこれらの M_n および N_n の線形結合で表すことができる．たとえば，電場 E が

$$E = \sum_{n=-\infty}^{\infty} \left(a_n M_n + b_n N_n \right) \tag{6.157}$$

で表されるとすると，マクスウェル方程式 $\nabla \times E = -\partial H/\partial t$ より，磁場 H は次式で表される．

$$H = -\frac{ik}{\omega\mu} \sum_{n=-\infty}^{\infty} \left(a_n N_n + b_n M_n \right) \tag{6.158}$$

円筒の内部における電場および磁場は円筒の内部で有限の値をとらなければならないことから，第1種ベッセル関数を用いて次式で表される．

$$E_r^i = \sum_{n=-\infty}^{\infty} \left[\frac{ih}{\gamma_1} J'_n(\gamma_1 r) a_n^i - \frac{\mu_1 \omega n}{\gamma_1^2 r} J_n(\gamma_1 r) b_n^i \right] F_n \tag{6.159}$$

$$E_\theta^i = -\sum_{n=-\infty}^{\infty} \left[\frac{nh}{\gamma_1^2 r} J_n(\gamma_1 r) a_n^i + \frac{i\mu_1 \omega}{\gamma_1} J'_n(\gamma_1 r) b_n^i \right] F_n \tag{6.160}$$

$$E_z^i = \sum_{n=-\infty}^{\infty} \left[J_n(\gamma_1 r) a_n^i \right] F_n \tag{6.161}$$

$$H_r^i = \sum_{n=-\infty}^{\infty} \left[\frac{nk_1^2}{\mu_1 \omega \gamma_1^2 r} J_n(\gamma_1 r) a_n^i + \frac{ih}{\gamma_1} J'_n(\gamma_1 r) b_n^i \right] F_n \tag{6.162}$$

$$H_\theta^i = \sum_{n=-\infty}^{\infty} \left[\frac{ik_1^2}{\mu_1 \omega \gamma_1^2 r} J'_n(\gamma_1 r) a_n^i - \frac{nh}{\gamma_1^2 r} J_n(\gamma_1 r) b_n^i \right] F_n \tag{6.163}$$

$$H_z^i = \sum_{n=-\infty}^{\infty} \left[J_n(\gamma_1 r) b_n^i \right] F_n \tag{6.164}$$

一方，円筒の外側では，無限遠でのふるまいより，第一種ハンケル関数 $H_n^{(1)}$ が用いられ，

$$E_r^e = \sum_{n=-\infty}^{\infty} \left[\frac{ih}{\gamma_2} H_n^{(1)\prime}(\gamma_2 r) a_n^e - \frac{\mu_2 \omega n}{\gamma_2^2 r} H_n^{(1)}(\gamma_2 r) b_n^e \right] F_n \tag{6.165}$$

$$E_\theta^e = \sum_{n=-\infty}^{\infty} \left[\frac{nh}{\gamma_2^2 r} H_n^{(1)}(\gamma_2 r) a_n^e + \frac{i\mu_2 \omega}{\gamma_2} H_n^{(1)\prime}(\gamma_2 r) b_n^e \right] F_n \tag{6.166}$$

6 局在型表面プラズモン

$$E_z^e = \sum_{n=-\infty}^{\infty} \left[H_n^{(1)}(\gamma_2 r) a_n^e \right] F_n \tag{6.167}$$

$$H_r^e = \sum_{n=-\infty}^{\infty} \left[\frac{nk_1^2}{\mu_2 \omega \gamma_2^2 r} H_n^{(1)}(\gamma_2 r) a_n^e + \frac{ih}{\gamma_2} H_n^{(1)'}(\gamma_2 r) b_n^e \right] F_n \tag{6.168}$$

$$H_\theta^e = \sum_{n=-\infty}^{\infty} \left[\frac{ik_2^2}{\mu_2 \omega \gamma_2} H_n^{(1)'}(\gamma_2 r) a_n^e - \frac{nh}{\gamma_2^2 r} H_n^{(1)}(\gamma_2 r) b_n^e \right] F_n \tag{6.169}$$

$$H_z^e = \sum_{n=-\infty}^{\infty} \left[H_n^{(1)}(\gamma_2 r) b_n^e \right] F_n \tag{6.170}$$

となる．ただし，

$$\gamma_1^2 = k_1^2 - h^2 \tag{6.171}$$

$$\gamma_2^2 = k_2^2 - h^2 \tag{6.172}$$

$$F_n = \exp(in\phi + ihz) \tag{6.173}$$

である．
　$r = r_1$ の境界において，電場の接線成分が連続でなければならないので，

$$\frac{nh}{u^2} J_n(u) a_n^i + \frac{i\mu_1 \omega}{u} J_n'(u) b_n^i = \frac{nh}{v^2} H_n^{(1)}(v) a_n^e + \frac{i\mu_2 \omega}{v} H_n^{(1)'}(v) b_n^e \tag{6.174}$$

$$J_n(u) a_n^i = H_n^{(1)}(v) a_n^e \tag{6.175}$$

同様に，磁場の接線成分が連続でなければならないので，

$$\frac{ik_1^2}{\mu_1 \omega u} J_n'(u) a_n^i - \frac{nh}{u^2} J_n(u) b_n^i = \frac{ik_2^2}{\mu_2 \omega u} H_n^{(1)'}(v) a_n^e - \frac{nh}{v^2} H_n^{(1)}(v) b_n^e \tag{6.176}$$

$$J_n(u) b_n^i = H_n^{(1)}(v) b_n^e \tag{6.177}$$

ただし，$u = \gamma_1 r_1$，$v = \gamma_2 r_1$ である．
　a^i, b^i, a^e, b^e が自明でない解をもつためには，上の4つの式の行列式が0でなければならない．その結果，無限の長さをもつ半径 r_1 の円筒の固有方程式は次式で与えられる[10]．

$$\left[\frac{\mu_1}{u} \frac{J_n'(u)}{J_n(u)} - \frac{\mu_2}{v} \frac{H_n^{(1)'}(v)}{H_n^{(1)}(v)} \right] \left[\frac{k_1^2}{\mu_1 u} \frac{J_n'(u)}{J_n(u)} - \frac{k_2^2}{\mu_2 v} \frac{H_n^{(1)'}(v)}{H_n^{(1)}(v)} \right] = n^2 h^2 \left(\frac{1}{v^2} - \frac{1}{u^2} \right)^2 \tag{6.178}$$

　中心対称なモード，すなわち，$n = 0$ のモードを考えると，境界条件は以下のようになる．

$$\frac{\mu_1}{u} J_1(u) b_0^i = \frac{\mu_2}{v} H_n^{(1)}(v) b_0^e \tag{6.179}$$

6.8 金属ナノワイヤーにおける伝搬型表面プラズモン

$$J_0(u)a_0^i = H_0^{(1)}(v)a_0^e \tag{6.180}$$

$$\frac{k_1^2}{\mu_1 u}J_1(u)a_0^i = \frac{k_2^2}{\mu_2 v}H_1^{(1)}(v)a_0^e \tag{6.181}$$

$$J_0(u)b_0^i = H_0^{(1)}(v)b_0^e \tag{6.182}$$

これらの式からわかるように，係数 a と b は独立となっている．TE モードが1番目と4番目の式に，TM モードが2番目と3番目の式に対応している．したがって，TM モードの固有方程式は

$$\frac{k_1^2}{\mu_1 u}\frac{J_1(u)}{J_0(u)} = \frac{k_2^2}{\mu_2 v}\frac{H_1^{(1)}(v)}{H_0^{(1)}(v)} \tag{6.183}$$

また，TE モードの固有方程式は

$$\frac{\mu_1}{u}\frac{J_1(u)}{J_0(u)} = \frac{\mu_2}{v}\frac{H_1^{(1)}(v)}{H_0^{(1)}(v)} \tag{6.184}$$

となる．TM モードの固有方程式が表面プラズモンの分散関係に相当する．

図 6.25 に円形断面をもつ銀ナノワイヤーを伝搬する表面プラズモン（軸対称モード）の分散関係を示す．ワイヤーの直径が無限大のときには，当然ながら平面界面の表面プラズモンと同じになるが，ワイヤーの直径が小さくなるに従い，伝搬する表面プラズモンの波数は大きくなる．軸対称モードはワイヤーの直径がいくら小さくなっても存在し，カットオフが存在しないという特徴をもつ[11]．ナノワイヤーの直径が小さくなると，それにつれて伝搬長も短くなる．図 6.26 には円形断面をもつ銀ナノワイヤーを伝搬する表面プラズモン（軸対称モード）の伝搬長を示す．

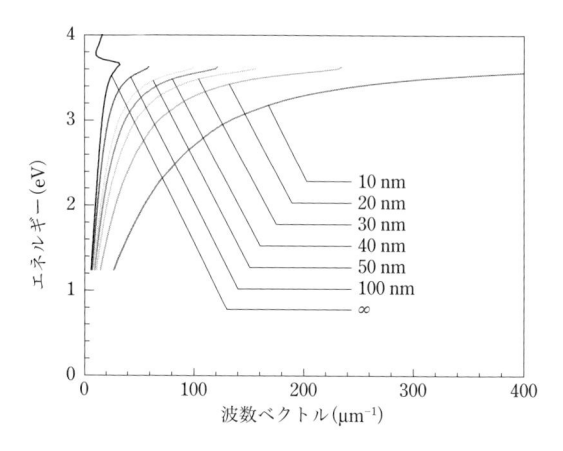

図 6.25 円形断面をもつ銀ナノワイヤーの伝搬型表面プラズモン（軸対称モード）の分散関係 周囲の媒質は空気を仮定した．パラメーターはワイヤーの直径．

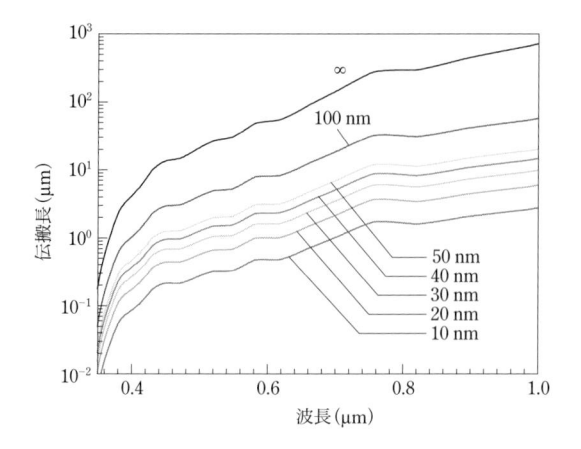

図 6.26 円形断面の銀ナノワイヤーの伝搬型表面プラズモン（軸対称モード）の伝搬長 周囲の媒質は空気を仮定した．パラメーターはナノワイヤーの直径．

6.9 ナノロッドにおける局在プラズモン

無限長のナノワイヤーでは，分散関係に従う連続した周波数や波数の表面プラズモンを伝搬する．しかし，ワイヤーの長さが有限のとき，すなわち，ナノロッドでは，周波数や波数は離散的な値をとる．この様子を図 6.27 に示す．ナノロッドの長軸方向に伝搬する表面プラズモンはナノロッドの両端で反射され，反対方向に伝搬する．その結果，表面プラズモンは定在波となり，次の関係を満たす波数の表面プラズモンだけが存在を許される．

$$k_{sp}L = m\pi \tag{6.185}$$

ここで，L はナノロッドの長さ，k_{sp} は表面プラズモンの波数，そして m は正の整数である．$m = 1$ が双極子モードに対応する基本モードである．

ナノロッドに対する Schider らの実験結果を図 6.28 に示す[12]．図 6.28(a) はガラス基板（$n = 1.53$）上に電子ビームリソグラフィーによって作製した種々の長さをもつ銀ナノロッド（幅：85 nm，高さ：75 nm）の吸収スペクトルに現れるピーク波長からエネルギーを，ロッドの長さと式(6.185)から表面プラズモンの波数を求めプロットしたものである．このプロットから，ナノロッドの分散関係はロッドの長さが変わってもほとんど変わらないことがわかる．また，図 6.28(b) は金のナノロッド（幅：91 nm，高さ：17 nm）の場合の分散関係である．実験においては m が偶数となるモー

6.9 ナノロッドにおける局在プラズモン

ドは観測されていない．これは，（図 6.27 の破線に対して）入射電場が反対称であるのに対して，偶数次のモードでは表面プラズモンの電場分布が対称になり，両者の間で結合が生じないためである．

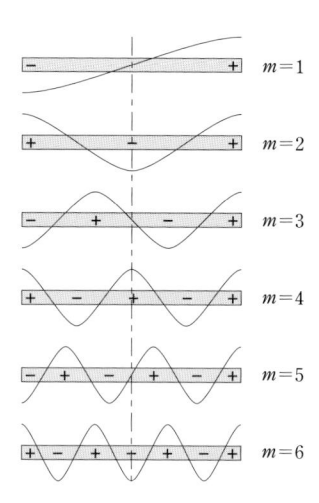

図 6.27 金属ナノロッドにおける表面プラズモンの電荷分布
m はモード次数．

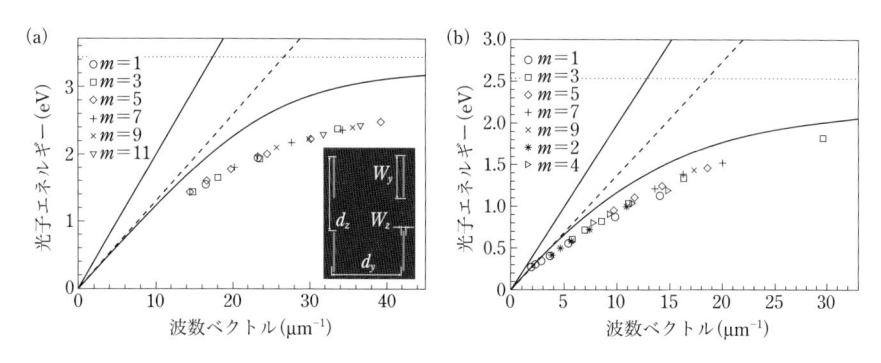

図 6.28 (a) 幅 85 nm，高さ 75 nm の矩形断面の銀ナノロッドにおける表面プラズモンの分散関係と (b) 幅 91 nm，高さ 17 nm の矩形断面の金ナノロッドにおける表面プラズモンの分散関係
実線で示した直線はライトライン，破線で示した直線はガラスのライトライン，実線で示した曲線は銀または金とガラス界面の表面プラズモンの分散関係．
[G. Schider *et al.*, *Phys. Rev. B*, **68**, 155427 (2003), Fig. 1, 2]

6.10 平面基板上の微小球における局在プラズモン

基板上に金属微小球がある場合の散乱問題を考える．Mie の公式に相当する解析解は存在しない．金属微小球の半径を r_1，微小球の中心と基板表面との距離を h とする．$r_1 \ll h \ll \lambda$ の条件を満たす場合，双極子近似を用いることができる．この近似は球を 1 つの双極子で近似し，その基板による鏡像によって誘起される場を含めて自己無撞着に球の分極率を求めるものである．

図 6.29 に示されるように，誘電率 ε_1 の球が誘電率 ε_3 の基板上にある場合を考える．媒質の誘電率は ε_2 である．基板による鏡像効果により，基板内に仮想的な双極子が誘起される．球の双極子モーメントを $\boldsymbol{p}$ としたとき，鏡像の双極子の向きは図 6.29 に示すとおりで，そのモーメントの大きさ $|\boldsymbol{p}'|$ は次式で与えられる．

$$|\boldsymbol{p}'| = \frac{\varepsilon_3 - \varepsilon_2}{\varepsilon_3 + \varepsilon_2}|\boldsymbol{p}| \tag{6.186}$$

この双極子によって誘起される元の球の中心における静電場は式(6.41)より，双極子モーメントが基板に垂直なとき，

$$\boldsymbol{E}'_\perp = \frac{2\boldsymbol{p}'}{4\pi\varepsilon_2(2h)^3} = \frac{2\boldsymbol{p}_\perp}{4\pi\varepsilon_2(2h)^3}\frac{\varepsilon_3 - \varepsilon_2}{\varepsilon_3 + \varepsilon_2} \tag{6.187}$$

基板と平行なとき，

$$\boldsymbol{E}'_\parallel = \frac{\boldsymbol{p}'}{4\pi\varepsilon_2(2h)^3} = \frac{\boldsymbol{p}_\parallel}{4\pi\varepsilon_2(2h)^3}\frac{\varepsilon_3 - \varepsilon_2}{\varepsilon_3 + \varepsilon_2} \tag{6.188}$$

で与えられる．この電場が入射電場 $\boldsymbol{E}_0$ に加算されて，微小球に印加される．その結果，

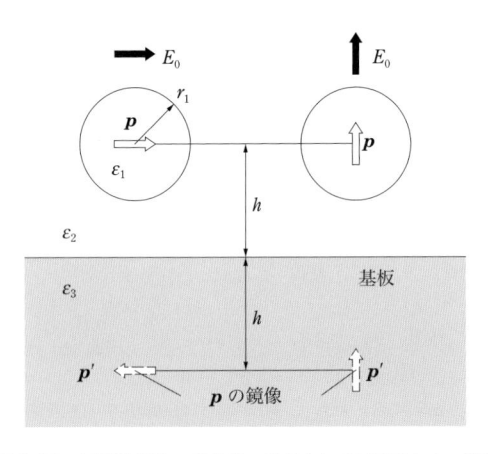

図 6.29 平面基板上の微小球に誘起される双極子とその鏡像

微小球の双極子モーメントは

$$\boldsymbol{p}_{\perp,\parallel} = \varepsilon_2 \alpha_{\perp,\parallel} \left(\boldsymbol{E}'_0 + \boldsymbol{E}'_{\perp,\parallel} \right) \tag{6.189}$$

となる．上の3つの式より，次の結果が導かれる．

$$\boldsymbol{p}_\perp = \varepsilon_2 \alpha_\perp \boldsymbol{E}_0 \tag{6.190}$$

$$\boldsymbol{p}_\parallel = \varepsilon_2 \alpha_\parallel \boldsymbol{E}_0 \tag{6.191}$$

ただし，

$$\alpha_\perp = \frac{\alpha}{1 - \dfrac{2\alpha}{4\pi(2h)^3} \dfrac{\varepsilon_3 - \varepsilon_2}{\varepsilon_3 + \varepsilon_2}} \tag{6.192}$$

$$\alpha_\parallel = \frac{\alpha}{1 - \dfrac{\alpha}{4\pi(2h)^3} \dfrac{\varepsilon_3 - \varepsilon_2}{\varepsilon_3 + \varepsilon_2}} \tag{6.193}$$

である．$\alpha_\perp$が印加電場が基板に垂直な場合の，$\alpha_\parallel$が平行な場合の微小球の分極率となる．この分極率を用いるとこれまでと同様に断面積が計算できる．

　鏡像双極子と微小球の距離が十分離れている場合，微小球に作用する電場は一様と見なすことができ，双極子近似が使えた．しかし，両者の距離，すなわち微小球と基板との距離が近づくと，微小球に作用する電場はもはや一様と見なすことはできない．この場合は準静電近似を用いる必要がある．

　準静電近似の下での解がAravindら[13]とWindら[14]によって求められている．Aravindらの方法ではbispherical（双球）座標系[15]を用いている．それに対して，Windらの方法では通常の極座標系を用いている．もちろん，両計算法で同じ結果が得られる．ここでは，Windらの方法を簡単に紹介する．

　一様場中の孤立球には双極子だけが誘起されるが，基板が存在すると，多重極子まで考慮に入れる必要がある．極座標系を用い，微小球をその原点に置く．この計算法では微小球が基板表面によって切り取られたような系も計算が可能であるが，ここでは微小球が基板から離れている場合に話を限る．ポテンシャル$\varPhi$の代わりに規格化されたポテンシャル$\varPsi = -\varPhi/(E_0 r_1)$を用いる．ここで，$E_0$は入射電場である．周囲の媒質におけるポテンシャル$\varPsi_2$は入射ポテンシャルと散乱ポテンシャルの和で表され，

$$\begin{aligned}\varPsi_2 = {}& r\cos\theta\cos\theta_0 + r\sin\theta\sin\theta_0\cos\phi \\ & + \sum_{j=1}^{\infty} r^{-j-1} \left[A_{2j} P_j^0(\cos\theta) + B_{2j} P_j^1(\cos\theta)\cos\phi \right] \\ & + \sum_{j=1}^{\infty} \left[A'_{2j} V_j^0(r,\cos\theta) + B'_{2j} V_j^1(r,\cos\theta)\cos\phi \right] \end{aligned} \tag{6.194}$$

で与えられる．ここで，θ_0 は入射電場と基板法線のなす角度，

$$V_j^m(r,\cos\theta) = \left(r^2 - 4rr_0\cos\theta + 4r_0^2\right)^{-(j+1)/2} \times P_j^m\left[\left(r\cos\theta - 2r_0\right)\left(r^2 - 4rr_0\cos\theta + 4r_0^2\right)^{-1/2}\right]$$
(6.195)

$$r_0 = \frac{h}{r_1}$$
(6.196)

である．基板内におけるポテンシャル Ψ_3 は

$$\Psi_3 = \Psi_3' + \alpha r\cos\theta\cos\theta_0 + \beta r\sin\theta\sin\theta_0\cos\phi$$
$$+ \sum_{j=1}^{\infty} r^{-j-1}\left[A_{3j}P_j^0(\cos\theta) + B_{3j}P_j^1(\cos\theta)\cos\phi\right]$$
(6.197)

微小球内のポテンシャル Ψ_1 は

$$\Psi_1 = \Psi_1' + \sum_{j=1}^{\infty} r^j\left[A_{1j}P_j^0(\cos\theta) + B_{1j}P_j^1(\cos\theta)\cos\phi\right]$$
(6.198)

で与えられる．ただし，Ψ_1' および Ψ_3' は 0 でない定数である．基板表面($r\cos\theta = r_0$)で境界条件を適用する．ポテンシャルの連続性より，

$$-\Psi_3' + (1-\alpha)r_0\cos\theta_0 + (1-\beta)\left(r^2 - r_0^2\right)^{1/2}\sin\theta_0\cos\phi$$
$$+ \sum_{j=1}^{\infty}\left[A_{2j} + (-1)^j A_{2j}' - A_{3j}\right](-1)^j V_j^0(r,r_0/r)$$
$$+ \sum_{j=1}^{\infty}\left[B_{2j} + (-1)^{j+1} B_{2j}' - B_{3j}\right](-1)^{j+1} V_j^1(r,r_0/r)\cos\phi = 0$$
(6.199)

電束密度の連続性より，

$$(\varepsilon_2 - \alpha\varepsilon_3)\cos\theta_0 + \sum_{j=1}^{\infty}\left[\varepsilon_2 A_{2j} - \varepsilon_2(-1)^j A_{2j}' - \varepsilon_3 A_{3j}\right](-1)^{j+1}\left.\frac{\partial V_j^0}{\partial r}\right|_{r\cos\theta = r_0}$$
$$+ \sum_{j=1}^{\infty}\left[\varepsilon_2 B_{2j} - \varepsilon_2(-1)^{j+1} B_{2j}' - \varepsilon_3 B_{3j}\right](-1)^j\left.\frac{\partial V_j^0}{\partial r}\right|_{r\cos\theta = r_0}\cos\phi = 0$$
(6.200)

となる．次に，球表面($r=1$)での境界条件にルジャンドル陪関数 $P_k^m(\cos\theta)$（ただし，$m = 0, 1$）をかけて球表面で積分すると，

$$\int_{-1}^{1}\int_0^{2\pi}(\Psi_2 - \Psi_1)_{r=1} P_k^0(\cos\theta)\,\mathrm{d}\phi\,\mathrm{d}\cos\theta = 0$$
(6.201)

$$\int_{-1}^{1}\int_0^{2\pi}\left(\varepsilon_2\frac{\partial\Psi_2}{\partial r} - \varepsilon_1\frac{\partial\Psi_1}{\partial r}\right)_{r=1} P_k^0(\cos\theta)\,\mathrm{d}\phi\,\mathrm{d}\cos\theta = 0$$
(6.202)

$$\int_{-1}^{1}\int_0^{2\pi}(\Psi_2 - \Psi_1)_{r=1} P_k^1(\cos\theta)\cos\phi\,\mathrm{d}\phi\,\mathrm{d}\cos\theta = 0$$
(6.203)

6.10 平面基板上の微小球における局在プラズモン

$$\int_{-1}^{1}\int_{0}^{2\pi}\left(\varepsilon_2\frac{\partial \Psi_2}{\partial r}-\varepsilon_1\frac{\partial \Psi_1}{\partial r}\right)_{r=1} P_k^1(\cos\theta)\cos\phi\, d\phi\, d\cos\theta = 0 \quad (6.204)$$

となる．ここで，ルジャンドル陪関数の直交性

$$\int_{-1}^{1} P_j^m(\cos\theta)P_k^m(\cos\theta)d\cos\theta = \frac{2(j+m)!}{(2j+1)!(j-m)!}\delta_{jk} \quad (6.205)$$

と（δ_{jk} はクロネッカーのデルタ），$r < 2r_0$ で成り立つ

$$V_j^m(r,\cos\theta) = (-1)^{j+m}\sum_{l=m}^{\infty}\frac{(l+j)!r^l P_l^m(\cos\theta)}{(l+m)!(j-m)!(2r_0)^{l+j+1}} \quad (6.206)$$

という関係を用いると，$\theta_0 = 0$ のとき，次の結果が得られる．

$$\sum_{j=1}^{\infty}\left[\delta_{kj}+\frac{(\varepsilon_3-\varepsilon_2)k(\varepsilon_2-\varepsilon_1)}{(\varepsilon_3+\varepsilon_2)[(k+1)\varepsilon_2+k\varepsilon_1]}\frac{(k+j)!}{k!j!(2r_0)^{k+j+1}}\right]A_{2j} = \frac{\varepsilon_2-\varepsilon_1}{2\varepsilon_2+\varepsilon_1}\delta_{k1} \quad (6.207)$$

また，$\theta_0 = \pi/2$ のとき，次の結果が得られる．

$$\sum_{j=1}^{\infty}\left[\delta_{kj}+\frac{(\varepsilon_3-\varepsilon_2)k(\varepsilon_2-\varepsilon_1)}{(\varepsilon_3+\varepsilon_2)[(k+1)\varepsilon_2+k\varepsilon_1]}\frac{(k+j)!}{(k+1)!(j-1)!(2r_0)^{k+j+1}}\right]B_{2j} = \frac{\varepsilon_2-\varepsilon_1}{2\varepsilon_2+\varepsilon_1}\delta_{k1} \quad (6.208)$$

さらに，$\alpha = \varepsilon_2/\varepsilon_3$，$\beta = 1$ が得られる．式 (6.207) および式 (6.208) の連立方程式を解くことによって，A_{2j} および B_{2j} が求められる．実際の計算においては項数 j を有限の値で打ち切る必要がある．球と基板との距離が小さくなるに従って，収束に必要な項数が多くなる．距離が 0 のときには無限項が必要である．得られた係数の中で，A_{21} および B_{21} が球に誘起される双極子モーメントの大きさを決める．同様に，A_{22} および B_{22} が四重極子，A_{23} および B_{23} が八重極子，…，に対応している．球の分極率はこの A_{21} および B_{21} を用いて次式のように与えられる．

$$\alpha_{\parallel} = -4\pi\varepsilon_2 r_1^3 B_{21} \quad (6.209)$$

$$\alpha_{\perp} = -4\pi\varepsilon_2 r_1^3 A_{21} \quad (6.210)$$

これらの分極率を用いると，これまでと同様に散乱断面積や吸収断面積が計算できる．

図 6.30，図 6.31 にシリカ基板上の金微小球の吸収効率を示す．基板が近づくにつれて吸収効率がわずかに増加する．この系の特徴は，球と基板との間で場が非常に強くなることである．図 6.32 は金微小球がギャップ（$D = 0.01r_1$）を介して平坦なガラス (BK7) 基板上に置かれているときの，電場強度分布を計算したものである．入射電場の方向は基板に対して 45°，入射波長は $\lambda = 548$ nm を仮定した．電場強度はギャップで著しく増強され，その増強度は最大で 80 倍程度となる[16]．

図 6.33，図 6.34 に基板が金の場合の吸収効率を示す．式 (6.207) および式 (6.208) を

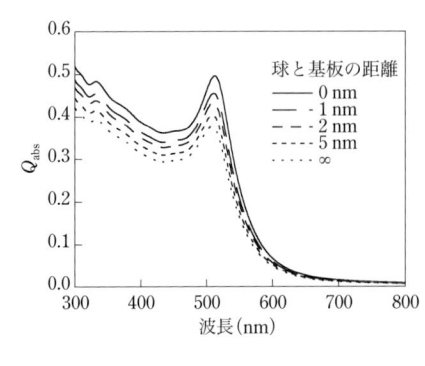

6 局在型表面プラズモン

図 6.30 シリカ基板上の金微小球の吸収効率 球の直径は 20 nm，媒質は空気，入射場の電場は基板表面に垂直であると仮定した．

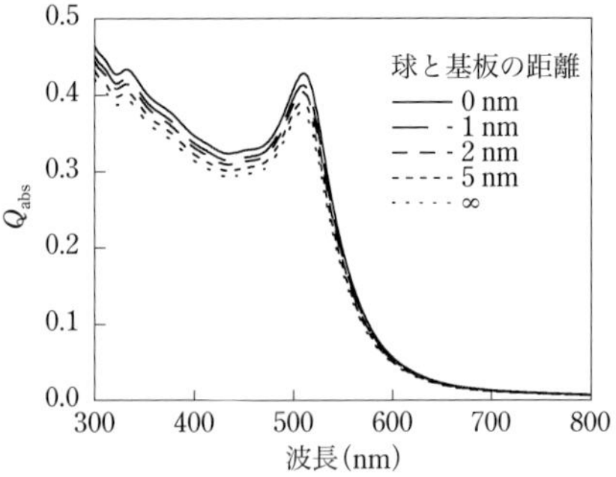

図 6.31 シリカ基板上の金微小球の吸収効率 球の直径は 20 nm，媒質は空気，入射場の電場は基板表面に平行であると仮定した．

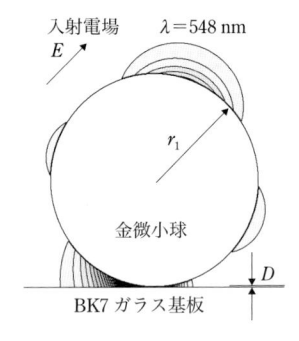

図 6.32 金微小球がギャップを有して平坦なガラス(BK7)基板上に置かれているときの電場強度分布[16)]
ただし，$D/r_1 = 0.01$，入射電場の方向は基板に対して 45°，入射波長は $\lambda = 548$ nm を仮定した．電場強度はギャップで著しく増強され，その増強度は最大で 80 倍程度である．

解くときに，収束に必要な項数は基板が金属の場合は誘電体のときと比較してより多く必要である．たとえば，$r_1 = 10$ nm で，ギャップ $D = 0.1$ nm のとき，30 項程度必要である．金基板の場合，シリカ基板の場合と比較して，ギャップが小さくなるにつれ，吸収効率が大きく変化する．特に入射電場の方向が基板表面に対して垂直な場合，その変化が著しい．基板が近づくにつれて，吸収ピークは増大し，長波長側に大きくシフトしていくことがわかる．

図 6.35 は直径 50 nm の銀微小球がギャップを介して平坦な金基板上に置かれているときの，金基板上での電場強度の増強度を示す．ただし，電場の方向は界面に垂直

6.10 平面基板上の微小球における局在プラズモン

図 6.33 金基板上の金微小球の吸収効率
球の直径は 20 nm，媒質は空気，入射場の電場は基板表面に垂直であると仮定した．

図 6.34 金基板上の金微小球の吸収効率
球の直径は 20 nm，媒質は空気，入射場の電場は基板表面に平行であると仮定した．

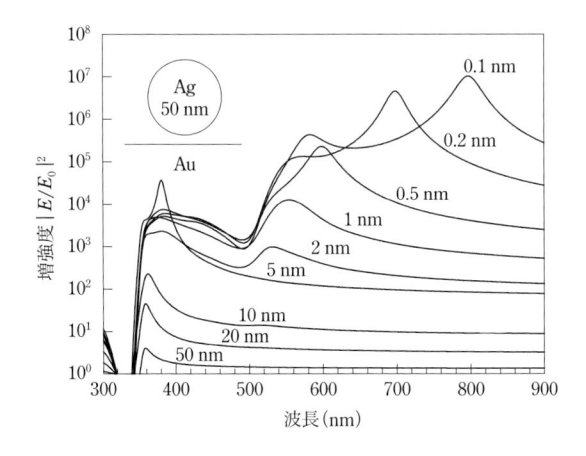

図 6.35 直径 50 nm の銀微小球がギャップを有して平坦な金基板上に置かれているときの，銀微小球の中心直下の金基板上での電場強度の増強度
ただし，入射電場の方向は界面に垂直である．

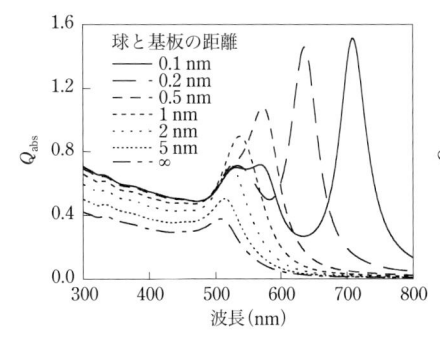

である．ギャップが小さくなるほどギャップにおける電場は大きくなり，そのピーク波長は長波長側に移動することがわかる．そして，ギャップが 0.1 nm のときには電場強度の増強度は 10^7 を超えることがわかる．

基板上の回転楕円体の解析は Roman-Velazquez らによって行われている[17]．

6.11 金属微小球対による局在プラズモン

微小球対に対して，bispherical 座標系で静電近似の下で最初に解を求めたのは Levine である[18]．ただし，この計算では，球は完全導体であると仮定している．さらに，同様の手法を用いて，Goyette が誘電体球に対する解を導いている[19]．ただし，彼らは計算に際して perturbation expansion を用いている．その後，Aravind らは同様の手法を用いて，厳密な解を求めている[20]．遅延を考慮した一般の場合のこれまでの研究については，Fuller の論文[21]とその参考文献に詳しく述べられている．

先に述べた Wind らの方法[14]を少しだけ変形することによっても準静電近似の下での厳密解が得られる．外部電場が 2 つの球を結ぶ軸と平行な場合，式(6.207)において，$(\varepsilon_3 - \varepsilon_2)/(\varepsilon_3 + \varepsilon_2) = 1$ とおくだけでよい．また，電場がその軸と垂直な場合，$(\varepsilon_3 - \varepsilon_2)/(\varepsilon_3 + \varepsilon_2) = -1$ とおく．この操作は鏡像の位置にまったく同じ多重極子を置くことに等しい．

図 6.36 および図 6.37 に外部電場が 2 つの球を結ぶ軸に垂直な場合と，平行な場合における吸収効率のスペクトルを示す．球は直径 20 nm の金で，水中に置かれている．外部電場が軸に垂直な場合，吸収効率は球の距離にほとんど依存しない．これに対して，外部電場が軸に平行な場合，球の距離が小さくなるに従って，表面プラズモンによるピークは長波長側にシフトしていき，ピークも 2 つ，3 つに分裂していくことがわかる．

図 6.38 は 1 nm のギャップを挟んで並んでいる直径 20 nm の金微小球に，偏光方向が粒子を結ぶ軸に平行な光を入射したときの電場強度分布を示す．微粒子間で電場強

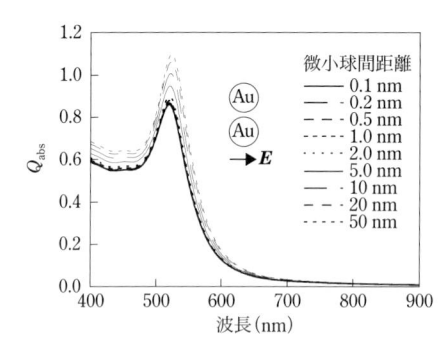

図 6.36 金微小球対の吸収効率
入射電場の方向が球を結ぶ軸と垂直なとき．球の直径は 20 nm，媒質は水を仮定した．

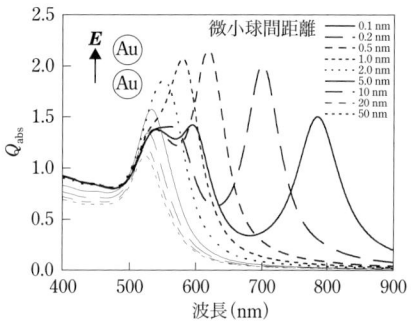

図 6.37 金微小球対の吸収効率
入射電場の方向が球を結ぶ軸と平行なとき．球の直径は 20 nm，媒質は水を仮定した．

6.11 金属微小球対による局在プラズモン

図 6.38 計算によって求めた近接した2つの金微小球の周りに誘起された電場の強度分布. 粒子の直径はともに 20 nm, ギャップ間隔は 1 nm, 周囲の媒質は空気, 入射電場の方向は粒子の中心を結ぶ軸に平行であると仮定した.

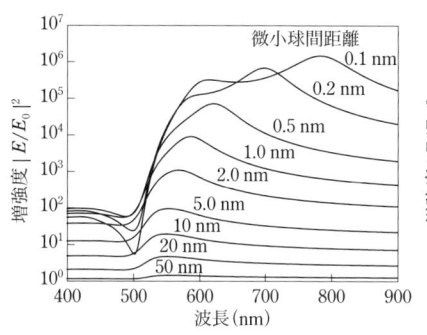

図 6.39 金微小球対の中点における電場強度の増強度. 入射電場の方向は球の中心を結ぶ軸に平行なとき. 球の直径は 20 nm, 媒質は水を仮定した.

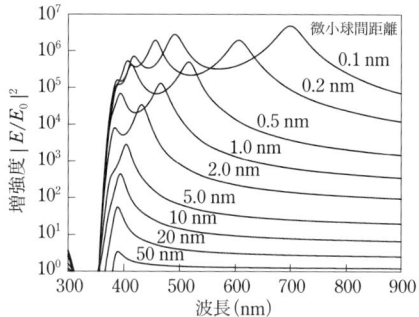

図 6.40 銀微小球対の中点における電場強度の増強度. 入射電場の方向は球の中心を結ぶ軸に平行なとき. 球の直径は 20 nm, 媒質は水を仮定した.

度が非常に大きくなっていることがわかる.

図 6.40 は直径 20 nm の2つの銀微小球がギャップを有して並んでいるとき, その中点における電場強度の増強度を示す. ただし, 電場の方向は2つの微小球を結ぶ軸に平行である.

6.12 金属ナノ粒子からの発光

金属からの発光は 1968 年に Mooradian によって発見された[22]。アルゴンイオンレーザーの 488 nm や 514 nm，あるいは高圧水銀灯の 300 〜 400 nm の波長の光の照射によって金と銅の試料から広帯域の可視域の発光が得られている。発光スペクトルが励起波長に依存しないため，この発光は伝導帯の電子と d バンドの正孔との再結合によるものであると考えられた。Tsang らによって，この発光には表面プラズモンが寄与していると指摘された[23]。その後，Boyd らによって，表面粗さをもつ金属薄膜と 2 光子励起とにより，系統的な実験がなされた[24]。

Varnavski らは可視域あるいは紫外域のパルス光を用いて過渡発光を測定し，発光の時定数が 50 fs より速いことを示した[25]。彼らはさらに，バンド間の遷移だけではなくバンド内の遷移も発光に寄与しているだろうと推測した。

近赤外域の発光も観測されている。この発光は可視域の発光とは異なり，バンド内遷移によるものであることが示されている[26]。バンド内遷移においては，(1)遷移前と遷移後の状態が同じ対称性をもっていることと，(2)両者の間における波数のミスマッチのため，通常は禁制遷移になっている。しかし，表面粗さやナノ粒子による近接場光には高波数成分が含まれるため，遷移が許容となる。また，四重極子成分も生じ，これは上に述べた禁制理由の(1)を無効にする。これらの理由により，微細構造においては強い近赤外発光が現れる。

参考文献

1) G. Mie, *Ann. de Phys.*, **25**, 377 (1908)
2) H. Fröhlich, *Theory of Dielectrics*, Oxford University Press, London (1949)
3) M. Meier and A. Wokaun, *Opt. Lett.*, **8**, 581 (1983)
4) S. Asano and G. Yamamoto, *Appl. Opt.*, **14**, 29 (1975)
5) P. W. Barber and S. C. Hill, *Light Scattering by Particles: Computational Methods*, World Scientific, Singapore (1990)
6) B. T. Draine and P. J. Flatau, *J. Opt. Soc. Am. A*, **11**, 1491 (1994)
7) http://www.astro.princeton.edu/~draine/DDSCAT.html
8) P. W. Barber, R. K. Chang, and H. Massoudi, *Phys. Rev. Lett.*, **50**, 997 (1983)
9) M. Abramowitz and I. A. Segun eds., *Handbook of Mathematical Functions with Formulas, Graphs, and Mathematical Tables*, Dover, New York (1965), p.333
10) J. A. Stratton, *Electromagnetic Theory*, McGraw-Hill, NewYork (1941)
11) J. Takahara, S. Yamagishi, H. Taki, A. Morimoto, and T. Kobayashi, *Opt. Lett.*, **22**, 475 (1997)
12) G. Schider, J. R. Krenn, A. Hohenau, H. Ditlbacher, A. Leitner, F. R. Aussenegg, W. L. Schaich, I. Puscasu, B. Monacelli, and G. Boreman, *Phys. Rev. B*, **68**, 155427 (2003)
13) P. K. Aravind and H. Metiu, *Surf. Sci.*, **124**, 506 (1983)
14) M. M. Wind, J. Vlieger, and D. Bedeaux, *Physica*, **141A**, 33 (1987)
15) P. Moon and D. E. Spencer, *Field Theory Handbook*, Springer, Berlin (1961), p.110
16) T. Okamoto and I. Yamaguchi, *Opt. Rev.*, **6**, 211 (1999)
17) C. E. Roman-Velazquez, C. Noguez, and R. G. Barrera, *Phys. Rev. B*, **61**, 10427 (2000)
18) H. B. Levine and D. A. McQuarrie, *J. Chem. Phys.*, **49**, 4181 (1968)
19) A. Goyette and A. Navon, *Phys. Rev. B*, **13**, 4320 (1976)
20) P. K. Aravind, A. Nitzan, and H. Metiu, *Surf. Sci.*, **110**, 189 (1981)
21) K. A. Fuller, *Appl. Opt.*, **30**, 4716 (1991)
22) A. Mooradian, *Phys. Rev. Lett.*, **22**, 185 (1969)
23) J. C. Tsang, J. R. Kirtley, and T. N. Theis, *Solid State Commun.*, **35**, 6671 (1980)
24) G. T. Boyd, Z. H. Yu, and Y. R. Shen, *Phys. Rev. B,* **33**, 7923 (1986)
25) O. P. Varnavski, M. B. Mohammed, M. A. El-Sayed, and T. Goodsen, III, *J. Phys. Chem. B*, **107**, 3101 (2003)
26) M. R. Beversluis, A. Bouhelier, and L. Novotny, *Phys. Rev. B*, **68**, 115433 (2003)

7
プラズモニック結晶

　金属表面に 1 次元あるいは 2 次元に周期的な凹凸を設けた構造はプラズモニック結晶と呼ばれる．この名称はフォトニック結晶との類似性に由来する．本章ではまず，1 次元プラズモニック結晶の研究の端緒である Wood アノマリの研究の歴史について述べる．次に，フォトニック結晶について概観する．その後，1 次元および 2 次元プラズモニック結晶ならびに，それらにおけるプラズモニックバンドギャップおよび伝搬光と表面プラズモンとの結合特性について述べる．最後に，近年のプラズモニクス研究が発展するきっかけの一つとなった周期微小開口列における異常透過について述べる．

7.1 Wood アノマリの研究の歴史

　Hessel と Oliner の論文[1]に述べられているものを引用する．ただし，この論文では現在と s 偏光と p 偏光の定義が逆になっているので注意が必要である．1902 年 Wood は強度分布が緩やかに変化する光源で反射回折格子を照らしたときに得られるスペクトルに，期待していなかった明るいまたは暗いバンドを発見した[2]．さらに，この回折格子の表面をこすることにより，これらのバンドは弱くなったり，ときには完全に消えてしまうことを示した (図 7.1)．加えて，これらのバンドは入射光の偏光に依存していることを発見した．これらのバンドは入射光の電場が格子と垂直のときにのみ現れる．これらの現象はそれまでの回折格子の理論では説明できなかったので，Wood はこれを "anomalies (アノマリ)" と名付けた．

　その後何年にもわたって，さらなる実験が Ingersoll[3]，Strong[4] や，Wood 自身[5]によってなされた．明るいバンドや暗いバンドの波長や入射角に対するふるまいはむしろ複雑になった．ただ，偏光依存性だけは明瞭で，アノマリは電場が格子に垂直なときにのみ観測され，平行なときにはアノマリは観測されなかった．

　最初の理論的な取り扱いは 1907 年に Rayleigh によってなされた[6]．彼の "dynamic

7.1 Woodアノマリの研究の歴史

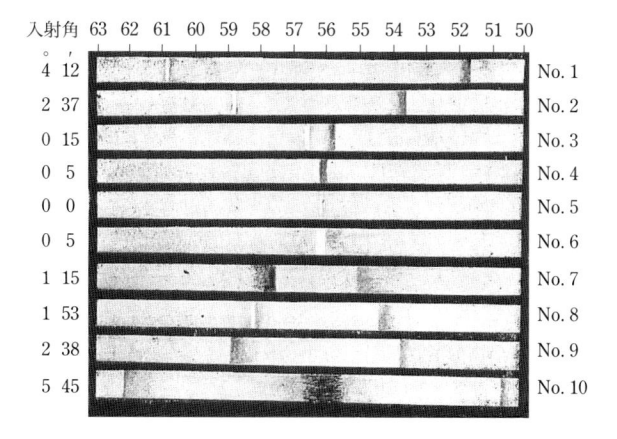

図 7.1 Woodアノマリ
[R. W. Wood, *Phil. Mag.*, **4**, 396 (1902), Fig. 1]

"theory of the grating"は散乱場として格子の外側に向かう電磁場だけを考えている．この仮定を用いて，回折波の1つがちょうど格子表面に沿って出ていく波長において，散乱場が特異的になることを見出した．そして，後に"Rayleigh波長"と呼ばれるこの波長がWoodアノマリに対応することを観測した．さらに，これらの特異性は電場が格子に垂直のときにのみ現れ，平行なときには現れないことをこの理論は予測した．すなわち，Rayleighの理論はそのときに観測されていた主立った特徴，アノマリはp偏光でのみ生じ，s偏光では生じないことを正しく説明した．

Rayleighの理論の一つの限界は，特異性はRayleigh波長において起きることを示してはいるが，バンドの形については説明できないことである．この難点を克服する試みとして，Fanoは回折格子が損失をもつ誘電体材料からできていると仮定した[7]．しかし，彼のRayleigh波長近傍の展開係数は使用するには大きすぎた．ArtmannもRayleighの仮定を用いて，Rayleigh波長近傍で収束する近似表現を導き出した[8]．しかし，彼の展開はアノマリの特徴である極大を説明はしたが，極小は説明できなかった．

何年かの間，細かい点，たとえば詳しいアノマリの形が予測できないなどの点は別として，この理論は基本的な実験結果と本質的に良い一致を見た．しかし，Woodの後期の論文[5,9]ではs偏光によるアノマリもときには観測されると述べられている．Palmerはある条件の下ではs偏光アノマリが生じることを非常に明確に示している[10〜12]．実際，Palmerはs偏光アノマリの出現はWoodや彼自身が用いた深い溝を刻んだ格子に起因するとしている．彼はさらに，s偏光アノマリが観測されていない

他の実験[3,4]は浅い格子でのものであると指摘している．したがって，p偏光，s偏光ともアノマリは観測可能であるが，s偏光アノマリは深い格子においてのみ観測される．

それゆえ，s偏光アノマリが許されない理論は再考されなければならない．そのような注意深い再検討はLippmann[13]や，LippmannとOppenheim[14]によってなされた．彼らは，外に出ていく波のみを考えたRayleighの最初の仮定を解析し，この近似が浅い溝に対してのみ有効であると結論づけた．この近似は上に述べたすべての理論の基になっているので，これらのすべての理論は浅い格子に対してのみ有効である．s偏光アノマリは深い溝の格子でのみ観測されているので矛盾は生じないが，しかし，これらの理論は明らかに不完全である．

近年における，さまざまな物体による電磁波の散乱の取り扱いの発展により，Woodアノマリの説明に別のアプローチが適用された．このアプローチは多重散乱の観点に基づいている．すなわち，散乱体が格子全体にわたって置かれたときの全散乱場を，1つの散乱体が孤立して置かれたときの散乱場の重ね合わせとそれらの間の結合効果により記述するものである．このような解析は多くの研究者によりさまざまな周期列に適用されてきた．適切なパラメーターの組み合わせにより，Woodアノマリが得られる．このような解を得ているのはKarpとRadlow[15]，Millar[16]，そしてTwersky[17〜23]である．

StewartとGallawayは精密な実験をして，異なる回折次数に対応するRayleigh波長が一致するときにギャップ(後述)が生じることを報告している[24]．回折光のスペクトルから判断するとこのアノマリは表面プラズモンによるアノマリのようである．

さて，HesselとOliner[1]は何をしたのか？ 彼らはアノマリには2種類あり，1つは以前から知られていたRayleighアノマリであり，もう1つは彼らが新しく提案した"resonance anomaly"であると述べている．共鳴アノマリはlossy guided modeによって生じ，この導波モードを金属回折格子を周期性をもつ表面インピーダンス$Z_s(x)$で表すことで導いている．すなわち，共鳴条件(分散関係)を

$$Z_s + \frac{k_z}{\omega} = 0 \tag{7.1}$$

で与えている．計算ではZ_sは純虚数(無損失に相当)として扱っている．この導波モードは表面プラズモンであり，現在はプラズモンアノマリと呼ばれることもある．ただし，彼らはこの導波モードの実体については何も述べていない．たぶん，表面プラズモンであることに気がついていないと思われる．また，格子の形状とこの等価表面インピーダンスとの関係についても言及していない．

さらに最近になって，2次元金属レリーフ格子における表面プラズモンのふるまいがSamblesらによって精力的に研究されてきた[25〜28]．

7.2 フォトニック結晶

プラズモニック結晶はフォトニック結晶の表面プラズモン版である．プラズモニック結晶について述べる前にフォトニック結晶について説明する．

フォトニック結晶とは図7.2に示すように空間的に周期的な誘電率分布をもった誘電体構造のことをいう．本来は図7.2(c)に示すような3次元的に周期的な構造に付けられた名前であるが，その考え方を拡張して，図7.2(a)や(b)で示されるような1次元や2次元の周期構造に対しても称されることがある．

ここでは簡単のため1次元フォトニック結晶について説明する．1次元フォトニック結晶は図7.3に示すように誘電体多層膜と同じである．この構造は反射鏡に使われることからわかるように，ある周波数領域において入射光は100％反射される．この周波数領域はフォトニックバンドギャップと呼ばれ，構造内での光の伝搬は許されない．

しかし，1次元のフォトニック結晶の場合は入射角が大きくなると，透過光，すなわち構造内を伝搬する光が生じる．3次元フォトニック結晶の場合はどんな入射角(波数)に対しても伝搬光が存在しないバンドギャップが生じる．このようなバンドギャッ

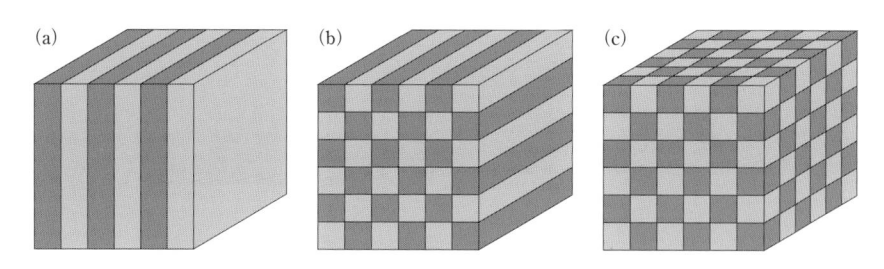

図7.2 (a)1次元，(b)2次元，および(c)3次元フォトニック結晶

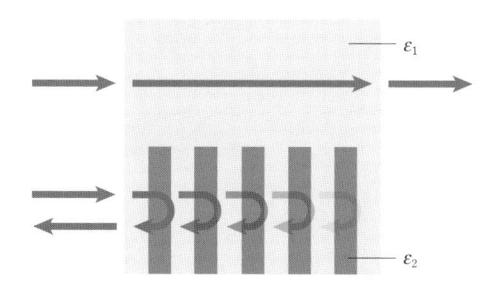

図7.3 1次元フォトニック結晶における光の反射

プは完全バンドギャップと呼ばれる．ただし，完全バンドギャップが存在するのは周期構造(結晶構造)がダイヤモンド格子で，2つの媒質の誘電率の比が大きい場合のみである．

図7.4に誘電率の組み合わせの異なる3種類の1次元フォトニック結晶の分散関係を示す．図7.4(a)は一様媒質の場合で，実際には分散関係は連続な直線で表されるが，

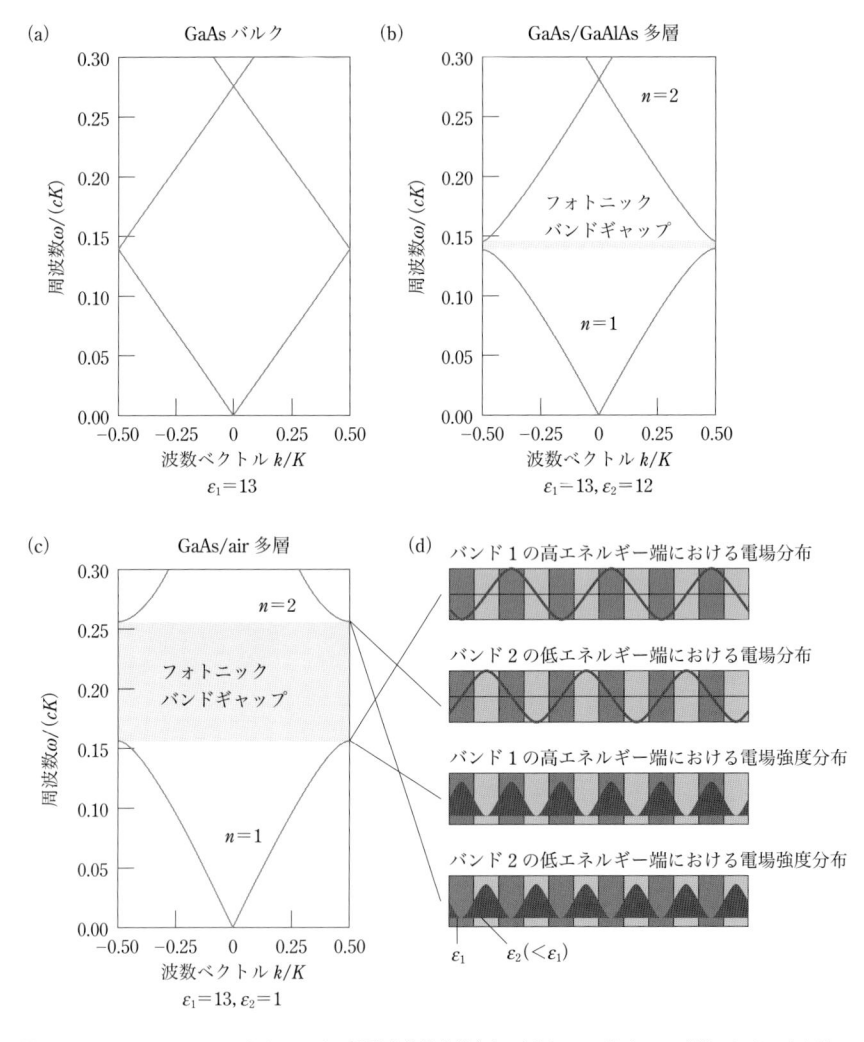

図7.4 フォトニックバンドギャップの誘電率差依存性(a)～(c)とバンドギャップ端における定在波の電場分布(d)

7.2 フォトニック結晶

他の組み合わせとの比較を容易にするため，$k/K = \pm 1/2$ で折り返して表示している．2つの媒質の誘電率が異なると，図7.4(b)のように分散関係はバンド構造をとる．そして，分散曲線の交わるところでフォトニックバンドギャップが生じる．このバンドギャップの幅は図7.4(c)に示すように，誘電率比が大きくなると大きくなる．

ここで，バンドギャップが生じる理由を考える．上下2つのバンドギャップ端では波数は等しい．さらに，分散曲線の傾きが0であるということは，群速度が0であることを示している．すなわち，バンドギャップ端では光波は進行波とその反射による後退波との干渉による定在波となっている．この定在波には2つのモードが存在し，1つは定在波の腹が誘電率の高いほうの媒質にあるモードで，もう1つは誘電率の低い媒質にあるモードである．この様子を示したのが図7.4(d)である．光波のエネルギーが高誘電率の媒質に集中しているモードの周波数は高く，低誘電率に集中しているモードの周波数は低くなる．そのためバンドギャップが生じる．

数式を用いてこの現象を導く．x 方向に周囲的な誘電率分布をもつ媒質における光波の伝搬について考える．媒質は y 方向および z 方向には一様であるとする．光波は $\pm x$ 方向に伝搬するとする．簡単のため，誘電率 $\varepsilon(x)$ は周期 Λ で正弦波的に変化するものとする．すなわち，次式で表されるとする．

$$\varepsilon(x) = \varepsilon_1 + \varepsilon_2 \cos(Kx) = \varepsilon_1 + \frac{1}{2}\varepsilon_2 \exp(iKx) + \frac{1}{2}\varepsilon_2 \exp(-iKx) \tag{7.2}$$

ここで，K は格子ベクトルで，$K = 2\pi/\Lambda$ で定義される．波数 k で伝搬する波と，その回折波である波数 $k-K$ で伝搬する波が存在しているとする．すなわち，

$$E(x) = E_0 \exp(ikx) + E_{-1} \exp[-i(k-K)x] \tag{7.3}$$

が成り立つとする．式(7.2)および式(7.3)を電場に関する波動方程式

$$\frac{d^2 E(x)}{dx^2} + \frac{\omega^2}{c^2} \varepsilon(x) E(x) = 0 \tag{7.4}$$

に代入すると，

$$-k^2 E_0 \exp(ikx) - (k-K)^2 E_{-1} \exp[i(k-K)x]$$
$$+ \frac{\omega^2}{c^2}\left[\varepsilon_1 + \frac{1}{2}\varepsilon_2 \exp(iKx) + \frac{1}{2}\varepsilon_2 \exp(-iKx)\right]\{E_0 \exp(ikx) - E_{-1} \exp[i(k-K)x]\} = 0 \tag{7.5}$$

となる．式(7.5)の両辺に $\exp(-ikx)$ をかけて x に関して積分すると，三角関数の直交性により，

$$-k^2 E_0 + \frac{\omega^2}{c^2}\varepsilon_1 E_0 + \frac{\omega^2}{c^2}\frac{\varepsilon_2}{2} E_{-1} = 0 \tag{7.6}$$

となる．同様に，$\exp[-i(k-K)x]$ をかけて積分すると，

109

$$-(k-K)^2 E_{-1} + \frac{\omega^2}{c^2}\varepsilon_1 E_{-1} + \frac{\omega^2}{c^2}\frac{\varepsilon_2}{2} E_0 = 0 \tag{7.7}$$

となる．行列形式で表すと，

$$\begin{bmatrix} \frac{\omega^2}{c^2}\varepsilon_1 - k^2 & \frac{\omega^2}{c^2}\frac{\varepsilon_2}{2} \\ \frac{\omega^2}{c^2}\frac{\varepsilon_2}{2} & \frac{\omega^2}{c^2}\varepsilon_1 - (k-K)^2 \end{bmatrix} \begin{bmatrix} E_0 \\ E_{-1} \end{bmatrix} = 0 \tag{7.8}$$

となる．この式をそのまま用いると複雑になるので，式(7.8)の非対角成分のみを0次近似としての $k^2 = \omega^2 \varepsilon_1/c^2$ で置き換える．

$$\begin{bmatrix} \frac{\omega^2}{c^2}\varepsilon_1 - k^2 & \frac{\varepsilon_2}{\varepsilon_1}\frac{k^2}{2} \\ \frac{\varepsilon_2}{\varepsilon_1}\frac{k^2}{2} & \frac{\omega^2}{c^2}\varepsilon_1 - (k-K)^2 \end{bmatrix} \begin{bmatrix} E_0 \\ E_{-1} \end{bmatrix} = 0 \tag{7.9}$$

この式が自明でない解をもつためには次式を満足しなければならない．

$$\left(\frac{\omega^2}{c^2}\varepsilon_1 - k^2\right)\left[\frac{\omega^2}{c^2}\varepsilon_1 - (k-K)^2\right] - \frac{\varepsilon_2^2}{\varepsilon_1^2}\frac{k^2}{4} = 0 \tag{7.10}$$

これを解くと，

$$\omega^2 = \frac{c^2}{2\varepsilon_1}\left\{k^2 + (k-K)^2 \pm \sqrt{\frac{\varepsilon_2^2}{\varepsilon_1^2}k^4 + \left[k^2 - (k-K)^2\right]^2}\right\} \tag{7.11}$$

となる．ここで，$k = K/2$ のときを考える．このとき，

$$\omega^2 = \frac{c^2}{2\varepsilon_1}\left[\frac{K^2}{2} \pm \frac{\varepsilon_2^2}{\varepsilon_1^2}\frac{k^4}{4}\right] = \frac{c^2 K^2}{4\varepsilon_1}\left(1 \pm \frac{1}{2}\frac{\varepsilon_2}{\varepsilon_1}\right) \tag{7.12}$$

となる．したがって，$\varepsilon_2/\varepsilon_1 \ll 1$ のとき，

$$\omega_\pm \simeq \frac{cK}{2\sqrt{\varepsilon_1}}\left(1 \pm \frac{1}{4}\frac{\varepsilon_2}{\varepsilon_1}\right) \tag{7.13}$$

となる．すなわち，ω_+ と ω_- の2つのエネルギー準位をもつ．この2つの準位の間のエネルギー領域はフォトニックバンドギャップと呼ばれ，ここでは周波数 ω は虚数となり，伝搬光は存在しない．バンドギャップの大きさをその中心周波数で規格化すると，

$$\frac{\Delta\omega}{\bar{\omega}} = \frac{\omega_+ - \omega_-}{(\omega_+ + \omega_-)/2} = \frac{\varepsilon_2}{2\varepsilon_1} \tag{7.14}$$

となり，誘電率の変調振幅が大きくなるとバンドギャップは大きくなることがわかる．

7.3 1次元プラズモニック結晶

表面プラズモンでは界面に垂直な方向には電磁場は伝搬しない．したがって，表面プラズモンの面内での伝搬を禁止するバンドギャップ（プラズモニック結晶においてはプラズモニックバンドギャップと呼ばれる）を生じる構造は3次元的に光波の伝搬を禁止する．フォトニック結晶は周期的な誘電率分布からなる構造であるのに対して，プラズモニック結晶は金属表面に周期的な凹凸を設けた構造となる．1次元プラズモニック結晶はまさに金属回折格子そのものである．

1次元金属回折格子おける表面プラズモンの分散曲線にバンドギャップを最初に観測したのは Ritchie らである[29]．彼らは金およびアルミニウムの1次元回折格子 (600 lines/mm) の回折効率の入射角依存性を測定し，表面プラズモンの分散曲線をプロットしている．そして，そこにバンドギャップが生じることを初めて示している．

Pockrand は1次元格子状の銀薄膜の両界面における表面プラズモンの結合を観測している[30]．彼はシリカのプリズムの底面に厚さ 500 nm のフォトレジストで1次元回折格子を作製し，その上に厚さ 60 nm の銀薄膜を蒸着している．全反射配置で反射率を測定し，反射スペクトルにおけるディップから分散曲線をプロットしている．両界面でのプラズモンの分散曲線が交わるところでギャップを観測している．

1次元プラズモニック結晶の分散関係は回折格子結合のところで示した図 5.11(b) そのものである．ただし，図 5.11(b) では格子の振幅が十分小さいとしてバンドギャップを描かなかったが，実際には分散曲線が交わるところにギャップが生じる．その様子を図 7.6 に示す．図には2つのバンドギャップを描いたが，最も低エネルギー側のギャップは必ず存在するが，上のエネルギーでのギャップが存在するかどうかは格子の形状に依存する．

一番下のバンドギャップ端の高エネルギー側および低エネルギー側の角周波数をそれぞれ ω_+ および ω_- とする．それぞれの角周波数において，電荷分布は図 7.7 のよう

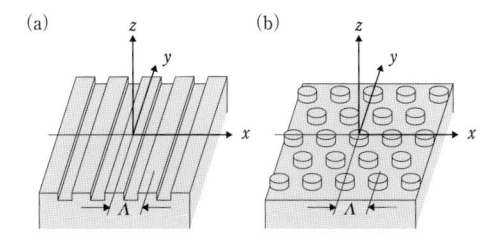

図 7.5 (a) 1次元プラズモニック結晶と (b) 2次元プラズモニック結晶の例

7 プラズモニック結晶

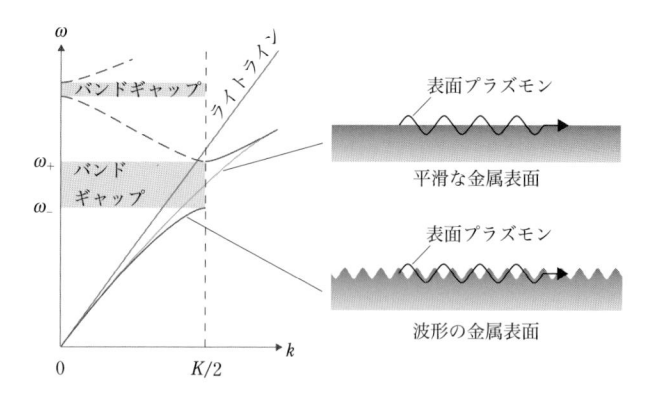

図 7.6 1次元プラズモニック結晶の分散関係

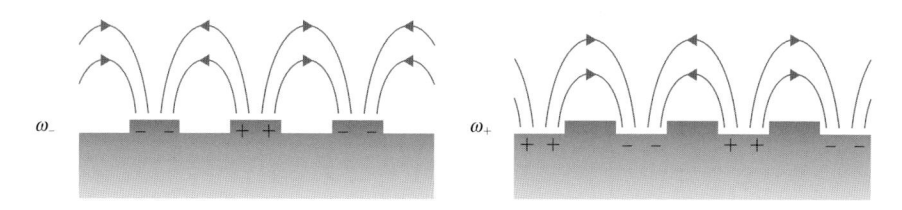

図 7.7 高エネルギー側バンドギャップ端(ω_+)と低エネルギー側バンドギャップ端(ω_-)における表面プラズモン定在波の電荷分布

になる．すなわち，ω_+モードでは電場は格子の凹部で大きくなり，逆にω_-モードでは電場は格子の凸部で大きくなる．ω_+モードでは電場は平面界面の場合と比較して，誘電体側への侵入長が大きくなる．これは，ω_+モードがライトラインにより近いことと整合している．

7.4 格子形状とギャップの関係

格子形状が正弦波ではなく矩形の場合，格子形状は高調波成分を有する．これらの高調波成分の振幅は格子のフィルファクター(格子ピッチに対する凸部の幅の比：デューティ比)に依存する．1次元矩形格子の形状 $h(x)$ は次式で与えられる．

$$h(x) = d \cdot \mathrm{rect}\left(\frac{x}{f\Lambda}\right) * \mathrm{comb}\left(\frac{x}{\Lambda}\right) \tag{7.15}$$

ここで，d は格子の溝の深さ，f は格子のフィルファクター，$*$ はコンボリューションを表す．ただし，

7.4 格子形状とギャップの関係

$$\text{rect}(x) = \begin{cases} 0 & (x < -0.5) \\ 1 & (-0.5 \leq x \leq 0.5) \\ 0 & (0.5 < x) \end{cases} \tag{7.16}$$

$$\text{comb}(x) = \sum_{m=-\infty}^{\infty} \delta(x-m) \tag{7.17}$$

である．$h(x)$ をフーリエ変換すると，

$$\tilde{h}(k) = df\Lambda \times \text{sinc}\left(\frac{fk}{K}\right) \times \text{comb}\left(\frac{k}{K}\right) \tag{7.18}$$

が得られる．ただし，$\text{sinc}(x) = \sin(x)/x$ である．m 次の高調波の波数は $k = mK$ で与えられるため，m 次の高調波の振幅 h_m は

$$h_m = df\Lambda \times \text{sinc}(mf) \tag{7.19}$$

で与えられる．

図 7.8 は 5 次までの高調波の振幅のフィルファクター依存性を計算した結果である．たとえば，フィルファクター 50%の矩形格子では，偶数次の高調波の振幅は 0 となる．このときの表面プラズモンの分散曲線は図 7.9 に示すようになる．低エネルギー側から 1 番目と 2 番目のモードの間にはギャップが存在するが，2 番目と 3 番目のモード間にはギャップが存在しない．以下，交互にこの現象は繰り返す．この理由は次のように説明できる．ギャップは格子に対して垂直方向に伝搬する表面プラズモンとそれと反平行に伝搬する表面プラズモンが結合(相互作用)することで生じる．図の括弧の中に書いてある数字はそれぞれのプラズモンの回折次数である．この差と同じ次数のときは高調波成分による回折が結合に関与する．低エネルギー側から 2 番目と 3 番目のモードにおいて，結合には $2K$ 成分が必要であることがわかる．したがっ

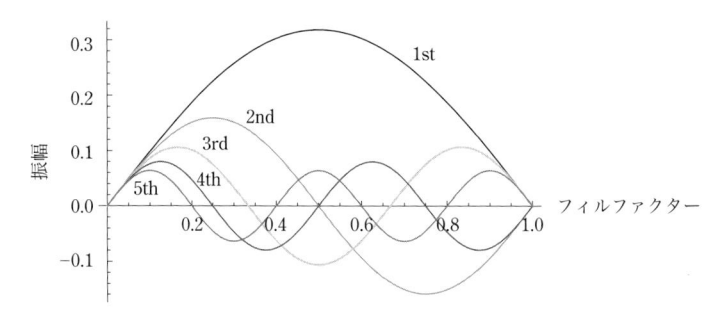

図 7.8 高調波の振幅のフィルファクター依存性

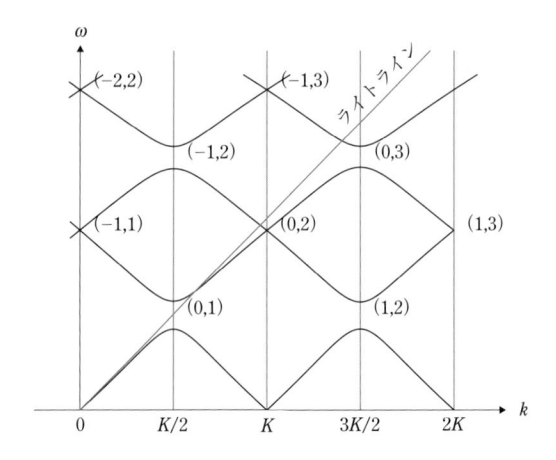

図 7.9 フィルファクター 50％の矩形格子による表面プラズモンの分散曲線
括弧の中はそこで交わる 2 つの表面プラズモンの回折次数

て，ここにはバンドギャップは存在し得ない．

2 番目にエネルギーの低いギャップが開くためには格子に第 2 高調波成分（$2K$ 成分）が必要である．格子の振幅が十分小さいときのこのバンドギャップの幅と中心は Barnes らによって解析的に求められている[25]．表面格子の形状 $h(x)$ が

$$h(x) = a\sin Kx + b\sin(2Kx+\phi) \tag{7.20}$$

で表されるとき，バンドギャップ端の高エネルギー側の角周波数を ω_+，低い側の角周波数を ω_- とすると，$Kb \ll 1$ の条件において，ギャップ幅 $\Delta\omega$ は次式で与えられる．

$$\frac{\Delta\omega^2}{c^2} = \left(\frac{\omega_+}{c}\right)^2 - \left(\frac{\omega_-}{c}\right)^2 = \frac{K^2(Kb/2)}{\sqrt{-\varepsilon_1\varepsilon_2}}\left[1-\frac{7}{8}(Kb)^2\right] \tag{7.21}$$

一方，ギャップの中心角周波数 $\bar{\omega}$ は次式で与えられる．

$$\frac{\bar{\omega}^2}{c^2} = \frac{1}{2}\left[\left(\frac{\omega_+}{c}\right)^2 + \left(\frac{\omega_-}{c}\right)^2\right] = \left(\frac{\omega_0}{c}\right)^2\left[1-\frac{1}{4}(Kb)^2\right] \tag{7.22}$$

ただし，ω_0 は格子が存在しない場合の表面プラズモンの角周波数である．

7.5 伝搬光との結合

格子の形状が一般的な場合，前節で述べた近似は用いることができない．このような場合，分散関係は数値計算によって求めるしかない．1次元格子の場合，よく用いられる計算法は厳密結合波解析(RCWA)法である．RCWA法の詳細は8.3節で述べる．

プラズモニック結晶においては，周期構造による回折の効果により，図7.9に示すようにライトライン内側に分散曲線が現れる．したがって，プラズモニック結晶では表面プラズモンと伝搬光は結合する．図7.10は種々の矩形形状をもつ1次元格子に平面波を入射したときの吸収率をRCWA法を用いて計算した結果である．計算領域は図7.6の下から2番目のバンドギャップ近傍である．入射光はTM波で，入射面は格子ベクトルを含むようにとっている．上段に示したのが吸収率のエネルギーおよび波数依存性である．入射角をθ，波長をλとすると，表面プラズモンの波数は$k = (2\pi/\lambda)\sin\theta$で与えられる．吸収率の極大値の軌跡が分散曲線に対応する．下段に示したのが対応する格子形状である．格子(b)，(c)，(d)ではギャップが観察されているが，格子(a)ではまったくギャップが存在しない．なぜなら上で述べたように，図7.10(a)の構造のフィルファクターは50%であり$2K$成分が存在しないからである．

図7.10から見て取れるもう一つの特徴は，(b)や(c)の構造では垂直入射($k_x = 0$)でバンドギャップの片側端の周波数で吸収が生じていないことである．これは，表面プラズモンと伝搬光との間にエネルギーのやり取りが行われないことを意味する．このような現象はバンド端における表面プラズンの定在波の電場分布を考えれば理解できる．バンドギャップの両端における表面プラズモンの電荷分布を図7.11に示す．非放射(エネルギーのやり取りが生じない)の表面プラズモンの電荷分布は格子形状に対して対称(偶モード)であることがわかる．入射光の電場分布は界面と平行でかつ紙面

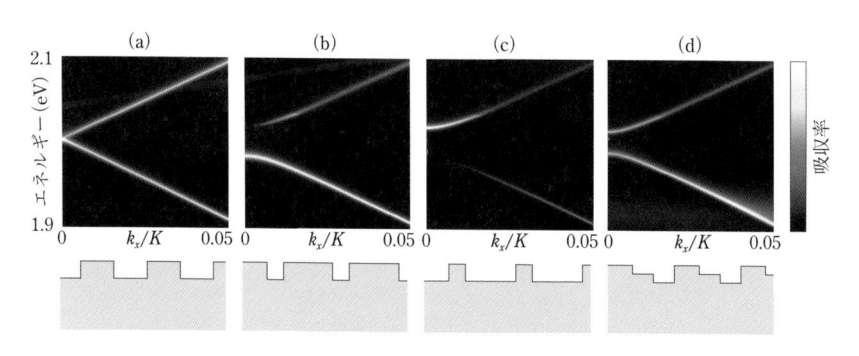

図7.10 1次元プラズモニック結晶の格子構造と分散関係

7 プラズモニック結晶

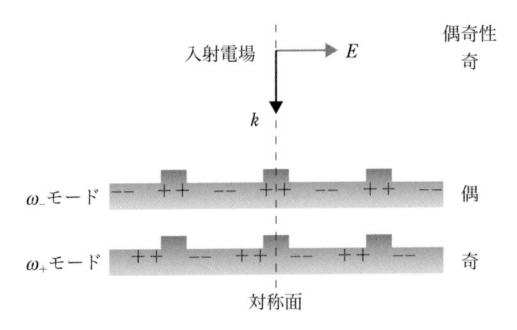

図7.11 表面プラズモン定在波における電荷分布と入射電場との対称性

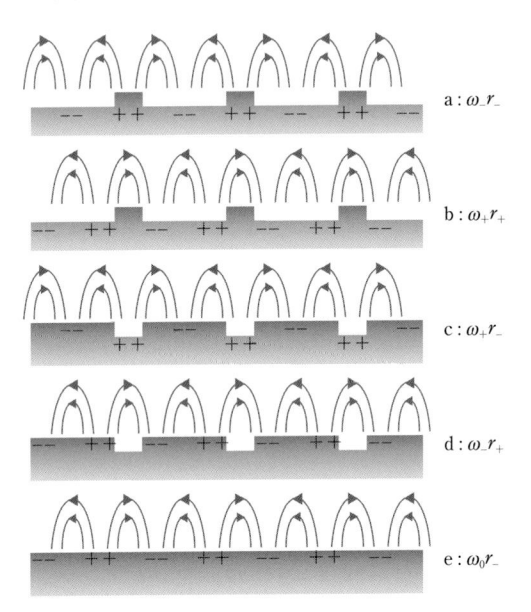

図7.12 低エネルギー側から2番目のプラズモニックバンドギャップ端における表面プラズモン定在波の電荷分布とエネルギーおよび放射特性
ω_+はバンドギャップの高エネルギー端，ω_-は低エネルギー端であることを示す．また，r_+は伝搬光と結合することを，r_-は伝搬光と結合しないことを意味する．

内にあるので，反対称(奇モード)である．したがって，両者は結合しない．

格子のフィルファクターが25%のときと75%のときのバンドギャップ端における定在波表面プラズモンの電荷分布と，伝搬光との結合特性をまとめたものを図7.12に示す．

7.6 金属薄膜におけるプラズモニックバンドギャップ

　金属薄膜の両界面に格子を刻んだ場合のプラズモニックバンドギャップのふるまいについて述べる．この場合も，平坦な金属薄膜のときと同様，金属薄膜の厚さが小さくなると，両界面のプラズモンが相互作用を起こし，長距離伝搬型表面プラズモン(LRSP)と短距離伝搬型表面プラズモン(SRSP)に分離する．このような金属薄膜におけるプラズモニック結晶の分散関係は Hooper らによって調べられている[31]．格子形状が第二高調波成分を含んでいない場合，半無限厚金属と同様，ギャップは生じない．
　図 7.13 にいくつかの格子形状における下から 2 番目のバンドギャップ近傍の表面プラズモンの分散関係を示す[32]．それぞれの構造において，4 つのバンドが見える．高エネルギー側の 2 つのバンドが LRSP に，低エネルギー側の 2 つのバンドが SRSP に対応する．また，この図から格子の形状が対称なときには波数ベクトルが 0 のところでギャップが開くことがわかる．これに対して，格子形状が反対称な場合には波数ベクトルが 0 のところでギャップは開かないが，LRSP と SRSP の分散曲線が交わるところでギャップが開く．
　ここでは，波数ベクトル $k_x = 0$ におけるギャップについて説明する．ギャップが形成されるかどうかは，電場分布を考えれば理解できる．図 7.14 の左側は格子形状が両界面で対称な金属薄膜における波数ベクトル $k_x = 0$ での LRSP モードの電荷分布および電場分布である．各図の右側にはそれぞれの構造の各界面に励起された定在波表面プラズモンが図 7.12 で示したどのモードに対応しているかを示した．この図から，このような対称な格子形状では両界面で同じモードが励起されることがわかる．すなわち，片側の界面で ω_- モードが励起されていると，反対側の界面でも ω_- モードが励起されている．したがって，同じ波数において両界面に ω_- モードが励起されるモードと ω_+ モードが励起されるモードが存在し，両者のエネルギーは異なるため，ギャップが開く．
　これに対して，両界面の格子形状が反対称な場合の電荷分布および電場分布を図 7.14 の右側に示す．この場合は，いずれにおいても片側の界面で ω_- モードが励起されれば，反対側の界面では ω_+ モードが励起される．したがって，片側にどちらのモードが励起されても平均のエネルギーは等しくなる．その結果，この形状ではギャップは開かない．ただし，両界面の格子の形状が反対称な場合でも，格子の位相差が $\pi/2$ のときは，上に述べたのと同じ理由でギャップが開く．
　一方，両界面での格子の形状が反対称な場合，LRSP と SRSP の分散曲線の交わるところでギャップが生じている．このときの電荷分布はどのようになっているのだろうか．図 7.15 にその様子を示す．上側に示した図が低エネルギー側のバンドギャッ

7 プラズモニック結晶

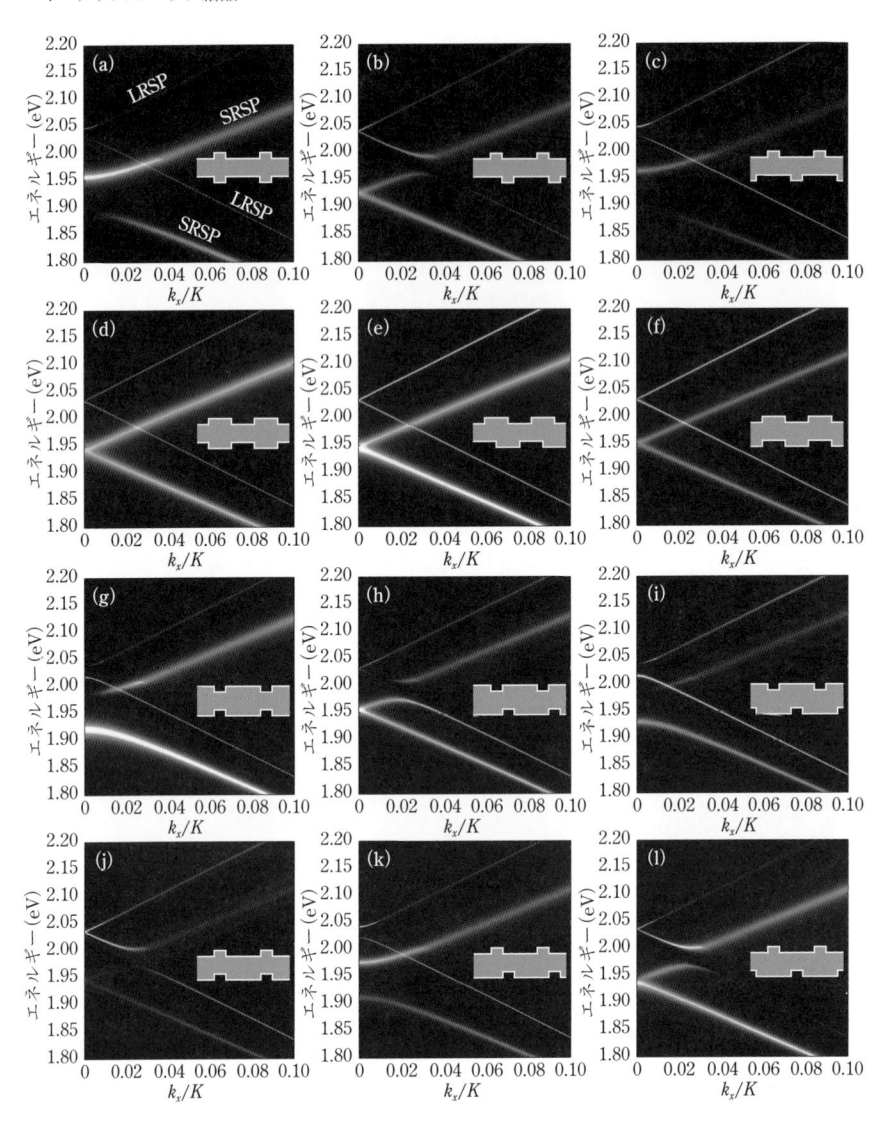

図 7.13 金属薄膜における格子の形状とバンドギャップの関係

7.6 金属薄膜におけるプラズモニックバンドギャップ

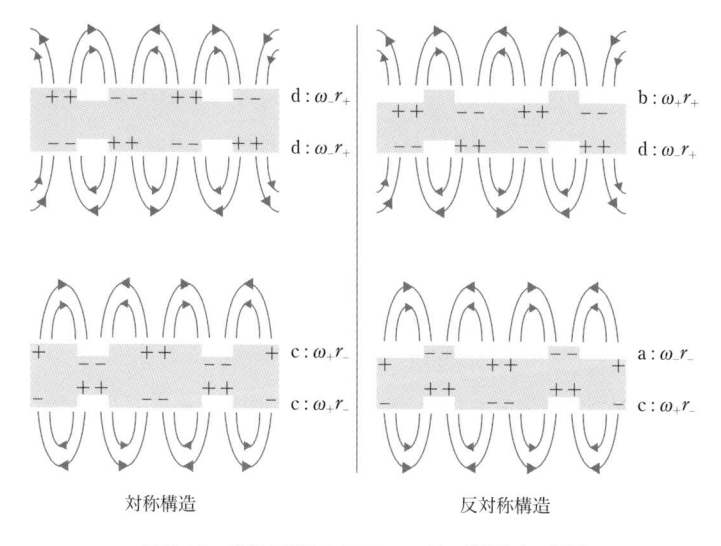

対称構造　　　　　　　　　　　反対称構造

図 7.14　格子の形状と LRSP モードの電場分布の関係

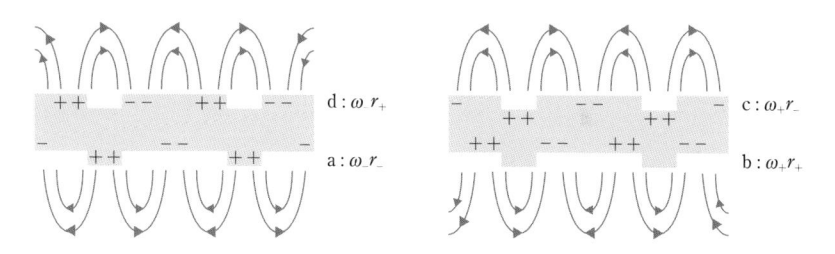

図 7.15　格子の形状と電場分布の関係

プ端での電荷分布で，下側が高エネルギー側のそれである．図からわかるように両界面での表面プラズモンの定在波はその位相が空間的に $\pi/2$ だけずれている．また，この図からだけではわからないが，定在波の時間的な位相も $\pi/2$ だけずれている．片側の界面で ω_- モードが励起されていると，反対側の界面でも ω_- モードが励起されている．また，片側の界面で ω_+ モードが励起されていると，反対側の界面でも ω_+ モードが励起されている．したがって，両者の場合でエネルギーが異なるため，ギャップが生じる．

これらの格子形状における放射特性は金属の厚さが半無限の場合と同じである．たとえば，図 7.14 の左側の形状では低エネルギー側のバンド端では放射するが，高エネルギー側のバンド端ではほとんど放射しない．

7.7 2次元プラズモニック結晶

2次元プラズモニック結晶は図7.5(b)に示すように金属の表面に2次元に周期的な凹凸を刻んだ構造である．対称性から格子の並びは図7.16(a)の正方格子と(c)の三角（六方）格子が考えられる．2次元プラズモニック結晶の場合，取り扱う波数ベクトルも2次元となり，k_xとk_yの組み合わせで表される．k_xとk_yによりつくられる空間（平面）は逆格子空間，または波数ベクトルの空間と呼ばれる．2次元プラズモニック結晶の表面形状を2次元フーリエ変換すると周期的なデルタ関数列が得られる．このデルタ関数の位置は格子点と呼ばれる．

図7.16(b)および(d)にそれぞれ正方格子および三角格子の格子点を示す．原点とそれと隣り合う格子点との垂直2等分線で囲まれた領域は第1ブリュアンゾーンと呼ばれ，それ以外の部分の分散関係は第1ブリュアンゾーンでの分散関係を繰り返した形となる．図中の矢印は基本逆格子ベクトルと呼ばれ，1次元格子の格子ベクトルに対応する（1次元格子の格子ベクトルは"grating vector"の訳であり，結晶でのそれに対応する用語は逆格子ベクトル"reciprocal lattice vector"となる．結晶での格子ベク

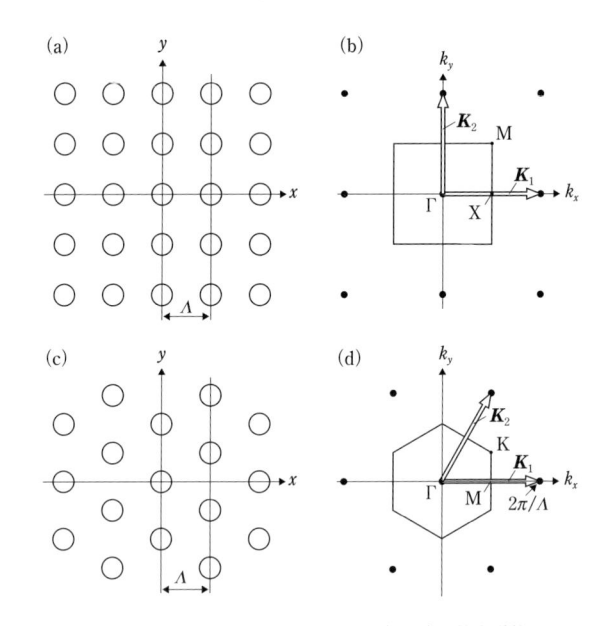

図7.16 正方格子の空間における格子点(a)と，逆格子点(黒丸)，基本逆格子ベクトル，および第1ブリュアンゾーン(b)．三角格子の空間における格子点(c)と，逆格子点(黒丸)，基本逆格子ベクトル，および第1ブリュアンゾーン(d)．

トルは実空間での基本並進ベクトルを指し，英語では "lattice vector" となる）．第1ブリュアンゾーン内の対称性の高い点には図に示すような記号が付いている．原点は常に Γ が振られる．

三角格子プラズモニック結晶に対して，格子の振幅が波長に対して十分小さい場合の分散関係を求める．分散関係は次式で表される．

$$|\bm{k}| = \bm{k}_{sp} + m\bm{K}_1 + n\bm{K}_2 \tag{7.23}$$

ここで，$\bm{k}_{sp}$ は平坦な界面における表面プラズモンの波数ベクトル，$\bm{K}_1$ および $\bm{K}_2$ は基本逆格子ベクトル，m および n は回折次数である．成分で表すと，

$$\begin{bmatrix} k\cos\phi \\ k\sin\phi \end{bmatrix} = \begin{bmatrix} k_{sp}\cos\phi' \\ k_{sp}\sin\phi' \end{bmatrix} + m\begin{bmatrix} K \\ 0 \end{bmatrix} + n\begin{bmatrix} \frac{1}{2}K \\ \frac{\sqrt{3}}{2}K \end{bmatrix} \tag{7.24}$$

となる．ただし，ϕ および ϕ' はそれぞれ $\bm{k}$ および $\bm{k}_{sp}$ と k_x 軸とのなす角度，$k_{sp} = |\bm{k}_{sp}|$，$K = |\bm{K}_1| = |\bm{K}_2|$ である．表面プラズモンの波数ベクトル $\bm{k}_{sp}$ は面内のどの方向にもとりうるので，上式が成り立つためには，両辺の絶対値のみが等しければよい．したがって，分散関係は

$$\left(\frac{\omega}{c}\right)^2 \left(\frac{\varepsilon_1 \varepsilon_2}{\varepsilon_1 + \varepsilon_2}\right) = \left[k\cos\phi - \left(m + \frac{1}{2}n\right)K\right]^2 + \left(k\sin\phi - \frac{\sqrt{3}}{2}nK\right)^2 \tag{7.25}$$

となる．

図 7.17 は空気（$\varepsilon_1 = 1$）と理想金属（$\varepsilon_2 = 2 - \omega_p^2/\omega^2$）との界面における三角格子プラズモニック結晶の分散関係である．ただし，逆格子ベクトルの大きさは $K = \omega_p/2$ とした．また，$m, n = -1, 0, 1$ についてのみプロットした．格子の振幅が大きくなると1次元プラズモニック結晶と同様，分散曲線の交わるところでギャップが開く．

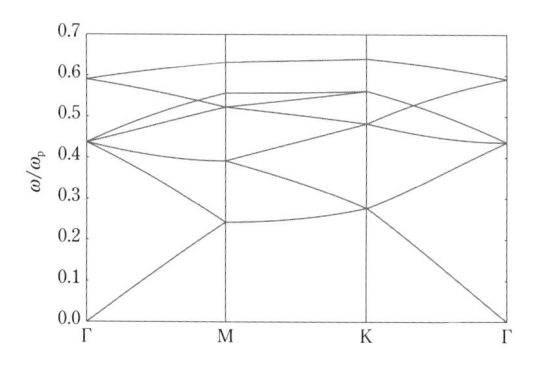

図 7.17 理想金属からなる三角格子プラズモニック結晶の分散関係

7 プラズモニック結晶

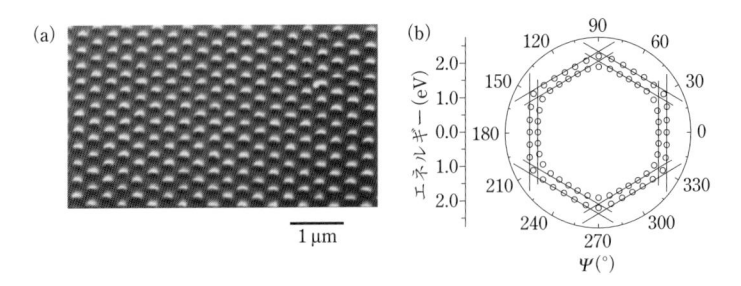

図 7.18 (a)フォトレジストで作製した三角格子プラズモニック結晶と(b)面内の各方向に伝搬する表面プラズモンのバンドギャップ端(上端および下端)のエネルギー(○印)
[S. C. Kitson *et al.*, *Phys. Rev. Lett.*, **77**, 2670 (1996), Fig. 1, 5]

Kitson らは干渉露光法により2次元三角格子を銀表面上に作製し，Kretschmann 配置を用いてその分散曲線を実測している[25,27]．これは，2次元のプラズモニック結晶の完全ギャップを最初に観測した報告である．

Kretschmann と Maradudin は金属基板上の半楕円体状の2次元金属突起列によるプラズモニック結晶の分散関係をライトコーン(ライトラインを k_z 軸に関して回転させて作った円錐，分散関係が円錐の外部にあるとき，光はエバネッセント波となっている)の外側で計算により求めている[33]．格子の形状は正方格子と三角格子である．この論文以来長らく，2次元プラズモニック結晶の分散関係を計算した例はなかったが，最近，Baudrion らが微分法を用いて反射率の計算から分散関係を求めている[34]．Kitson らの実験と同じ Kretschmann 配置を考えている．これらの実験や理論計算ではいずれも，最も低いエネルギーをもつバンドギャップを扱っている．

7.8 周期微小開口列における異常透過

電子レンジの扉に金網が張ってあるように，金属板に開けた波長より小さな孔は電磁波をほとんど通さないことはよく知られている．Bethe の微小開口の透過の理論では透過率は $T \propto (r_1/\lambda)^4$ (r_1 は開口の半径)となることが示されている[35]．1998年，Ebbesen らはこの常識に反して，銀薄膜に開けられた大きさが波長以下の周期的な開口列の透過率が，単純に開口の面積から計算した透過率と比べて非常に大きくなることを発見した[35]．図 7.19 に直径 $d = 150$ nm の開口を x 方向および y 方向にピッチ $a_0 = 0.9$ μm で周期的に設けた厚さ $t = 200$ nm の銀薄膜の透過スペクトルを示す[36]．波長 $\lambda = 1370$ nm における透過率は Bethe の理論から得られる値と比較して10倍以上となっている．さらに，驚くべきことに，開口面積に入射する光の強度の2倍の強度の光が透過している．そのためこの現象は異常透過とも呼ばれる．

7.8 周期微小開口列における異常透過

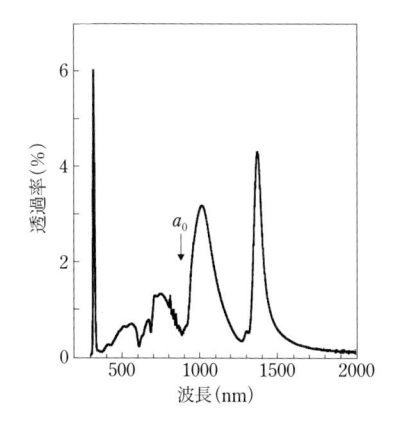

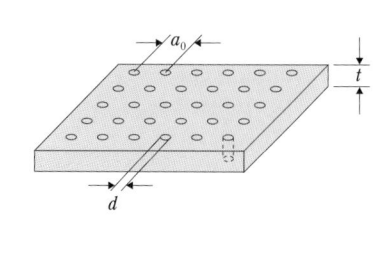

図 7.19 銀薄膜に開けられたホールアレイの垂直入射に対する透過スペクトル
ホールアレイの各サイズは $a_0 = 0.9\,\mu\mathrm{m}$, $d = 150\,\mathrm{nm}$, $t = 200\,\mathrm{nm}$.
[T. W. Ebbesen *et al.*, *Nature*, **391**, 667(1998), Fig. 1]

　その後,波長以下の単一の開口が周期的な凹凸に囲まれているときも類似の現象が生じることを Thio らが発見している[37].さらに,Lezec らは銀薄膜の両界面に同心円状の周期的凹凸を設け,その構造の中心に開けられた微小開口から,ビーム状の光放射を観測している[38].

　これらの現象は簡単には次のように説明される.周期構造による回折効果で入射光によって,金属表面で表面プラズモンが共鳴的に励起される.この表面プラズモンが開口を透過し,反対側界面での表面プラズモンを励起する.さらに,周期構造によって,伝搬光と結合する.開口部において電場増強されているため,透過率が増強される[36,39].

　しかしながら,このモデルでは異常透過に関するいくつかの現象は説明できない.すなわち,表面プラズモンモデルがすべての実験結果と整合しているわけではないということである.たとえば,表面プラズモンモデルで予想される透過波長は実験で得られる透過波長と比較して 15% 短く,どちらかというと,透過率が最小である波長と一致している[40].このことは,可視域から THz 領域まで成り立っている[41,42].これを説明するために,表面の凹凸が表面プラズモンの分散関係を大きく変えることが考えられるが,実際には表面の凹凸が無限大の場合に相当するスリット列においてさえ,分散関係は平面の場合と 1% しか変わらない[43,44].さらに,近赤外域のクロム上の開口列においても,大きな透過率増強が得られている.クロムはこの領域では表面プラズモンを担持しない[45].同様に,タングステンにおける開口列[46]や完全金属における周期凹凸に囲まれた単一開口[47]からも同様の透過スペクトルが得られている.

7 プラズモニック結晶

もちろん，可視域におけるタングステンや完全金属では表面プラズモンは励起されない．また，金属で観察されているのと同様のビーム状光放射[38,48]が，金属ではないフォトニック結晶で観察されている[49]．

表面プラズモンモデルに対して，Lezec と Thio は合成回折エバネッセント波（<u>c</u>omposite <u>d</u>iffracted <u>e</u>vanescent <u>w</u>ave：CDEW）モデルを提案した[50]．CDEW は次式のようにスリットや開口によって生成されたエバネッセント波の重ね合わせで記述される．

$$E(x,z) = \frac{E_0}{\pi} \int_{\pm k_0}^{\pm\infty} \frac{\sin(k_x d/2)}{k_x} \exp(ik_x x)\exp(-k_z z) \mathrm{d}k_x \tag{7.26}$$

ここで，E_0 は入射光の電場，k_0 は伝搬光の波数である．被積分関数に含まれる sinc 関数($\sin(x)/x$)は幅 d のスリットのフーリエ変換で，スリットからの回折波の振幅を与える．$z=0$ でこの式は次のように近似できる．

$$E(x,z=0) \simeq \frac{E_0}{\pi}\frac{d}{x}\cos(k_s x + \pi/2) \tag{7.27}$$

Lezec と Thio は k_s として k_0 を用いているが，一般には k_0 からずれるはずである．

その後，Gay らは図7.20(a)に示すような銀薄膜に直線上に溝とスリットを入れた系でより精密な実験を行った[51]．溝のある側から照明し，透過光の強度を溝とスリットの間隔を 1/8 波長おきに 56 段階に変化させて測定した．その結果は図7.20(b)のようになった．この結果を同じ波長をもち振幅が x^{-1} と x^0 に依存する2つの波でフィッティングした結果，この波の等価屈折率（表面波や導波光の波数を真空中の伝

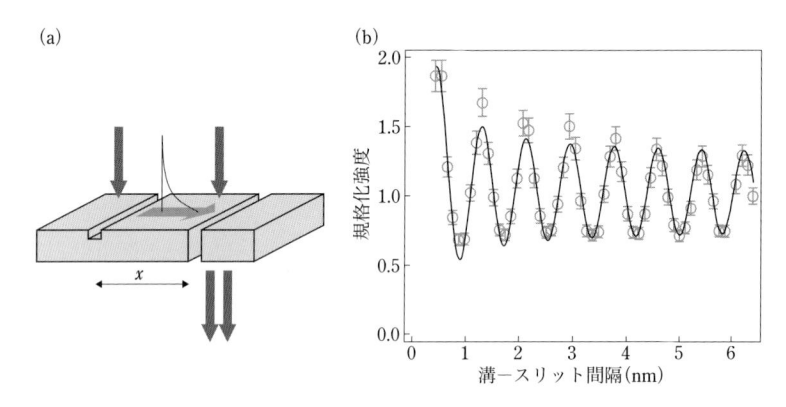

図7.20 溝とスリット間隔を変えたときの透過光強度の変化
透過強度は直接スリットを透過してきた成分と，溝で回折されいったん表面波となって伝搬した後に透過してきた成分との干渉として表される．
[G. Gay et al., *Nat. Phys.*, **2**, 262 (2006), Fig. 6]

搬光の波数で割り算したもの)として $n_s = 1.04\pm0.01$ が得られた．この値は表面プラズモンの等価屈折率である $n_{sp} = 1.015$ から有意にずれている．このことから，著者らはこの表面波は表面プラズモンではなく，CDEW であると主張している．ただし，1 つの問題が残っている．溝とスリットの間隔が 3〜4 μm 以下のところでは確かに CDEW のふるまいをしているが，振幅が一定の波が少なくとも 30 μm ぐらいまで残っていることである．この頑固な表面波(persistent surface wave)の正体が不明のまま残っている．この論文に対しては，使われている理論がスカラー回折理論で偏光が考慮されていないことと，回折による伝搬光成分が無視されているということで，物言いがついている[52]．

Lalanne と Hugonin は異常透過には表面プラズモンと準円筒波(quasi-cylindrical wave)の 2 つの表面波が寄与していると述べている[53]．そして，CDEW を否定している．準円筒波はその名のとおり，距離 x に対して振幅が $x^{-1/2}$ で減衰する表面波である．彼らは，Gay らの実験結果[51]はこの 2 つの波でより正確にフィッティングできると主張している．そして，可視域では表面プラズモンが優勢だが，長波長になるほど準円筒波が優勢になってくると主張している．

さらに，Liu と Lalanne はスリットではなくホールアレイについて検証を行った[54]．彼らは 1 次元のホールアレイに対して，図 7.21 に示すように 6 つの基本相互作用を考えて，その係数を求め，2 次元ホールアレイに対する透過率を計算した．その結果，表面プラズモンだけでは定性的には実験結果と一致するが定量性に劣ることを示した．さらに，ホールアレイの場合でも，スリットの場合と同じように準円筒波が存在し，異常透過に寄与していることを示した．この論文では準円筒波を含めた計算結果は示されていないが，2009 年 6 月に開催された SPP4 での講演では，見事な一致を示

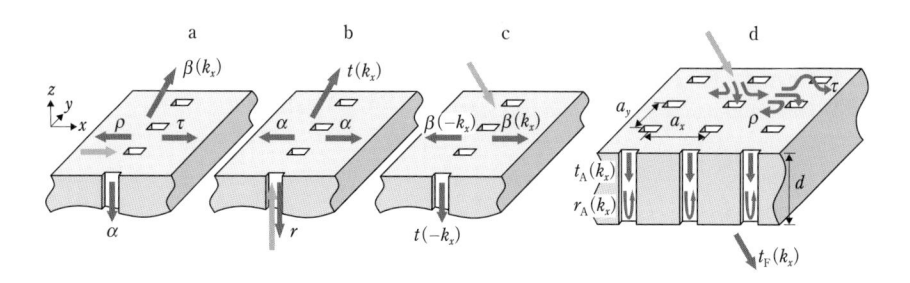

図 7.21 異常透過に寄与する 1 次元ホールアレイによる 6 つの素過程
表面プラズモンの反射 ρ と透過 τ，表面プラズモンから開口内モードへの散乱 α と伝搬光への散乱 β，ならびに開口内モードの反射 r と伝搬光から開口内モードへの散乱透過 t．これらの 6 つの素過程の組み合わせによって，2 次元ホールアレイのふるまいが記述できる．
［H. Liu and P. Lalanne, *Nature*, **452**, 728(2008), Fig. 1］

していた．また，準円筒波と表面プラズモンの間での相互変換が存在することも示されている[55]．ただし，この時点でも，準円筒波の正体についてははっきりとしていない．

参考文献

1) A. Hessel and A. A. Oliner, *Appl. Opt.*, **4**, 1275 (1965)
2) R. W. Wood, *Phil. Mag.*, **4**, 396 (1902)
3) L. R. Ingersoll, *Astrophys. J.*, **51**, 129 (1920)
4) J. Strong, *Phys. Rev.*, **49**, 291 (1936)
5) R. W. Wood, *Phil. Mag.*, **23**, 310 (1912)
6) O. M. Lord Rayleigh, *Proc. Roy. Soc. A* (London), **79**, 399 (1907)
7) U. Fano, *Ann. Phys.*, **32**, 393 (1938)
8) K. Artmann, *Z. Phys.*, **119**, 529 (1942)
9) R. W. Wood, *Phys. Rev.*, **48**, 928 (1935)
10) C. H. Palmer, Jr., *J. Opt. Soc. Am.*, **42**, 269 (1952)
11) C. H. Palmer, Jr., *J. Opt. Soc. Am.*, **46**, 50 (1956)
12) C. H. Palmer, Jr., *J. Opt. Soc. Am.*, **51**, 1438 (1961)
13) B. A. Lippmann, *J. Opt. Soc. Am.*, **43**, 408 (1953)
14) B. A. Lippmann and A. Oppenheim, Tech. Res. Group N. Y. (1954)
15) S. N. Karp and J. Radlow, *Inst. Radio Engrs. Trans.*, **AP-4**, 654 (1956)
16) R. F. Millar, *Can. J. Phys.*, **39**, 81 (1961)
17) V. Twersky, *Inst. Radio Engrs. Trans.*, **AP-4**, 330 (1956)
18) V. Twersky, *J. Res. Natl. Bur. Std.*, **64D**, 715 (1960)
19) V. Twersky, *J. Appl. Phys.*, **23**, 1099 (1952)
20) V. Twersky, *Rept. EDL-M105*, Sylvania (1957)
21) J. E. Burke and V. Twersky, *Rept. EDL-M44*, Sylvania (1960)
22) V. Twersky, *J. Opt. Soc. Am.*, **52**, 145 (1962)
23) V. Twersky, *Inst. Radio Engrs. Trans.*, **AP-10**, 737 (1962)
24) J. E. Stewart and W. S. Gallaway, *Appl. Opt.*, **1**, 421 (1962)
25) W. L. Barnes, T. W. Preist, S. C. Kitoson, J. R. Sambles, N. P. K. Cotter, and D. J. Nash, *Phys. Rev. B*, **51**, 11164 (1995)
26) S. C. Kitson, W. L. Barnes, and J. R. Sambles, *Phys. Rev. Lett.*, **77**, 2670 (1996)
27) S. C. Kitson, W. L. Banes, G. W. Bradberry, and J. R. Samble, *J. Appl. Phys.*, **79**, 7383 (1996)
28) W. L. Barnes, S. C. Kitson, T. W. Preist, and J. R. Sambles, *J. Opt. Soc. Am. A*, **14**, 1654 (1997)
29) R. H. Ritchie, E. T. Arakawa, J. J. Cowan, and R. N. Hamm, *Phys. Rev. Lett.*, **21**, 1530 (1968)
30) I. Pockrand, *Opt. Commun.*, **13**, 311 (1975)
31) I. R. Hooper and J. R. Sambles, *Phys. Rev. B*, **70**, 045421 (2004)

32) T. Okamoto, J. Simonen, and S. Kawata, *Phys. Rev. B*, **77**, 115425(2008)
33) M. Kretschmann and A. A. Maradudin, *Phys. Rev. B*, **66**, 245408(2002)
34) A.-L. Baudrion, J.-C. Weeber, A. Dereux, G. Lecamp, P. Lalanne, S. I. Bozhevolnyi, *Phys. Rev. B*, **74**, 125406(2006)
35) H. A. Bethe, *Phys. Rev.*, **66**, 163(1944)
36) T. W. Ebbesen, H. J. Lezec, H. F. Ghaemi, T. Thio, and P. A. Wolff, *Nature*, **391**, 667(1998)
37) T. Thio, K. M. Pellerin, R. A. Linke, T. W. Ebbesen, and H. J. Lezec, *Opt. Lett.*, **26**, 1972(2001)
38) H. J. Lezec, A. Degiron, E. Devaux, R. A. Linke, L. Martin-Moreno, F. J. Garcia-Vidal, and T. W. Ebbesen, *Science*, **297**, 820(2002)
39) H. F. Ghaemi, T. Thio, D. E. Grupp, T. W. Ebbesen, and H. J. Lezec, *Phys. Rev. B*, **58**, 6779(1998)
40) Q. Cao and P. Lalanne, *Phys. Rev. Lett.*, **88**, 057403(2002)
41) H. Cao and A. Nahata, *Opt. Express*, **12**, 1004(2004)
42) J. Gomez-Rivas, C. Schotsch, P. Haring Bolivar, and H. Kurz, *Phys. Rev. B*, **68**, 201306(R) (2003)
43) J. M. Steele, C. E. Moran, A. Lee, C. M. Aguirre, and N. J. Halas, *Phys. Rev. B*, **68**, 205103(2003)
44) H. Lochbihler, *Phys. Rev. B*, **50**, 4795(1994)
45) T. Thio, H. F. Ghaemi, H. J. Lezec, P. A. Wolff, and T. W. Ebbesen, *J. Opt. Soc. Am. B*, **16**, 1743(1999)
46) M. Sarrazin and J.-P. Vigneron, *Phys. Rev. E*, **68**, 016603(2003)
47) F. J. Garcia-Vidal, H. J. Lezec, T. W. Ebbesen, and L. Martín-Moreno, *Phys. Rev. Lett.*, **90**, 213901(2003)
48) M. J. Lockyear, A. P. Hibbins, J. R. Sambles, C. R. Lawrence, *Appl. Phys. Lett.*, **84**, 2040(2004)
49) P. Kramper, M. Agio, C.M. Soukoulis, A. Birner, F. Müller, R. B. Wehrspohn, U. Goesele, and V. Sandoghdar, *Phys. Rev. Lett.*, **92**, 113903(2004)
50) H. J. Lezec and T. Thio, *Opt. Express*, **12**, 3629(2004)
51) G. Gay, O. Alloschery, B. Viaris de Lesegno, C. O'Dwyer, J. Weiner, and H. J. Lezec, *Nat. Phys.*, **2**, 262(2006)
52) F. J. Garcia-Vidal, S. G. Rodrigo, and L. Martín-Moreno, *Nat. Phys.*, **12**, 790(2006)
53) P. Lalanne and J. P. Hugonin, *Nat. Phys.*, **2**, 551(2006)
54) H. Liu and P. Lalanne, *Nature*, **452**, 728(2008)
55) X. Y. Yang, H. T. Liu, and P. Lalanne, *Phys. Rev. Lett.*, **102**, 153903(2009)

8
数値計算法

　図 1.1 に表面プラズモンを担持する種々の形状の例を示したが，解析的に電磁波に対する応答を求めることができるのは，単一無限界面，単一無限円筒，および，単一球ならびにそれらが平行あるいは同心で多層化された構造のみである．それ以外の形状をもつ金属界面に対しての応答を求める場合には数値計算に頼るしかない．これまでに多くの数値計算法が開発されてきたが，いずれの計算法においても，精度を上げようとすると，それにともなって必要とされる計算機リソースが増大する．万能な計算法は存在せず，対象とする形状や必要とする情報によって使用する計算法を選ぶ必要がある．本章では，8.1 節で粒子に対する応答の計算に適した離散双極子近似について述べる．8.2 節では精度はそれほど高くはないが，形状に対する自由度が高い時間領域差分法について述べる．8.3 節では 1 次元あるいは 2 次元周期構造に適した厳密結合波解析法について述べる．

8.1　離散双極子近似

　離散双極子近似(discrete dipole approximation : DDA)は，次節で述べる時間領域差分(FDTD)法と並んで局在プラズモン共鳴の共鳴波長や散乱効率の計算によく用いられる方法である．この方法が提案されたのは 1970 年代であり，任意形状の微粒子の散乱問題を解くために開発された[1,2]．その後，Draine と Flatau ら[3,4]，Yurikin と Hoekstra ら[5]により研究が進展し，Draine と Flatau らによるコンピュータソフト(DDSCAT)が公開されるようになってから多くの研究者がこの手法を使うようになった．今日，配布されている最新バージョンは 7.1 であり，Fortran のソースコードが公開されているほか，Windows 用のバイナリもアップロードされている．また，周期構造に対する DDA 計算も提案され[6]，DDSCAT のバージョン 7 から実装されている．彼ら以外でも，Yurikin と Hoekstra らによるコンピュータソフト(Amsterdam DDA : ADDA)の C 言語のコードと Windows 用のバイナリが公開されている[5]．この

ように，(一部を除き)商用ではなく公開されたソフトウェアにより発展してきた計算方法であるため，ユーザーの裾野は広く，光学の研究者だけでなく，化学や生物学，気象学などの分野の研究者に及ぶ．この点がFDTD法や有限要素法(FEM)などの計算手法と異なる点であろう．

DDAの原理はシンプルである．図8.1(a)に示すように対象物(target)のナノ構造が，N個の要素で構成されていると考える．構成要素の大きさは，対象物に比べて十分小さいことが必要であるが，必要以上に細かくしすぎると計算に時間がかかり，多くの計算機資源が必要となるため好ましくない．一般的なナノ構造ではNは数千から数十万程度である．原子や分子に比べれば十分大きい．ここへ，図8.1(b)に示すように外部電場$\boldsymbol{E}_{\mathrm{ext}}$が印加された際に，位置$\boldsymbol{r}_i$に実効的に生じる局所電場$\boldsymbol{E}_{\mathrm{loc}}$は，遅延の効果を取り入れ，外部電場と$N$個の周辺の双極子による電場の和として以下のように記述することができる(式(6.1)参照) [1,5,7]．

$$\begin{aligned}\boldsymbol{E}_{\mathrm{loc}}(\boldsymbol{r}_i) &= \boldsymbol{E}_{\mathrm{ext}}(\boldsymbol{r}_i) - \sum_{j \neq i} \boldsymbol{A}_{ij} \cdot \boldsymbol{p}_j \\ &= \boldsymbol{E}_{\mathrm{ext}}(\boldsymbol{r}_i) - \sum_{j \neq i} \frac{\exp(ikr_{ij})}{4\pi\varepsilon_0 r_{ij}^3} \left\{ k^2 \boldsymbol{r}_{ij} \times (\boldsymbol{r}_{ij} \times \boldsymbol{p}_j) + \frac{ikr_{ij}-1}{r_{ij}^2}\left[r_{ij}^2 \boldsymbol{p}_j - 3\boldsymbol{r}_{ij}(\boldsymbol{r}_{ij} \cdot \boldsymbol{p}_j) \right] \right\} \end{aligned}$$

(8.1)

ここで，$\boldsymbol{p}_j$は周辺の双極子jの双極子モーメントである．$\boldsymbol{r}_{ij}$は，位置jから位置iへのベクトルであり，r_{ij}はその大きさである．各要素iは分極率αをもつと考え，その結果，双極子モーメント$\boldsymbol{p}_i$は以下のように記述される．

$$\boldsymbol{p}_i = \alpha \boldsymbol{E}_{\mathrm{loc}}(\boldsymbol{r}_i) \tag{8.2}$$

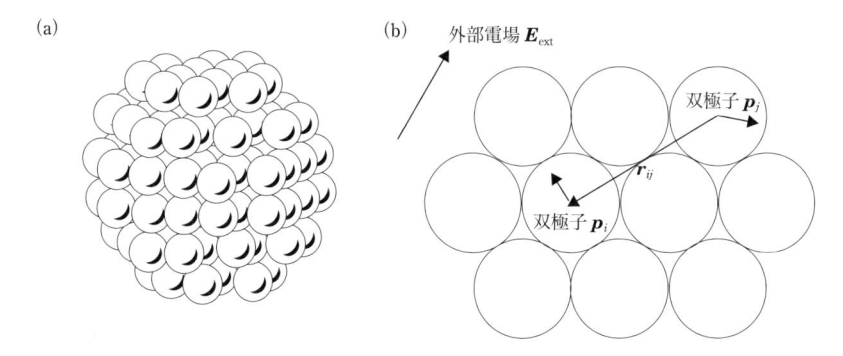

図8.1　(a)双極子の集合体としてのナノ構造の概念図と(b)計算に用いる双極子配列
(a)では1つ1つの微小球が双極子として近似され，その配列した集合体としてのナノ構造が定義されている．
　　［(a)はE. M. Purcell and C. R. Pennypacker, *Astrophys. J.*, **186**, 705(1973), Fig. 1］

α は誘電率と Clausius–Mossotti の関係で結ばれている．行列 A を含む項を移項してから求まる行列 A' を使って，

$$A'P = E \tag{8.3}$$

となる．P および E はそれぞれ p_i，$E_\text{ext}(r_{ij})$ を並べた縦行列である．これを解けば，散乱効率や分極率，旋光度，吸収波長，光圧や光トルクなどを求めることができる．ただし，行列 A は $3N \times 3N$ という多くの行列要素をもつため，直接計算することは無理であるため，行列反復法を使って，残差が一定値を超えないように収束させる．

DDAでは，微粒子の屈折率を n，光の波長を λ，双極子間の距離を d とすると，

$$d < \frac{\lambda}{2\pi |n|} \tag{8.4}$$

となる領域で一般に，良好な結果が得られる[3,4]．$|n|$ は屈折率の絶対値（実部と虚部を2乗して足し合わせ，平方根をとったもの）である．散乱体の大きさと屈折率から計算に必要な双極子の数 N の値は異なってくるが，これらは DDSCAT のマニュアルに詳しく記述されている[8]．散乱体が半径の a の球の場合には概ね以下の関係がある．

$$a < \frac{10\lambda}{|n|}\left(\frac{N}{10^6}\right)^{1/3} = \frac{\lambda}{10|n|}N^{1/3} \tag{8.5}$$

散乱体が大きい場合には N の値を大きくとらなければならないが，最近のコンピュータでは，N を 10^6 程度にしても実用的に計算が可能であり，誘電体では，波長の10倍程度の大きさのものまで計算できることがわかる．計算例として細胞などの大きな散乱体にも適用できることが示されているが，計算量が多いため大規模で長時間に及ぶ計算が必要である[9]．

DDA の適用範囲を規定するために，DDA と FDTD 法の比較[10]，また，異なる DDA プログラムの間の比較も行われている[11]．屈折率 1.4 を境に屈折率が小さい場合には，DDA が早く計算が終了する傾向であるのに対して，FDTD 法は逆の結果が得られている．精度に関しては，概ね等しい結果または一部は DDA のほうが良いようである．ただし，これらの計算は誘電体に対して行われたものであり，金属ナノ構造の場合には異なった結果が得られる可能性がある．

最後に実際に金属ナノ構造中の局在プラズモン共鳴の計算に用いられた例を紹介する．1990 年代後半から Van Duyne らは，ナノスフィアリソグラフィーで作製された金属ナノプリズムやナノトライアングルなどの構造の実験的な研究を行ってきたが，DDA を使った計算結果の検討も行っている[12,13]．Schatz らは球や回転楕円体，ナノトライアングルの計算結果を実験結果との比較を行った．100 nm 程度のサイズの銀の頂点が欠けたナノトライアングルと実験結果を比較し，良い一致を得ている[7]．さらに，周辺媒質や基板の屈折率を変えると頂点が欠けた正四面体構造の吸収波長の実

8.2 時間領域差分法

験と計算結果が一致しなくなることなどを示している．

Zheng らは金のナノディスクアレイ構造のエッチング過程を吸収スペクトル測定でその場(*in-situ*)観察し，局在プラズモン共鳴波長の変化を観察した[14]．エッチングが進むにつれ吸収が短波長側にシフトしていくことを見出し，AFM(原子間力顕微鏡)で観察した構造との比較を行っている．さらに DDA で計算した結果との比較を行った．吸収ピーク波長は 30 nm 程度の違いがあるが，傾向は概ね一致しており，提案するエッチング過程のモデルを裏付けている．所望の局在プラズモン共鳴波長をもつナノ構造を得る方法として利用が可能である．

8.2 時間領域差分法

8.2.1 時間領域差分法とは

時間領域差分(finite-differential time-domain：FDTD)法は 1996 年に Yee によって発明された電磁場の数値計算手法である[15]．この方法は次のような利点をもつ．
(1) モデリングは形状に依存しない．
(2) 時間応答を求めることができる．
(3) プログラミングが容易で，かつ，並列計算に適している．

FDTD 法では空間の電場と磁場，ならびに，誘電率と透磁率の分布を Yee 格子と呼

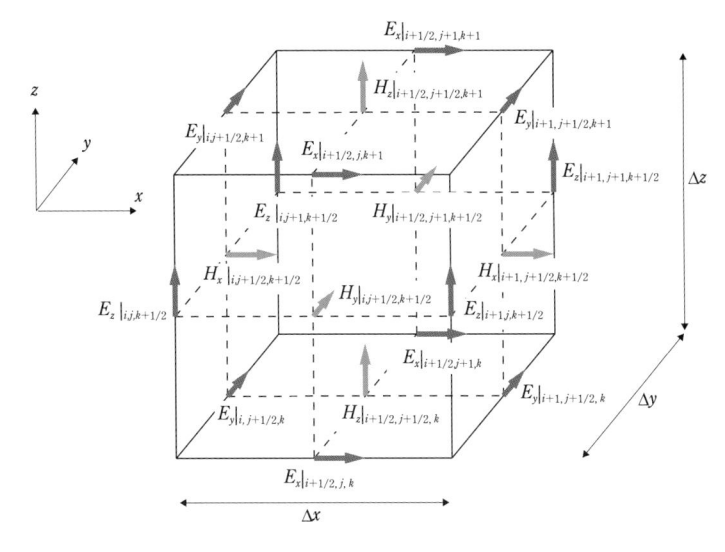

図 8.2 Yee 格子

ばれる特殊な格子上の点で離散化する．この格子は図 8.2 に示すように，電場と磁場を与える点が互い違いになっている．これは，後で述べるように，マクスウェル方程式の適用が容易になるように工夫されている．FDTD 法はこれらの格子点上で与えられた初期電磁場に対して時間発展を計算するものである．

8.2.2 差分化と時間発展

時間発展に用いられるのはマクスウェル方程式のうちの次の 2 つである．

$$\nabla \times \boldsymbol{E} = -\mu_0 \mu \frac{\partial \boldsymbol{H}}{\partial t} \tag{8.6}$$

$$\nabla \times \boldsymbol{H} = \varepsilon_0 \varepsilon \frac{\partial \boldsymbol{E}}{\partial t} \tag{8.7}$$

式 (8.6) より z 成分のみを取り出すと次のようになる．

$$\mu_0 \mu \frac{\partial H_z}{\partial t} = -\left(\frac{\partial E_y}{\partial x} - \frac{\partial E_x}{\partial y} \right) \tag{8.8}$$

式 (8.8) の電場および磁場を $(x, y, z, t) = (i\Delta x, j\Delta y, k\Delta z, n\Delta t)$ を用いて離散化し，時間および空間に関する微分を差分で置き換えると，

$$\mu_0 \mu \frac{\left. H_z \right|_{i+\frac{1}{2}, j+\frac{1}{2}, k}^{n+\frac{1}{2}} - \left. H_z \right|_{i+\frac{1}{2}, j+\frac{1}{2}, k}^{n-\frac{1}{2}}}{\Delta t} = -\left(\frac{\left. E_y \right|_{i+1, j+\frac{1}{2}, k}^{n} - \left. E_y \right|_{i, j+\frac{1}{2}, k}^{n}}{\Delta x} - \frac{\left. E_x \right|_{i+\frac{1}{2}, j+1, k}^{n} - \left. E_x \right|_{i+\frac{1}{2}, j, k}^{n}}{\Delta y} \right) \tag{8.9}$$

となる．x 成分，y 成分に対しても同様の差分化を行い，整理すると，

$$\left. H_x \right|_{i, j+\frac{1}{2}, k+\frac{1}{2}}^{n+\frac{1}{2}} = \left. H_x \right|_{i, j+\frac{1}{2}, k+\frac{1}{2}}^{n-\frac{1}{2}} - \left(\frac{\Delta t}{\mu_0 \mu \Delta y} \right)\left(\left. E_z \right|_{i, j+1, k+\frac{1}{2}}^{n} - \left. E_z \right|_{i, j, k+\frac{1}{2}}^{n} \right) \\ + \left(\frac{\Delta t}{\mu_0 \mu \Delta z} \right)\left(\left. E_y \right|_{i, j+\frac{1}{2}, k+1}^{n} - \left. E_y \right|_{i, j+\frac{1}{2}, k}^{n} \right) \tag{8.10}$$

$$\left. H_y \right|_{i+\frac{1}{2}, j, k+\frac{1}{2}}^{n+\frac{1}{2}} = \left. H_y \right|_{i+\frac{1}{2}, j, k+\frac{1}{2}}^{n-\frac{1}{2}} - \left(\frac{\Delta t}{\mu_0 \mu \Delta z} \right)\left(\left. E_x \right|_{i+\frac{1}{2}, j, k+1}^{n} - \left. E_x \right|_{i+\frac{1}{2}, j, k}^{n} \right) \\ + \left(\frac{\Delta t}{\mu_0 \mu \Delta x} \right)\left(\left. E_z \right|_{i+1, j, k+\frac{1}{2}}^{n} - \left. E_z \right|_{i, j, k+\frac{1}{2}}^{n} \right) \tag{8.11}$$

$$\left. H_z \right|_{i+\frac{1}{2}, j+\frac{1}{2}, k}^{n+\frac{1}{2}} = \left. H_z \right|_{i+\frac{1}{2}, j+\frac{1}{2}, k}^{n-\frac{1}{2}} - \left(\frac{\Delta t}{\mu_0 \mu \Delta x} \right)\left(\left. E_y \right|_{i+1, j+\frac{1}{2}, k}^{n} - \left. E_y \right|_{i, j+\frac{1}{2}, k}^{n} \right) \\ + \left(\frac{\Delta t}{\mu_0 \mu \Delta y} \right)\left(\left. E_x \right|_{i+\frac{1}{2}, j+1, k}^{n} - \left. E_x \right|_{i+\frac{1}{2}, j, k}^{n} \right) \tag{8.12}$$

同様のルールで，式 (8.7) を差分化すると，

$$E_x\bigg|_{i+\frac{1}{2},j,k}^{n} = E_x\bigg|_{i+\frac{1}{2},j,k}^{n-1} + \left(\frac{\Delta t}{\varepsilon_0 \varepsilon \Delta y}\right)\left(H_z\bigg|_{i+\frac{1}{2},j+\frac{1}{2},k}^{n-\frac{1}{2}} - H_z\bigg|_{i+\frac{1}{2},j-\frac{1}{2},k}^{n-\frac{1}{2}}\right)$$
$$- \left(\frac{\Delta t}{\varepsilon_0 \varepsilon \Delta z}\right)\left(H_y\bigg|_{i+\frac{1}{2},j,k+\frac{1}{2}}^{n-\frac{1}{2}} - H_y\bigg|_{i+\frac{1}{2},j,k-\frac{1}{2}}^{n-\frac{1}{2}}\right) \quad (8.13)$$

$$E_y\bigg|_{i,j+\frac{1}{2},k}^{n} = E_y\bigg|_{i,j+\frac{1}{2},k}^{n-1} + \left(\frac{\Delta t}{\varepsilon_0 \varepsilon \Delta z}\right)\left(H_x\bigg|_{i,j+\frac{1}{2},k+\frac{1}{2}}^{n-\frac{1}{2}} - H_x\bigg|_{i,j+\frac{1}{2},k-\frac{1}{2}}^{n-\frac{1}{2}}\right)$$
$$- \left(\frac{\Delta t}{\varepsilon_0 \varepsilon \Delta x}\right)\left(H_z\bigg|_{i+\frac{1}{2},j+\frac{1}{2},k}^{n-\frac{1}{2}} - H_z\bigg|_{i-\frac{1}{2},j+\frac{1}{2},k}^{n-\frac{1}{2}}\right) \quad (8.14)$$

$$E_z\bigg|_{i,j,k+\frac{1}{2}}^{n} = E_z\bigg|_{i,j,k+\frac{1}{2}}^{n-1} + \left(\frac{\Delta t}{\varepsilon_0 \varepsilon \Delta x}\right)\left(H_y\bigg|_{i+\frac{1}{2},j,k+\frac{1}{2}}^{n-\frac{1}{2}} - H_y\bigg|_{i-\frac{1}{2},j,k+\frac{1}{2}}^{n-\frac{1}{2}}\right)$$
$$- \left(\frac{\Delta t}{\varepsilon_0 \varepsilon \Delta y}\right)\left(H_x\bigg|_{i,j+\frac{1}{2},k+\frac{1}{2}}^{n-\frac{1}{2}} - H_x\bigg|_{i,j-\frac{1}{2},k+\frac{1}{2}}^{n-\frac{1}{2}}\right) \quad (8.15)$$

となる．ここで注意しておきたいことは，電場および磁場が定義される時刻に対しても $\Delta t/2$ の時間差が存在することである．FDTD 法は時間経過にともなう電場および磁場の変化を式(8.10)〜式(8.15)を用いて，電場，磁場，電場，磁場，…と交互に計算していくものである．

8.2.3 セルサイズと時間ステップ

実際の計算においては，セルのサイズと時間ステップをどれぐらいの大きさにとればよいのかということは重要な問題である．当然ながら Nyquist のサンプリング定理を満足しなければならないので，セルサイズは計算領域内の最も短い波長の 2 分の 1 より小さくしなければならない．セルサイズを小さくすればするほど，グリッド分散と呼ばれる誤差が減少し，精度が向上する．実際の計算では，最短の波長の 1/10 程度以下にする．しかし，プラズモニクスなどのナノ領域の構造を扱う場合，微細な構造を表すためには，この大きさでは不十分で，10 nm や 5 nm，あるいはそれ以下のセルサイズが用いられることも多い．

さて，セルサイズが決まれば，それに対応した時間ステップが要求される．時間発展に対して，解が安定であるためには時間ステップとセルサイズの関係は Courant 条件と呼ばれる安定のための条件を満たさなければならない．Courant 条件は次式で与えられる．

$$\Delta t \leq \cfrac{1}{v\sqrt{\cfrac{1}{\Delta x^2} + \cfrac{1}{\Delta y^2} + \cfrac{1}{\Delta z^2}}} \tag{8.16}$$

ここで，v は媒質中の光の位相速度である．Δt はこの式を満足しなければならない．プラズモニクスのような金属を扱う場合，特別な配慮が必要である．媒質中の位相速度は $v = c/\mathrm{Re}(n)$ で与えられる．金属を含まない系では，通常 $\mathrm{Re}(n) \geq 1$ である．したがって，真空中の光速が最も速い．したがって，Δt は真空中の光速に対して考えればよい．しかし，金属が含まれる場合，たとえば可視域の銀の場合，$\mathrm{Re}(n) \sim 0.05$ 程度である．すなわち，銀中の光の位相速度は真空中のそれと比べて，20 倍の値をもつ（ただし，減衰は極端に速いが）．したがって，Courant 条件を満たす Δt も銀を含まない場合と比較して，1/20 以下に設定しなければならない．ただし，この条件は 8.2.6 項で述べる RC 法を用いることで緩和される．

8.2.4 波源

波源が微小振動双極子の場合を考える．双極子モーメント $\boldsymbol{\mu}(t)$ が次式で与えられるとする．

$$\boldsymbol{\mu}(t) = \boldsymbol{\mu}_0 \sin \omega t \tag{8.17}$$

電流 $I(t)$ は双極子モーメントの時間微分で与えられるため，

$$\boldsymbol{I}(t) = \frac{\mathrm{d}\boldsymbol{\mu}(t)}{\mathrm{d}t} = \omega \boldsymbol{\mu}_0 \cos \omega t \tag{8.18}$$

となる．Yee 格子のセルサイズを用いると電流密度 $\boldsymbol{j}(t)$ は

$$\boldsymbol{j}(t) = \frac{\boldsymbol{I}(t)}{\Delta x \Delta y \Delta z} \tag{8.19}$$

となる．
一方，電流密度が存在するとき，式 (8.7) は

$$\nabla \times \boldsymbol{H} = \varepsilon_0 \varepsilon \frac{\partial \boldsymbol{E}}{\partial t} + \boldsymbol{j} \tag{8.20}$$

となる．この式をこれまでと同様に格子点で差分化すると，

$$\begin{aligned}
E_x\Big|_{i+\frac{1}{2},j,k}^{n} = E_x\Big|_{i+\frac{1}{2},j,k}^{n-1} &+ \left(\frac{\Delta t}{\varepsilon_0 \varepsilon \Delta y}\right)\left(H_z\Big|_{i+\frac{1}{2},j+\frac{1}{2},k}^{n-\frac{1}{2}} - H_z\Big|_{i+\frac{1}{2},j-\frac{1}{2},k}^{n-\frac{1}{2}}\right) \\
&- \left(\frac{\Delta t}{\varepsilon_0 \varepsilon \Delta z}\right)\left(H_y\Big|_{i+\frac{1}{2},j,k+\frac{1}{2}}^{n-\frac{1}{2}} - H_y\Big|_{i+\frac{1}{2},j,k-\frac{1}{2}}^{n-\frac{1}{2}}\right) - \left(\frac{\Delta t}{\varepsilon_0 \varepsilon}\right)j_x\Big|^{n-\frac{1}{2}}
\end{aligned} \tag{8.21}$$

$$E_y \Big|_{i,j+\frac{1}{2},k}^{n} = E_x \Big|_{i,j+\frac{1}{2},k}^{n-1} + \left(\frac{\Delta t}{\varepsilon_0 \varepsilon \Delta y}\right)\left(H_x \Big|_{i,j+\frac{1}{2},k+\frac{1}{2}}^{n-\frac{1}{2}} - H_x \Big|_{i,j+\frac{1}{2},k-\frac{1}{2}}^{n-\frac{1}{2}}\right)$$
$$- \left(\frac{\Delta t}{\varepsilon_0 \varepsilon \Delta x}\right)\left(H_z \Big|_{i+\frac{1}{2},j+\frac{1}{2},k}^{n-\frac{1}{2}} - H_z \Big|_{i-\frac{1}{2},j+\frac{1}{2},k}^{n-\frac{1}{2}}\right) - \left(\frac{\Delta t}{\varepsilon_0 \varepsilon}\right)j_y^{n-\frac{1}{2}} \quad (8.22)$$

$$E_z \Big|_{i,j,k+\frac{1}{2}}^{n} = E_x \Big|_{i,j,k+\frac{1}{2}}^{n-1} + \left(\frac{\Delta t}{\varepsilon_0 \varepsilon \Delta x}\right)\left(H_y \Big|_{i+\frac{1}{2},j,k+\frac{1}{2}}^{n-\frac{1}{2}} - H_y \Big|_{i-\frac{1}{2},j,k+\frac{1}{2}}^{n-\frac{1}{2}}\right)$$
$$- \left(\frac{\Delta t}{\varepsilon_0 \varepsilon \Delta y}\right)\left(H_x \Big|_{i,j+\frac{1}{2},k+\frac{1}{2}}^{n-\frac{1}{2}} - H_x \Big|_{i,j-\frac{1}{2},k+\frac{1}{2}}^{n-\frac{1}{2}}\right) - \left(\frac{\Delta t}{\varepsilon_0 \varepsilon}\right)j_z^{n-\frac{1}{2}} \quad (8.23)$$

となる．電流源の存在する格子点において，式(8.13)，式(8.14)および式(8.15)の代わりに式(8.21)，式(8.22)および式(8.23)を用いて時間発展を計算すればよい．

次に平面波が入射する場合を考える．平面波の伝搬方向が $+z$，偏光方向が $+x$ で，直方体計算領域の $-z$ 側の端面 $z=0$ から入射する場合を考える．このとき，入射場は次式で与えられる．

$$\boldsymbol{E}_0 = \begin{bmatrix} E_{0x} \\ E_{0y} \\ E_{0z} \end{bmatrix} = \begin{bmatrix} E_0 \sin(k_z z - \omega t) \\ 0 \\ 0 \end{bmatrix} \quad (8.24)$$

$$\boldsymbol{H}_0 = \begin{bmatrix} H_{0x} \\ H_{0y} \\ H_{0z} \end{bmatrix} = \begin{bmatrix} 0 \\ (E_0/Z)\sin(k_z z - \omega t) \\ 0 \end{bmatrix} \quad (8.25)$$

ただし，Z は媒質のインピーダンスである．系にこの入射場を取り込むためには，時間発展の各ステップの後，端面 $z=0$ とそこから $\Delta z/2$ だけ進んだ $z = \Delta z/2$ の格子点において，電場 E_x および磁場 H_y に入射波のそれを加えればよい．すなわち，

$$E_x \Big|_{i+\frac{1}{2},j,0}^{n} \leftarrow E_x \Big|_{i+\frac{1}{2},j,0}^{n-1} + E_0 \sin(-\omega n \Delta t) \quad (8.26)$$

$$H_y \Big|_{i+\frac{1}{2},j,\frac{1}{2}}^{n+\frac{1}{2}} \leftarrow H_y \Big|_{i+\frac{1}{2},j,\frac{1}{2}}^{n+\frac{1}{2}} + (E_0/Z)\sin\left[\frac{k_z \Delta z}{2} - \omega\left(n+\frac{1}{2}\right)\Delta t\right] \quad (8.27)$$

の操作を行えばよい．偏光方向が x 軸と平行でなければ，E_y および H_x に対しても同様の操作が必要である．さらに，入射平面波の伝搬の方向が座標軸と平行でなければ，入射光が当たる直方体の各端面(2面または3面)においても同様の操作が必要である．より正確を期するのであれば，全電磁場/散乱場(TF/SF)境界を用いるとよい．詳しくは文献18を参照されたい．

8 数値計算法

8.2.5 周波数解析

　種々のプラズモニック構造の光学特性を調べるときには，周波数応答を要求される場合が頻繁に出てくる．一つの方法として，単一の周波数をもつ連続光を入射光として用い，系の定常状態を計算することを一つのシークエンスとし，それを周波数を変えながら順次行っていくことが考えられる．RCWA 法などの最初から定常解が得られる周波数領域の解法と異なり，FDTD 法では定常解を求めるのに時間がかかるので，この方法は適当ではない．しかしながら，FDTD 法は時間領域の解が得られるため，入力として短パルス光を利用することで，周波数応答を得ることができる．短パルスの周波数成分は短パルスの時間波形のフーリエ変換で与えられる．したがって，出力の時間波形をフーリエ変換し，入力のフーリエ変換で割り算することにより，系の周波数応答が得られる．この方法を用いることにより，1 シークエンスの計算により周波数解析が行えるという利点をもつ．入力としてはガウス波形や，それを正弦波で変調した波形などが用いられる．

8.2.6 分散性媒質

　誘電体を扱う場合，着目する周波数領域で，誘電率が周波数に対して一定としてもそれほど問題ない場合が多い．しかし，金属の誘電率は(理想的には)Drude 分散に従うため，ほとんどの場合で，分散(屈折率の周波数依存性)を無視することはできない．FDTD 法で用いられる誘電率は波長に依存しない定数である．導電体の場合などでは，誘電率の虚部は周波数に依存しない電気伝導度 σ を用いて $i\sigma/\omega$ の形で導入することができるが，実際の物質では誘電関数(誘電率の周波数依存性)はもっと複雑である．

　通常，興味のある周波数範囲では，誘電関数は Drude 型や Lorentz 型の分散関数の和で近似できる．このような周波数の関数である誘電関数をフーリエ変換により時間の関数で表し，FDTD 法に導入する方法として，RC(recursive convolution)法がある．ここでは，例として，Drude 分散を FDTD 法に導入する方法について述べる．Drude モデルでは誘電率 ε は次式で与えられる．

$$\varepsilon(\omega) = \varepsilon_\infty - \frac{\omega_p^2}{\omega^2 - i\Gamma\omega} = \varepsilon_\infty + \chi(\omega) \tag{8.28}$$

ここで，$\chi(\omega)$ は感受率で，

$$\chi(\omega) = -\frac{\omega_p^2}{\omega^2 - i\Gamma\omega} \tag{8.29}$$

である．FDTD 法では時間領域で計算を行うため，この感受率 $\chi(\omega)$ を時間の関数 $\chi(t)$ で書き直す必要がある．$\chi(t)$ は $\chi(\omega)$ の逆フーリエ変換で与えられ，その結果，

$$\chi(t) = \int_{-\infty}^{\infty} \chi(\omega) \exp(i\omega t) d\omega = \frac{\omega_{\mathrm{p}}^2}{\Gamma}[1 - \exp(-\Gamma t)]U(t) \tag{8.30}$$

となる．ここで，$U(t)$ はステップ関数で，

$$U(t) = \begin{cases} 0 & (t < 0) \\ 1 & (t \geq 0) \end{cases} \tag{8.31}$$

である．時間領域の誘電関数 $\varepsilon(t)$ を用いると，電束密度 $\boldsymbol{D}(t)$ は

$$\boldsymbol{D}(t) = \varepsilon_0 \varepsilon_\infty \boldsymbol{E}(t) + \varepsilon_0 \int_0^t \boldsymbol{E}(t-\tau)\chi(\tau)d\tau \tag{8.32}$$

となる．ここで，フーリエ変換におけるコンボリューション定理(2つの関数の積のフーリエ変換はそれぞれ関数のフーリエ変換のコンボリューションに等しい)を用いた．式(8.32)を離散化すると，

$$\begin{aligned}
\boldsymbol{D}^n &= \varepsilon_0 \varepsilon_\infty \boldsymbol{E}^n + \varepsilon_0 \int_0^{n\delta t} \boldsymbol{E}(n\Delta t - \tau)\chi(\tau)d\tau \\
&= \varepsilon_0 \varepsilon_\infty \boldsymbol{E}^n + \varepsilon_0 \sum_{m=0}^{n-1} \boldsymbol{E}^{n-m} \int_{m\Delta t}^{(m+1)\delta t} \chi(\tau)d\tau \\
&= \varepsilon_0 \varepsilon_\infty \boldsymbol{E}^n + \varepsilon_0 \chi^0 \boldsymbol{E}^n + \varepsilon_0 \sum_{m=1}^{n-1} \boldsymbol{E}^{n-m} \chi^m \\
&= \varepsilon_0 (\varepsilon_\infty + \chi^0)\boldsymbol{E}^n + \varepsilon_0 \sum_{m=0}^{n-2} \boldsymbol{E}^{n-1-m} \chi^{m+1}
\end{aligned} \tag{8.33}$$

となる．ただし，

$$\chi^m = \int_{m\Delta t}^{(m+1)\Delta t} \chi(\tau)d\tau \tag{8.34}$$

である．同様に $t = (n-1)\Delta t$ に対しては，

$$\boldsymbol{D}^{n-1} = \varepsilon_0 \varepsilon_\infty \boldsymbol{E}^{n-1} + \varepsilon_0 \sum_{m=0}^{n-2} \boldsymbol{E}^{n-1-m} \chi^m \tag{8.35}$$

となり，式(8.33)および式(8.35)より，

$$\boldsymbol{D}^n - \boldsymbol{D}^{n-1} = \varepsilon_0(\varepsilon_\infty + \chi^0)\boldsymbol{E}^n - \varepsilon_0 \varepsilon_\infty \boldsymbol{E}^{n-1} - \varepsilon_0 \sum_{m=0}^{n-2} \boldsymbol{E}^{n-1-m} \Delta\chi^m \tag{8.36}$$

となる．ただし，

$$\Delta\chi^m = \chi^m - \chi^{m+1} \tag{8.37}$$

である．式(8.37)を

$$\nabla \times \boldsymbol{H}^{n-1} = \frac{\boldsymbol{D}^n - \boldsymbol{D}^{n-1}}{\Delta t} \tag{8.38}$$

に代入すると，

8 数値計算法

$$\nabla \times \boldsymbol{H}^{n-1} = \frac{1}{\Delta t}\left[\varepsilon_0\left(\varepsilon_\infty + \chi^0\right)\boldsymbol{E}^n - \varepsilon_0\varepsilon\boldsymbol{E}^{n-1} - \varepsilon_0\sum_{m=0}^{n-2}\boldsymbol{E}^{n-1-m}\Delta\chi^m\right] \quad (8.39)$$

$$\boldsymbol{E}^n = \frac{\varepsilon_\infty}{\varepsilon_\infty + \chi^0}\boldsymbol{E}^{n-1} + \frac{1}{\varepsilon_\infty + \chi^0}\sum_{m=0}^{n-2}\boldsymbol{E}^{n-1-m}\Delta\chi^m + \frac{\Delta t}{\varepsilon_0\left(\varepsilon_\infty + \chi^0\right)}\nabla \times \boldsymbol{H}^{n-1} \quad (8.40)$$

となる．この式からわかるように，$\boldsymbol{E}^n$ を求めるためには，過去の $\boldsymbol{E}$ の値がすべて必要である．しかし，実際の計算においてはメモリ容量の制限により，過去の $\boldsymbol{E}$ の値をすべて保存しておくことはできないので，何らかの工夫が必要である．RC法はこの計算を再帰的(recursive)に行う方法である．

ここで，

$$\boldsymbol{\Psi}^{n-1} = \sum_{m=0}^{n-2}\boldsymbol{E}^{n-1-m}\Delta\chi^m \quad (8.41)$$

とおくと，式(8.40)は

$$\boldsymbol{E}^n = \frac{\varepsilon_\infty}{\varepsilon_\infty + \chi^0}\boldsymbol{E}^{n-1} + \frac{1}{\varepsilon_\infty + \chi^0}\boldsymbol{\Psi}^{n-1} + \frac{\Delta t}{\varepsilon_0\left(\varepsilon_\infty + \chi^0\right)}\nabla \times \boldsymbol{H}^{n-1} \quad (8.42)$$

となる．一方，式(8.41)は

$$\begin{aligned}\boldsymbol{\Psi}^{n-1} &= \sum_{m=0}^{n-2}\boldsymbol{E}^{n-1-m}\Delta\chi^m \\ &= \boldsymbol{E}^{n-1}\Delta\chi^0 + \sum_{m=1}^{n-2}\boldsymbol{E}^{n-1-m}\Delta\chi^m \\ &= \boldsymbol{E}^{n-1}\Delta\chi^0 + \sum_{m=0}^{n-3}\boldsymbol{E}^{n-2-m}\Delta\chi^{m+1}\end{aligned} \quad (8.43)$$

となる．ここで，

$$\begin{aligned}\chi^m &= \int_{m\Delta t}^{(m+1)\Delta t}\chi(\tau)\mathrm{d}\tau \\ &= \int_{m\Delta t}^{(m+1)\Delta t}\frac{\omega_\mathrm{p}^2}{\Gamma}\left[1 - \exp(-\Gamma\tau)\right]U(\tau)\mathrm{d}\tau \\ &= \frac{\omega_\mathrm{p}^2}{\Gamma}\left[\tau + \frac{1}{\Gamma}\exp(-\Gamma\tau)\right]_{m\Delta t}^{(m+1)\Delta t} \\ &= \frac{\omega_\mathrm{p}^2}{\Gamma}\left\{\Delta t - \frac{1}{\Gamma}\exp(-\Gamma m\Delta t)\left[1 - \exp(-\Gamma\Delta t)\right]\right\}\end{aligned} \quad (8.44)$$

である．さらに，

$$
\begin{aligned}
\Delta\chi^{m+1} &= \chi^m - \chi^{m+1} \\
&= \frac{\omega_{\mathrm{p}}^2}{\Gamma}\left\{\Delta t - \frac{1}{\Gamma}\exp(-\Gamma m\Delta t)[1-\exp(-\Gamma\Delta t)]\right\} \\
&\quad - \frac{\omega_{\mathrm{p}}^2}{\Gamma}\left\{\Delta t - \frac{1}{\Gamma}\exp[-\Gamma(m+1)\Delta t][1-\exp(-\Gamma\Delta t)]\right\} \\
&= -\frac{\omega_{\mathrm{p}}^2}{\Gamma^2}[1-\exp(-\Gamma\Delta t)]^2\exp(-\Gamma m\Delta t)
\end{aligned}
\tag{8.45}
$$

だから,

$$
\Delta\chi^{m+1} = \exp(-\Gamma\Delta t)\Delta\chi^m \tag{8.46}
$$

となる.この関係を用いると式(8.41)は

$$
\begin{aligned}
\boldsymbol{\Psi}^{n-1} &= \sum_{m=0}^{n-2} \boldsymbol{E}^{n-1-m}\Delta\chi^m \\
&= \boldsymbol{E}^{n-1}\Delta\chi^0 + \boldsymbol{E}^{n-2}\Delta\chi^1 + \boldsymbol{E}^{n-3}\Delta\chi^2 + \cdots \\
&= \boldsymbol{E}^{n-1}\Delta\chi^0 + \sum_{m=0}^{n-3} \boldsymbol{E}^{n-1-m}\Delta\chi^{m+1} \\
&= \boldsymbol{E}^{n-1}\Delta\chi^0 + \exp(-\Gamma\Delta t)\sum_{m=0}^{n-3}\boldsymbol{E}^{n-1-m}\Delta\chi^m \\
&= \boldsymbol{E}^{n-1}\Delta\chi^0 + \exp(-\Gamma\Delta t)\boldsymbol{\Psi}^{n-2}
\end{aligned}
\tag{8.47}
$$

となる.このように,$\boldsymbol{\Psi}^n$ も再帰的に求めることができる.RC 法を用いると媒質が金属の場合でも式(8.16)の Courant 条件で $v = c$ とおくことができる.

8.2.7 吸収境界

計算機のメモリは有限であるため,計算領域も当然ながら有限となる.したがって,周期境界条件が用いられない場合,計算領域には端面が生じる.この端面においては,差分のための一方の点が存在しないため,中心差分を用いることができない.さらに,計算の便宜のために導入した端面からの反射が生じ誤差の原因となる.ここでは,これらの問題を解決するための最も簡便な方法である Mur の一次の吸収境界条件[16]について説明する.

$x = 0$ の端面に x の正の方向から負の方向に垂直に入射する波を考える.この波は

$$
E_z = E_z(x+vt) \tag{8.48}
$$

で表される.v は波の位相速度である.この波は次の方程式を満足する.

$$\frac{\partial E_z}{\partial x} = \frac{1}{v}\frac{\partial E_z}{\partial t} \tag{8.49}$$

反射が存在しなければ，$x=0$ で波はこの式を満足する．$x=(1/2)\Delta x$ および $t=(n-1/2)\Delta t$ で式(8.49)を差分化すると，

$$\frac{E_z^{n-1/2}\big|_{1,y,z} - E_z^{n-1/2}\big|_{0,y,z}}{\Delta x} = \frac{E_z^n\big|_{1/2,y,z} - E_z^{n-1}\big|_{1/2,y,z}}{v\Delta t} \tag{8.50}$$

となる．ここで，$E_z^{n-1/2}\big|_{0\,\text{or}\,1,y,z}$ および $E_z^n\big|_{1/2,y,z}$ はどちらも格子点上に存在しないので，それらの前後の値の平均，すなわち，

$$E_z^{n-1/2}\big|_{0\,\text{or}\,1,y,z} = \frac{1}{2}\left(E_z^{n-1}\big|_{0\,\text{or}\,1,y,z} + E_z^n\big|_{0\,\text{or}\,1,y,z}\right) \tag{8.51}$$

$$E_z^n\big|_{1/2,y,z} = \frac{1}{2}\left(E_z^n\big|_{0,y,z} + E_z^n\big|_{1,y,z}\right) \tag{8.52}$$

を用いる．式(8.51)および式(8.52)を式(8.50)に代入すると，

$$\begin{aligned}
&\frac{1}{\Delta x}\left(E_z^{n-1}\big|_{1,y,z} + E_z^n\big|_{1,y,z} - E_z^{n-1}\big|_{0,y,z} - E_z^n\big|_{0,y,z}\right) \\
&= \frac{1}{v\Delta t}\left(E_z^n\big|_{0,y,z} + E_z^n\big|_{1,y,z} - E_z^{n-1}\big|_{0,y,z} - E_z^{n-1}\big|_{1,y,z}\right)
\end{aligned} \tag{8.53}$$

$$\begin{aligned}
&(v\Delta t + \Delta x)E_z^n\big|_{0,y,z} + (v\Delta t - \Delta x)E_z^{n-1}\big|_{0,y,z} \\
&= (v\Delta t - \Delta x)E_z^n\big|_{1,y,z} + (v\Delta t + \Delta x)E_z^{n-1}\big|_{1,y,z}
\end{aligned} \tag{8.54}$$

$$E_z^n\big|_{0,y,z} = E_z^{n-1}\big|_{1,y,z} \frac{v\Delta t - \Delta x}{v\Delta t + \Delta x}\left(E_z^n\big|_{1,y,z} - E_z^{n-1}\big|_{0,y,z}\right) \tag{8.55}$$

となる．直方体である計算領域の残りの5つの端面でも同じように処理できる．

本吸収境界条件は導出過程からわかるように，端面に対して垂直に入射する波に対して導かれたものである．したがって，端面に斜めに入射する波に対してはその反射を完全に除去することはできない．より有効な吸収境界条件は文献[17,18]を参照されたい．

8.3 厳密結合波解析法

8.3.1 厳密結合波解析法とは

厳密結合波解析(rigorous coupled-wave analysis : RCWA)法は回折格子の光学特性の解析法で Moharam と Gaylord によって開発された[19~22]．当初，計算における不安定

性と金属格子における TM 波に対する収束の遅さという問題があったが，ともに解決され，いまでは回折格子に対する最もよく用いられている解析法となっている．

基本的な考え方は，3.8 節で示した多層膜に対する透過行列法と同じである．まず，格子を図 8.3 のように多層に分割し，階段形状で近似する．このとき，各層内では誘電率は z 方向に分布をもたず，x 方向についてのみ分布をもつとする．このように分割した各層内での光波を各層における固有モードの重ね合わせで記述し，層間で境界条件を満たすように係数を決める．図 8.3 の $u^{(l)}$ および $d^{(l)}$ は，それぞれ，第 l 層において $+z$ 方向および $-z$ 方向に伝搬する各固有モードの係数である．多層膜のときと異なるのは，波数ベクトルの接線成分が単一ではなく，入射光のそれに格子ベクトルの整数倍が加わった値となることである．

8.3.2 TE 波の場合

まず，TE 波の場合を考える．第 l 層での電場および磁場は次のように書けるとする．

$$E_y^{(l)} = \sum_j S_{yj}^{(l)}(z) \exp(ik_{xj}x) \tag{8.56}$$

$$H_x^{(l)} = i\left(\frac{\varepsilon_0}{\mu_0}\right)^{1/2} \sum_j U_{xj}^{(l)}(z) \exp(ik_{xj}x) \tag{8.57}$$

ただし，

$$k_{xj} = k_0 n^{(L)} \sin\theta + jK \tag{8.58}$$

$$K = \frac{2\pi}{\Lambda} \tag{8.59}$$

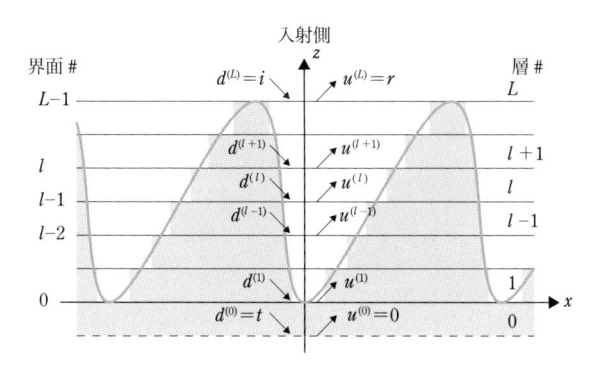

図 8.3 厳密結合波解析法における形状のモデル化
    任意の形状をもつ周期構造は層に分割される．分割に際しては，各層内で z 方向に分布が生じないようにする．図では各層の厚さを等しくとったが，必ずしも等しくする必要はない．

$n^{(L)}$ は第 L 層(入射側の自由空間)の屈折率，θ は入射角，Λ は格子ピッチである．マクスウェル方程式

$$\boldsymbol{H} = \left(\frac{-i}{\omega\mu_0}\right)\nabla\times\boldsymbol{E} \tag{8.60}$$

より，

$$\frac{\partial E_y^{(l)}}{\partial z} = -i\omega\mu_0 H_x^{(l)} \tag{8.61}$$

$$\frac{\partial E_y^{(l)}}{\partial x} = i\omega\mu_0 H_z^{(l)} \tag{8.62}$$

が得られる．一方，

$$\boldsymbol{E} = \left(\frac{i}{\omega\varepsilon_0\varepsilon}\right)\nabla\times\boldsymbol{H} \tag{8.63}$$

より，層内の誘電率の分布を $\varepsilon^{(l)}(x)$ とすると，

$$\frac{\partial H_x^{(l)}}{\partial z} = -i\omega\varepsilon_0\varepsilon^{(l)}(x)E_y^{(l)} + \frac{\partial H_z^{(l)}}{\partial x} \tag{8.64}$$

が得られる．式(8.56)および式(8.57)を式(8.61)に代入すると，

$$\sum_j \frac{\partial S_{yj}^{(l)}(z)}{\partial z}\exp(ik_{xj}x) = \frac{\omega}{c}\sum_j U_{xj}^{(l)}(z)\exp(ik_{xj}x) \tag{8.65}$$

$$\frac{\partial S_{yj}^{(l)}(z)}{\partial z} = k_0 U_{xj}^{(l)}(z) \tag{8.66}$$

となる．また，式(8.62)を式(8.64)に代入すると，

$$\frac{\partial H_x^{(l)}}{\partial z} = -i\omega\varepsilon_0\varepsilon^{(l)}(x)E_y^{(l)} + \frac{1}{i\omega\mu_0}\frac{\partial^2 E_y^{(l)}}{\partial x^2} \tag{8.67}$$

となる．ここで，誘電率分布 $\varepsilon^{(l)}(x)$ をフーリエ級数展開した

$$\varepsilon^{(l)}(x) = \sum_p \varepsilon_p^{(l)}\exp(ipKx) \tag{8.68}$$

を式(8.67)に代入すると，次式が得られる．

$$\frac{\partial H_x^{(l)}}{\partial z} = -i\omega\varepsilon_0 E_y^{(l)}\sum_p \varepsilon_p^{(l)}\exp(ipKx) + \frac{1}{i\omega\mu_0}\frac{\partial^2 E_y^{(l)}}{\partial x^2} \tag{8.69}$$

式(8.56)および式(8.57)を式(8.69)に代入すると，

$$i\left(\frac{\varepsilon_0}{\mu_0}\right)^{1/2}\sum_j\frac{\partial U_{xj}^{(l)}(z)}{\partial z}\exp(ik_{xj}x) = -i\omega\varepsilon_0\sum_j S_{yj}^{(l)}(z)\exp(ik_{xj}x)\sum_p \varepsilon_p^{(l)}\exp(ipKx)$$
$$-\frac{1}{i\omega\mu_0}k_{xj}^{\ 2}\sum_j S_{yj}^{(l)}(z)\exp(ik_{xj}x)$$

(8.70)

$$\frac{\partial U_{xj}^{(l)}(z)}{\partial z} = \frac{k_{xj}^{\ 2}}{k_0}S_{yj}^{(l)}(z) - k_0\sum_p S_{yp}^{(l)}(z)\varepsilon_{(j-p)}^{(l)} \tag{8.71}$$

となる．式(8.66)および式(8.71)をまとめて行列の形に書くと，

$$\begin{bmatrix}\dfrac{\partial S_y^{(l)}}{\partial z}\\[4pt]\dfrac{\partial U_x^{(l)}}{\partial z}\end{bmatrix} = \begin{bmatrix}0 & k_0\boldsymbol{I}\\ k_0\left(\boldsymbol{K}_x^{\ 2}-\left[\varepsilon^{(l)}\right]\right) & 0\end{bmatrix}\begin{bmatrix}S_y^{(l)}\\ U_x^{(l)}\end{bmatrix} \tag{8.72}$$

となる．ここで，$\boldsymbol{K}_x$ は対角行列で，その要素は k_{xj}/k_0 で与えられる．$[\varepsilon^{(l)}]$ は要素が $\varepsilon_{(j-p)}^{(l)}$ で与えられる Toeplitz 行列である．また，$\boldsymbol{I}$ は単位行列である．式(8.72)の両辺を z で微分すると，

$$\begin{bmatrix}\dfrac{\partial^2 S_y^{(l)}}{\partial z^2}\\[4pt]\dfrac{\partial^2 U_x^{(l)}}{\partial z^2}\end{bmatrix} = \begin{bmatrix}0 & k_0\boldsymbol{I}\\ k_0\left(\boldsymbol{K}_x^{\ 2}-\left[\varepsilon^{(l)}\right]\right) & 0\end{bmatrix}\begin{bmatrix}\dfrac{\partial S_y^{(l)}}{\partial z}\\[4pt]\dfrac{\partial U_x^{(l)}}{\partial z}\end{bmatrix} \tag{8.73}$$

となる．この式に式(8.72)を代入すると，

$$\begin{aligned}\begin{bmatrix}\dfrac{\partial^2 S_y^{(l)}}{\partial z^2}\\[4pt]\dfrac{\partial^2 U_x^{(l)}}{\partial z^2}\end{bmatrix} &= \begin{bmatrix}0 & k_0\boldsymbol{I}\\ k_0\left(\boldsymbol{K}_x^{\ 2}-\left[\varepsilon^{(l)}\right]\right) & 0\end{bmatrix}\begin{bmatrix}0 & k_0\boldsymbol{I}\\ k_0\left(\boldsymbol{K}_x^{\ 2}-\left[\varepsilon^{(l)}\right]\right) & 0\end{bmatrix}\begin{bmatrix}S_y^{(l)}\\ U_x^{(l)}\end{bmatrix}\\ &= \begin{bmatrix}k_0^{\ 2}\left(\boldsymbol{K}_x^{\ 2}-\left[\varepsilon^{(l)}\right]\right) & 0\\ 0 & k_0^{\ 2}\left(\boldsymbol{K}_x^{\ 2}-\left[\varepsilon^{(l)}\right]\right)\end{bmatrix}\begin{bmatrix}S_y^{(l)}\\ U_x^{(l)}\end{bmatrix}\end{aligned} \tag{8.74}$$

となる．この式は最終的に，次のように簡単化でき，行列の次数が半分になる．

$$\left[\frac{\partial^2 S_y^{(l)}}{\partial z^2}\right] = k_0^{\ 2}\left(\boldsymbol{K}_x^{\ 2}-\left[\varepsilon^{(l)}\right]\right)\left[S_y^{(l)}\right] \tag{8.75}$$

$$\left[\frac{\partial^2 U_x^{(l)}}{\partial z^2}\right] = k_0^{\ 2}\left(\boldsymbol{K}_x^{\ 2}-\left[\varepsilon^{(l)}\right]\right)\left[U_x^{(l)}\right] \tag{8.76}$$

式(8.75)の解は次式で与えられる．

8 数値計算法

$$S_{yj}^{(l)}(z) = \sum_{m=1}^{\infty} w_{jm}^{(l)} \left[u_m^{(l)} \exp\left(q_m^{(l)} z\right) + d_m^{(l)} \exp\left(-q_m^{(l)} z\right) \right] \tag{8.77}$$

ここで，$q_m^{(l)2}$ および $w_{jm}^{(l)}$ は行列 $k_0^2 \left(\boldsymbol{K}_x^2 - \left[\boldsymbol{\varepsilon}^{(l)} \right] \right)$ の固有値および固有ベクトルの要素である．ただし，$\text{Re}\left(q_m^{(l)}\right) \leq 0$ である．（ここで気をつけておきたいのは m は回折次数に対応しているのではなく，固有値の順に対応していることである．）$u_m^{(l)}$ および $d_m^{(l)}$ は各層間の境界条件によって決まる係数である．さらに，式(8.66)より，

$$U_{xj}^{(l)}(z) = \sum_{m=1}^{\infty} v_{jm}^{(l)} \left[u_m^{(l)} \exp\left(q_m^{(l)} z\right) - d_m^{(l)} \exp\left(-q_m^{(l)} z\right) \right] \tag{8.78}$$

となる．ここで，

$$v_{jm}^{(l)} = \frac{1}{k_0} q_m^{(l)} w_{jm}^{(l)} \tag{8.79}$$

であり，行列表記すると，

$$\boldsymbol{V}^{(l)} = \frac{1}{k_0} \boldsymbol{W}^{(l)} \boldsymbol{Q}^{(l)} \tag{8.80}$$

となる．ただし，$\boldsymbol{Q}$ は q_m を要素とする対角行列である．式(8.77)を行列表記すると，

$$\boldsymbol{S}_y^{(l)} = \boldsymbol{W}^{(l)} \begin{bmatrix} \phi_+^{(l)}(z) & \phi_-^{(l)}(z) \end{bmatrix} \begin{bmatrix} \boldsymbol{u}^{(l)} \\ \boldsymbol{d}^{(l)} \end{bmatrix} \tag{8.81}$$

となる．ただし，$\phi_\pm^{(l)}(z)$ は対角行列であり，その要素は $\exp\left(\pm q_m^{(l)} z\right)$ である．また，式(8.78)は

$$\boldsymbol{U}_x^{(l)} = \boldsymbol{V}^{(l)} \begin{bmatrix} \phi_+^{(l)}(z) & -\phi_-^{(l)}(z) \end{bmatrix} \begin{bmatrix} \boldsymbol{u}^{(l)} \\ \boldsymbol{d}^{(l)} \end{bmatrix} \tag{8.82}$$

となる．l 層と $l+1$ 層との間の境界条件は

$$\boldsymbol{W}^{(l+1)} \begin{bmatrix} 1 & 1 \end{bmatrix} \begin{bmatrix} \boldsymbol{u}^{(l+1)} \\ \boldsymbol{d}^{(l+1)} \end{bmatrix} = \boldsymbol{W}^{(l)} \begin{bmatrix} \phi_+^{(l)}(h) & \phi_-^{(l)}(h) \end{bmatrix} \begin{bmatrix} \boldsymbol{u}^{(l)} \\ \boldsymbol{d}^{(l)} \end{bmatrix} \tag{8.83}$$

$$\boldsymbol{V}^{(l+1)} \begin{bmatrix} 1 & -1 \end{bmatrix} \begin{bmatrix} \boldsymbol{u}^{(l+1)} \\ \boldsymbol{d}^{(l+1)} \end{bmatrix} = \boldsymbol{V}^{(l)} \begin{bmatrix} \phi_+^{(l)}(h) & -\phi_-^{(l)}(h) \end{bmatrix} \begin{bmatrix} \boldsymbol{u}^{(l)} \\ \boldsymbol{d}^{(l)} \end{bmatrix} \tag{8.84}$$

となる．この2つの式を組み合わせると，

$$\begin{bmatrix} \boldsymbol{W}^{(l+1)} & \boldsymbol{W}^{(l+1)} \\ \boldsymbol{V}^{(l+1)} & -\boldsymbol{V}^{(l+1)} \end{bmatrix} \begin{bmatrix} \boldsymbol{u}^{(l+1)} \\ \boldsymbol{d}^{(l+1)} \end{bmatrix}$$
$$= \begin{bmatrix} \boldsymbol{W}^{(l)} & \boldsymbol{W}^{(l)} \\ \boldsymbol{V}^{(l)} & -\boldsymbol{V}^{(l)} \end{bmatrix} \begin{bmatrix} \phi_+^{(l)}(h) & 0 \\ 0 & \phi_-^{(l)}(h) \end{bmatrix} \begin{bmatrix} \boldsymbol{u}^{(l)} \\ \boldsymbol{d}^{(l)} \end{bmatrix} \tag{8.85}$$

となる．

8.3.3 TM 波の場合

次に，TM 波の場合を考える．第 l 層での磁場は，次のように書けるとする．

$$H_y^{(l)} = \sum_j U_{yj}^{(l)}(z) \exp(ik_{xj}x) \tag{8.86}$$

式(8.63)より，格子領域の電場成分は次式で与えられる．

$$E_x^{(l)} = \frac{1}{i\omega\varepsilon_0\varepsilon(x)} \frac{\partial H_y^{(l)}}{\partial z} \tag{8.87}$$

$$E_z^{(l)} = -\frac{1}{i\omega\varepsilon_0\varepsilon(x)} \frac{\partial H_y^{(l)}}{\partial x} \tag{8.88}$$

また，式(8.60)より，

$$\frac{\partial E_x^{(l)}}{\partial z} = i\omega\mu_0 H_y^{(l)} + \frac{\partial E_z^{(l)}}{\partial x} \tag{8.89}$$

が得られる．式(8.88)を式(8.89)に代入すると，

$$\frac{\partial E_x^{(l)}}{\partial z} = i\omega\mu_0 H_y^{(l)} - \frac{1}{i\omega\varepsilon_0} \frac{\partial}{\partial x}\left[\frac{1}{\varepsilon^{(l)}(x)} \frac{\partial H_y^{(l)}}{\partial x}\right] \tag{8.90}$$

となる．さらに，式(8.87)を式(8.90)に代入すると，

$$\frac{1}{i\omega\varepsilon_0\varepsilon^{(l)}(x)} \frac{\partial^2 H_y^{(l)}}{\partial z^2} = i\omega\mu_0 H_y^{(l)} - \frac{1}{i\omega\varepsilon_0} \frac{\partial}{\partial x}\left[\frac{1}{\varepsilon^{(l)}(x)} \frac{\partial H_y^{(l)}}{\partial x}\right] \tag{8.91}$$

$$\frac{1}{\varepsilon^{(l)}(x)} \frac{\partial^2 H_y^{(l)}}{\partial z^2} = -k_0^2 H_y^{(l)} - \frac{\partial}{\partial x}\left[\frac{1}{\varepsilon^{(l)}(x)} \frac{\partial H_y^{(l)}}{\partial x}\right] \tag{8.92}$$

となる．ここで，誘電率の逆数をフーリエ級数で表す．

$$\frac{1}{\varepsilon^{(l)}(x)} = \sum_p \tilde{\varepsilon}_p^{(l)} \exp(ipKx) \tag{8.93}$$

式(8.86)および式(8.93)を式(8.92)に代入すると，

$$\sum_p \tilde{\varepsilon}_p^{(l)} \exp(ipKx) \sum_j \frac{\partial^2 U_{yj}^{(l)}(z)}{\partial z^2} \exp(ik_{xj}x)$$
$$= -k_0^2 \sum_j U_{yj}^{(l)}(z) \exp(ik_{xj}x) - \frac{\partial}{\partial x}\left[\sum_p \tilde{\varepsilon}_p^{(l)} \exp(ipKx) \sum_j ik_{xj} U_{yj}^{(l)}(z) \exp(ik_{xj}x)\right]$$
$$\tag{8.94}$$

8　数値計算法

$$\sum_p \tilde{\varepsilon}_{j-p}^{(l)} \frac{\partial^2 U_{yp}^{(l)}(z)}{\partial z^2} = \sum_p \tilde{\varepsilon}_{j-p}^{(l)} k_{xp} k_{xj} U_{yp}^{(l)}(z) - k_0^2 U_{yj}^{(l)}(z) \qquad (8.95)$$

となる．これを行列表記すると，

$$\left[\tilde{\varepsilon}^{(l)}\right]\left[\frac{\partial^2 U_y^{(l)}}{\partial z^2}\right] = k_0^2 \left(\mathbf{K}_x \left[\tilde{\varepsilon}^{(l)}\right] \mathbf{K}_x - \mathbf{I}\right)\left[U_y^{(l)}\right] \qquad (8.96)$$

$$\left[\frac{\partial^2 U_y^{(l)}}{\partial z^2}\right] = k_0^2 \left[\tilde{\varepsilon}^{(l)}\right]^{-1} \left(\mathbf{K}_x \left[\tilde{\varepsilon}^{(l)}\right] \mathbf{K}_x - \mathbf{I}\right)\left[U_y^{(l)}\right] \qquad (8.97)$$

となる．ただし，この式は計算に取り込む回折次数が無限大の場合は正しい結果を与えるが，有限次数で打ち切る場合，次数に対する解の収束が遅いという欠点をもつ．この問題を解決したのが Granet と Guizal で，括弧内の $\left[\tilde{\varepsilon}^{(l)}\right]$ を $\left[\varepsilon^{(l)}\right]^{-1}$ で置き換えることでより良い結果が得られることを示している[23)]．すなわち，

$$\left[\frac{\partial^2 U_y^{(l)}}{\partial z^2}\right] = k_0^2 \left[\tilde{\varepsilon}^{(l)}\right]^{-1} \left(\mathbf{K}_x \left[\varepsilon^{(l)}\right]^{-1} \mathbf{K}_x - \mathbf{I}\right)\left[U_y^{(l)}\right] \qquad (8.98)$$

である．式(8.98)の解は次式で与えられる．

$$U_{yj}^{(l)}(z) = \sum_{m=1}^{\infty} w_{jm}^{(l)} \left[u_m^{(l)} \exp(q_m^{(l)} z) + d_m^{(l)} \exp(-q_m^{(l)} z)\right] \qquad (8.99)$$

ここで，$\left[q_m^{(l)}\right]^2$ および $w_{jm}^{(l)}$ は行列 $k_0^2 \left[\tilde{\varepsilon}^{(l)}\right]^{-1} \left(\mathbf{K}_x \left[\varepsilon^{(l)}\right]^{-1} \mathbf{K}_x - \mathbf{I}\right)$ の固有値および固有ベクトルの要素である．この後は TE 波の場合と同じである．第 l 層における電場の接線成分が次式の形で書けるとする．

$$E_x^{(l)} = \frac{1}{i}\left(\frac{\mu_0}{\varepsilon_0}\right)^{1/2} \sum_j S_{xj}^{(l)}(z) \exp(ik_{xj} x) \qquad (8.100)$$

式(8.86)，式(8.100)および式(8.93)を式(8.87)に代入すると，

$$\begin{aligned}S_{xj}^{(l)}(z) &= \frac{1}{k_0} \sum_p \tilde{\varepsilon}_{j-p}^{(l)} \frac{\partial U_{yp}^{(l)}(z)}{\partial z} \\ &= \frac{1}{k_0} \sum_p \tilde{\varepsilon}_{j-p}^{(l)} \sum_{m=1}^{\infty} q_m^{(l)} w_{pm}^{(l)} \left[u_m^{(l)} \exp(q_m^{(l)} z) - d_m^{(l)} \exp(-q_m^{(l)} z)\right]\end{aligned} \qquad (8.101)$$

となる．式(8.99)と式(8.101)より式(8.85)と同じ形の行列表記が得られる．

2次元格子の場合にも，複雑にはなるが同様の手法で求めることができる．詳しくは文献[24)]を参照されたい．

8.3.4 散乱行列法

式(8.85)を再掲する.

$$\begin{bmatrix} \boldsymbol{W}^{(l+1)} & \boldsymbol{W}^{(l+1)} \\ \boldsymbol{V}^{(l+1)} & \boldsymbol{V}^{(l+1)} \end{bmatrix} \begin{bmatrix} \boldsymbol{u}^{(l+1)} \\ \boldsymbol{d}^{(l+1)} \end{bmatrix} = \begin{bmatrix} \boldsymbol{W}^{(l)} & \boldsymbol{W}^{(l)} \\ \boldsymbol{V}^{(l)} & \boldsymbol{V}^{(l)} \end{bmatrix} \begin{bmatrix} \phi_+^{(l)} & 0 \\ 0 & \phi_-^{(l)} \end{bmatrix} \begin{bmatrix} \boldsymbol{u}^{(l)} \\ \boldsymbol{d}^{(l)} \end{bmatrix} \tag{8.85}$$

$$\begin{bmatrix} \boldsymbol{u}^{(l+1)} \\ \boldsymbol{d}^{(l+1)} \end{bmatrix} = \begin{bmatrix} \boldsymbol{W}^{(l+1)} & \boldsymbol{W}^{(l+1)} \\ \boldsymbol{V}^{(l+1)} & \boldsymbol{V}^{(l+1)} \end{bmatrix}^{-1} \begin{bmatrix} \boldsymbol{W}^{(l)} & \boldsymbol{W}^{(l)} \\ \boldsymbol{V}^{(l)} & \boldsymbol{V}^{(l)} \end{bmatrix} \begin{bmatrix} \phi_+^{(l)} & 0 \\ 0 & \phi_-^{(l)} \end{bmatrix} \begin{bmatrix} \boldsymbol{u}^{(l)} \\ \boldsymbol{d}^{(l)} \end{bmatrix}$$
$$= T^{(l)} \begin{bmatrix} \boldsymbol{u}^{(l)} \\ \boldsymbol{d}^{(l)} \end{bmatrix} \tag{8.102}$$

この式は多層膜の場合の透過行列を用いた式(3.76)と同じ形をしている.係数 $\boldsymbol{u}^{(l)}$ と $\boldsymbol{d}^{(l)}$ がスカラーではなくベクトルとなってはいるが,多層膜のときと同様に解くことができる.すなわち,

$$\begin{bmatrix} \boldsymbol{u}^{(L)} \\ \boldsymbol{d}^{(L)} \end{bmatrix} = T^{(L-1)} \cdots T^{(1)} T^{(0)} \begin{bmatrix} \boldsymbol{u}^{(0)} \\ \boldsymbol{d}^{(0)} \end{bmatrix} = \tilde{T} \begin{bmatrix} \boldsymbol{u}^{(0)} \\ \boldsymbol{d}^{(0)} \end{bmatrix} \tag{8.103}$$

しかし,実際に計算してみると,透過行列(T-matrix)法では,格子の溝が深い場合などには不安定になることがある.これは,指数関数的に増加するエバネッセント波が計算において存在するためである.散乱行列(S-matrix)法[25, 26]では,指数関数的に減衰するエバネッセント波のみを扱うため,このような不安定性は生じない.

系全体の散乱行列 $S^{(L-1)}$ とは,次の関係を与える行列である.

$$\begin{bmatrix} \boldsymbol{u}^{(L)} \\ \boldsymbol{d}^{(0)} \end{bmatrix} = S^{(L-1)} \begin{bmatrix} \boldsymbol{u}^{(0)} \\ \boldsymbol{d}^{(L)} \end{bmatrix} = \begin{bmatrix} T_{uu}^{(L-1)} & R_{ud}^{(L-1)} \\ R_{du}^{(L-1)} & T_{dd}^{(L-1)} \end{bmatrix} \begin{bmatrix} \boldsymbol{u}^{(0)} \\ \boldsymbol{d}^{(L)} \end{bmatrix} \tag{8.104}$$

右辺にくるのは裏面からの入射場 $\boldsymbol{u}^{(0)}$(実際には零ベクトルである)と表面からの入射場 $\boldsymbol{d}^{(L)}$ で,散乱行列はそれに対する応答として反射場 $\boldsymbol{u}^{(L)}$ と透過場 $\boldsymbol{d}^{(0)}$ を与える線形応答となっている.これに対して,透過行列 $\tilde{T}^{(L-1)}$ は次の関係を与える.

$$\begin{bmatrix} \boldsymbol{u}^{(L)} \\ \boldsymbol{d}^{(L)} \end{bmatrix} = \tilde{T}^{(L-1)} \begin{bmatrix} \boldsymbol{u}^{(0)} \\ \boldsymbol{d}^{(0)} \end{bmatrix} \tag{8.105}$$

すなわち,入力は裏面からの入射場 $\boldsymbol{u}^{(0)}$(実際には零ベクトルである)と裏面への透過場 $\boldsymbol{d}^{(0)}$ で,それに対する応答として入射場 $\boldsymbol{d}^{(L)}$ と反射場 $\boldsymbol{u}^{(L)}$ を与える線形応答となっている.透過行列法ではこのように透過場から入射場を求めるため,指数関数的に増大するエバネッセント波が取り扱われる.したがって,高次の回折波を扱うと計算が

8 数値計算法

不安定になる．これに対して散乱行列法では指数関数的に減衰するエバネッセント波のみを取り扱うために常に安定である．

式(8.104)の行列内の小行列は次のようにして再帰的に求めることができる．

$$R_{ud}^{(l)} = 1 - 2G^{(l)}\tau^{(l)} \tag{8.106}$$

$$T_{dd}^{(l)} = 2\tilde{T}_{dd}^{(l-1)}\tau^{(l)} \tag{8.107}$$

$$T_{uu}^{(l)} = \left(F^{(l)}\tau^{(l)}Q_2^{(l)} + G^{(l)}\tau^{(l)}Q_1^{(l)}\right)\tilde{T}_{uu}^{(l-1)} \tag{8.108}$$

$$R_{du}^{(l)} = R_{du}^{(l-1)} + \tilde{T}_{dd}^{(l-1)}\tau^{(l)}\left(Q_2^{(l)} - Q_1^{(l)}\right)\tilde{T}_{uu}^{(l-1)} \tag{8.109}$$

ただし，

$$R_{ud}^{(0)} = R_{du}^{(0)} = 0 \tag{8.110}$$

$$T_{uu}^{(0)} = T_{dd}^{(0)} = I \tag{8.111}$$

$$\tilde{R}_{ud}^{(l-1)} = \phi_+^{(l)} R_{ud}^{(l-1)} \left(\phi_-^{(l)}\right)^{-1} \tag{8.112}$$

$$\tilde{T}_{dd}^{(l-1)} = T_{dd}^{(l-1)} \left(\phi_-^{(l)}\right)^{-1} \tag{8.113}$$

$$\tilde{T}_{uu}^{(l-1)} = \phi_+^{(l)} T_{uu}^{(l-1)} \tag{8.114}$$

$$F^{(l)} = Q_1^{(l)} \left(1 + \tilde{R}_{ud}^{(l-1)}\right) \tag{8.115}$$

$$G^{(l)} = Q_2^{(l)} \left(1 - \tilde{R}_{ud}^{(l-1)}\right) \tag{8.116}$$

$$Q_1^{(l)} = W^{(l+1)-1} W^{(l)} \tag{8.117}$$

$$Q_2^{(l)} = V^{(l+1)-1} V^{(l)} \tag{8.118}$$

$$\tau^{(l)} = \left(F^{(l)} + G^{(l)}\right)^{-1} \tag{8.119}$$

である．実際の計算においては，$\phi_-^{(l)}$自体の値が大きくなりオーバーフローすることがある．したがって，$\left(\phi_-^{(l)}\right)^{-1} = \phi_+^{(l)}$の関係を用いて，$\left(\phi_-^{(l)}\right)^{-1}$の代わりに$\phi_+^{(l)}$を用いるべきである．

8.3.5 入射場,反射場,透過場との関係

TM波の場合について考える.第L層において,入射場$\boldsymbol{i}$と$\boldsymbol{u}^{(L)}$,$\boldsymbol{d}^{(L)}$との関係を考える.このとき,$\boldsymbol{u}^{(L)}=0$である.よって,

$$\begin{bmatrix} W^{(L)} & W^{(L)} \\ V^{(L)} & -V^{(L)} \end{bmatrix} \begin{bmatrix} 0 \\ \boldsymbol{d}^{(L)} \end{bmatrix} = \begin{bmatrix} \boldsymbol{i} \\ \boldsymbol{i}' \end{bmatrix} \tag{8.120}$$

$$\boldsymbol{i} = W^{(L)} \boldsymbol{d}^{(L)} \tag{8.121}$$

となる.ここで,$\boldsymbol{i}$は磁場に,$\boldsymbol{i}'$は電場に対応する.同様に,反射場$\boldsymbol{r}$と$\boldsymbol{u}^{(L)}$,$\boldsymbol{d}^{(L)}$との関係を考える.このとき,$\boldsymbol{d}^{(L)}=0$である.よって,

$$\begin{bmatrix} W^{(L)} & W^{(L)} \\ V^{(L)} & -V^{(L)} \end{bmatrix} \begin{bmatrix} \boldsymbol{u}^{(L)} \\ 0 \end{bmatrix} = \begin{bmatrix} \boldsymbol{r} \\ \boldsymbol{r}' \end{bmatrix} \tag{8.122}$$

$$\boldsymbol{r} = W^{(L)} \boldsymbol{u}^{(L)} \tag{8.123}$$

となる.次に第0層において,透過場$\boldsymbol{t}$と$\boldsymbol{u}^{(0)}$,$\boldsymbol{d}^{(0)}$との関係を考える.このとき,$\boldsymbol{u}^{(0)}=0$である.よって,

$$\begin{bmatrix} W^{(0)} & W^{(0)} \\ V^{(0)} & -V^{(0)} \end{bmatrix} \begin{bmatrix} 0 \\ \boldsymbol{d}^{(0)} \end{bmatrix} = \begin{bmatrix} \boldsymbol{t} \\ \boldsymbol{t}' \end{bmatrix} \tag{8.124}$$

$$\boldsymbol{t} = W_1^{(0)} \boldsymbol{u}^{(0)} \tag{8.125}$$

となる.これらの関係を式(8.104)に代入する.$\boldsymbol{u}^{(0)}=0$だから,

$$\begin{bmatrix} \left(W^{(L)}\right)^{-1} \boldsymbol{r} \\ \left(W^{(0)}\right)^{-1} \boldsymbol{t} \end{bmatrix} = \begin{bmatrix} T_{uu}^{(L-1)} & R_{ud}^{(L-1)} \\ R_{du}^{(L-1)} & T_{dd}^{(L-1)} \end{bmatrix} \begin{bmatrix} 0 \\ \left(W^{(L)}\right)^{-1} \boldsymbol{i} \end{bmatrix} \tag{8.126}$$

となる.すなわち,

$$\boldsymbol{r} = W^{(L)} R_{ud}^{(L-1)} W^{(L)-1} \boldsymbol{i} \tag{8.127}$$

$$\boldsymbol{t} = W^{(0)} T_{dd}^{(L-1)} W^{(L)-1} \boldsymbol{i} \tag{8.128}$$

となる.同様に,電場に対しては式(8.120),式(8.122)および式(8.124)より,

$$\boldsymbol{r}' = -V^{(L)} R_{ud}^{(L-1)} V^{(L)-1} \boldsymbol{i}' \tag{8.129}$$

$$\boldsymbol{t}' = V^{(0)} T_{dd}^{(L-1)} V^{(L)-1} \boldsymbol{i}' \tag{8.130}$$

となる.

参考文献

1) E. M. Purcell and C. R. Pennypacker, *Astrophys. J.*, **186**, 705 (1973)
2) S. B. Singham and G. C. Salzman, *J. Chem. Phys.*, **84**, 2658 (1986)
3) B. T. Draine and J. Goodman, *Astrophys. J.*, **405**, 685 (1993)
4) B. T. Draine and P. J. Flatau, *J. Opt. Soc. Am. A*, **11**, 1491 (1994)
5) M. A. Yurkin and A. G. Hoekstra, *J. Quant. Spectro. Radiat. Trans.*, **106**, 558 (2007)
6) B. T. Draine and P. J. Flatau, *J. Opt. Soc. Am. A*, **25**, 2693 (2008)
7) K. L. Kelly, E. Coronado, L. L. Zhao, and G. C. Schatz, *J. Phys. Chem. B*, **107**, 668 (2003)
8) B. T. Draine and P. J. Flatau, "User Guide for the Discrete Dipole Approximation Code DDSCAT 7.1": http://arxiv.org/abs/1002.1505
9) M. A. Yurkin, V. P. Maltsev, and A. G. Hoekstra, *J. Quant. Spectro. Radiat. Trans.*, **106**, 546 (2007)
10) M. A. Yurkin, A. G. Hoekstra, R. S. Brock, and J. Q. Lu, *Opt. Express*, **15**, 17902 (2007)
11) A. Penttilä, E. Zubko, K. Lumme, K. Muinonen, M. A. Yurkin, B. Draine, J. Rahola, A. G. Hoekstra, and Y. Shkuratov, *J. Quant. Spectro. Radiat. Trans.* **106**, 417 (2007)
12) W.-H. Yang, G. C. Schatz, and R. P. Van Duyne, *J. Chem. Phys.*, **103**, 869 (1995)
13) A. J. Haes, S. Zou, G. C. Schatz, and R. P. Van Duyne, *J. Chem. Phys. B*, **108**, 109 (2004)
14) Y. B. Zheng, L. Jensen, W. Yan, T. R. Walker, B. K. Juluri, L. Jensen, and T. J. Huang, *J. Phys. Chem. C*, **113**, 7019 (2009)
15) K. S. Yee, *IEEE Trans. Antennas Propagat.*, **14**, 302 (1966)
16) G. Mur, *IEEE Trans. Electromagn. Compat.*, **23**, 1073 (1981)
17) 宇野 亨, FDTD法による電磁界およびアンテナ解析, コロナ社 (1998)
18) A. Taflove and S. C. Hagness, *Computational Electrodynamics: The Finite-Difference Time-Domain Method, 3rd Ed.*, Artech House, Boston (2005)
19) M. G. Moharam and T. K. Gaylord, *J. Opt. Soc. Am.*, **71**, 811 (1981)
20) M. G. Moharam and T. K. Gaylord, *J. Opt. Soc. Am.*, **72**, 1385 (1982)
21) M. G. Moharam and T. K. Gaylord, *J. Opt. Soc. Am.*, **73**, 451 (1983)
22) M. G. Moharam and T. K. Gaylord, *J. Opt. Soc. Am. A*, **3**, 1780 (1986)
23) G. Granet and B. Guizal, *J. Opt. Soc. Am. A*, **13**, 1019 (1996)
24) L. Li, *J. Opt. Soc. Am. A*, **14**, 2758 (1997)
25) L. Li, *J. Opt. Soc. Am. A*, **13**, 1024 (1996)
26) L. Li, *J. Opt. Soc. Am. A*, **20**, 655 (2003)

9
プラズモニクスの化学・生物・材料科学への応用

　表面プラズモンの応用分野は多岐にわたるが，なかでも，化学・生物・材料科学分野への応用は最も広く行われている．その利用方法は大きく二つに分けることができる．一つは表面プラズモンの共鳴条件が表面近傍の物質の有無に敏感であることを利用した物質や薄膜などの物質検出である．分子認識，超薄膜のイメージング，タンパク質やDNAの検出などの分野での利用が進んでいる．もう一つは，表面プラズモン共鳴時に起こる電場の増強効果を利用することで各種の分光測定における信号の増強・増感である．よく知られている例として表面増強ラマン散乱（SERS）分光がこれにあたる．分光測定における微弱な信号を，表面プラズモンを用いて増感・増強して計測できるようにしたり，信号対雑音比（SN比）を大幅に改善したりすることができる．

9.1　表面上に吸着や結合した物質の検出原理

9.1.1　伝搬型表面プラズモン

　単分子層あるいはそれ以下の量の物質の表面への吸着や脱離，表面分子層への分子の結合などを観測する光学的な方法は，さまざまな分野への応用が可能な技術である[1~12]．表面反応の解明や単分子薄膜の評価手法として重要なだけでなく，分子間相互作用の測定や，タンパク質やDNAなどのバイオ分子の検出にも使われる．この場合，求められる性能は，表面選択性（表面近傍の信号のみを観測できること）や，低ノイズで高い感度をもつことなどである．光学的な手法の利点には，

(1) その場（*in-situ*）測定が可能であること

(2) 空気中や水中などで測定が可能であること，すなわち，測定環境を選ばないこと

(3) 比較的簡単な装置で測定が可能であること
(4) 時間分解測定が可能であること
(5) 非破壊な測定であること

があり，特に水溶液中での吸着・結合反応や超薄膜の形成過程の観測に最適である．しかしながら，このような試料からの信号は弱く，ノイズや光源の揺らぎなどもあるため，測定にはこれらの問題を解決する工夫が必要である．

図9.1に全反射減衰法(ATR法)を用いた伝搬型の表面プラズモン共鳴測定の光学配置を示す[13〜16]．この光学配置は5章で述べたKretschmann配置である．プリズム底面には金や銀などの金属を50 nmの厚さで蒸着し，それを表面プラズモンが励起される金属層として用いる．一般にプリズムは高価であり，かつそれを基板として試料を作製しづらい．そこで，プリズムと同じ材質の平面基板に金属層を蒸着して，インデックスマッチングオイルを用いてプリズムに取り付ける．インデックスマッチングオイルは光学的なコンタクトをとる液体であり，プリズムと基板の屈折率に合ったものを用いる必要がある．（高屈折率のインデックスマッチングオイルには毒性があるので取り扱いには注意を要する．）波長633 nmにおける反射率の入射角依存性の一例を図9.2に示す．入射角の関数として反射率を計算してプロットした．いくつかの計算方法があるが透過行列法[17]を使うとプログラムも簡単で計算量も少なく便利である．詳細は3.8節に述べてある．ここでは，周辺媒質を空気とした．p偏光の反射率を実線で示し，s偏光の反射率を破線で示した．s偏光では，入射角を大きくしていくと臨界角 θ_c で全反射状態となり，1に近い反射率で一定値をとる．反射率が1にならないのは，プリズムの斜面における反射損失と金属の誘電率の虚部による損失があるためである．一方，p偏光の光を入射した際には，臨界角 θ_c で全反射状態となった後，表面プラズモンの共鳴角 θ_r で反射率が最小となる下に凸の共鳴ピークが現れる．このとき，入射光のエネルギーは表面プラズモンに変換され，金属薄膜表面上を伝搬

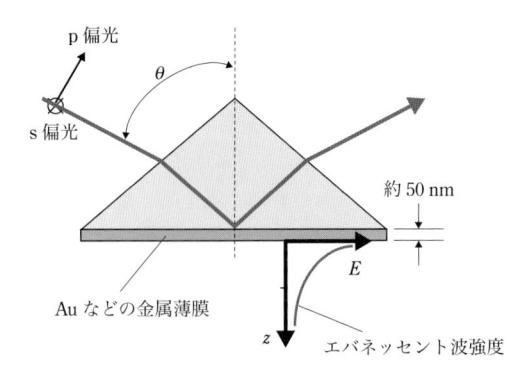

図9.1 全反射減衰法(ATR法)を使ったKretschmann配置

9.1 表面上に吸着や結合した物質の検出原理

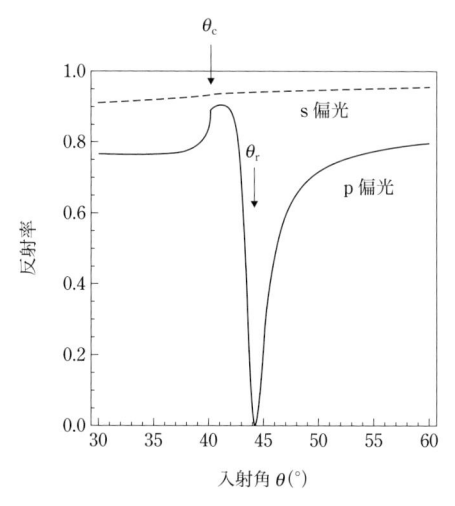

図 9.2 波長 633 nm における反射率の入射角依存性(空気中)
プリズムの屈折率は 1.50,金薄膜の厚さは 50 nm として計算した.

する.伝搬距離は数 μm ～数十 μm 程度であり,金属のもつ誘電率の虚部により入射光のエネルギーが熱に変わる.すなわち入射光のエネルギーは金属薄膜に吸収される.

表面上への分子の吸着や結合は,表面上での誘電体層の形成と考えることができる.誘電体層の屈折率は周辺媒質である空気や水より大きいため,金薄膜表面に形成すると吸収ピークは高角度側にシフトする.そのシフト量は条件によっても変わるが BK7 の直角プリズムを用いた場合,誘電体層の屈折率を 1.5 とするとその厚さ 1 nm につき約 0.22° である.誘電体薄膜の膜厚の関数として,共鳴角をプロットしたものを図 9.3 に示す.ここでは屈折率 1.5 の直角プリズムを用い,金薄膜の膜厚が 50 nm である場合を考えた.また,入射光の波長は 633 nm とした.これを見ると,膜厚とシフト量の関係はほぼ直線であることがわかる.これを使って表面上へ吸着・結合した分子層の量をモニターするためには,入射角を変化させ吸収ピークの角度を求めたり,吸収が現れる角度近傍の角度における反射率を測定したりする.

周辺媒質が水の場合には,通常のガラス(屈折率 1.5 程度)で作られた直角プリズムを用いることはできない.共鳴角が極端に大きくなり表面プラズモン共鳴を観察しづらくなるためである.そこで,半球型のプリズム(屈折率 1.5)や,高屈折率のプリズムを用いる.高屈折率のプリズムや基板として容易に入手できるのは,SF11(屈折率 1.785)や LaSFN9(屈折率 1.86)などの材質のものである.いずれのプリズムも高価であるため,プリズムと同じ材質の平面平行基板上に金薄膜を作製してインデックスマッチングオイルでコンタクトをとり用いることが多い.図 9.4 には,LaSFN9 の直

9 プラズモニクスの化学・生物・材料科学への応用

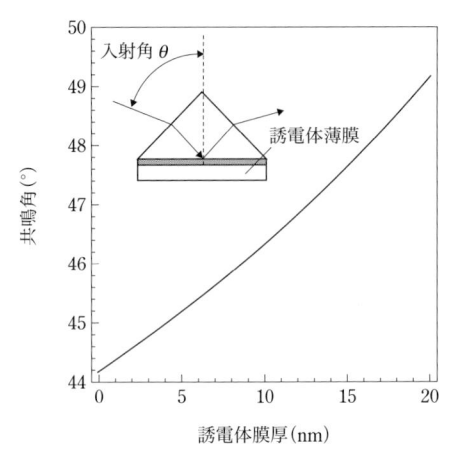

図 9.3 波長 633 nm における共鳴角と誘電体膜厚の関係(空気中)
プリズムの屈折率は 1.5,金薄膜の膜厚は 50 nm として計算した.

角プリズムを用いたときの反射率曲線を計算した結果を示す.高屈折率のプリズムを使ったとしても周辺媒質が空気の場合と比較して,臨界角 θ_c,共鳴角 θ_r は,ともに高角度側に現れている.

共鳴角の誘電体薄膜の膜厚依存性を計算しプロットしたものを図 9.5 に示す.空気中と同様に,共鳴角 θ_r は膜厚 d に対してほぼ直線的に大きくなる.誘電体薄膜の膜厚 1 nm につき約 0.20° 高角度側にシフトしている.また薄膜の密度を 1 とすれば,1 nm の薄膜は 1 mm^2 あたり 1 ng の質量に対応する.すなわち,密度がわかれば吸着した物質の質量を膜厚換算して議論することができる.

励起波長依存性を考えてみよう.図 9.6(a) と図 9.6(b) に金属薄膜がそれぞれ金および銀の場合の反射率曲線をいくつかの波長でプロットしたものを示す.金属薄膜の膜厚は 50 nm とした.金のバンド間遷移による吸収端は 500 nm 付近にあるため 600 nm より短波長の光では金属的な応答を示さなくなる.そのため,共鳴吸収ピークの幅が広くなり良好に表面プラズモンを励起することができない.一方で,長波長側では損失が小さく共鳴吸収ピークの幅が狭いが,極端に狭い共鳴吸収では測定の精度や入射光の単色性・平行性が問題となり,実際にはあまり使われない.その結果,He−Ne レーザー(波長 632.8 nm)などの 600〜800 nm 付近の波長のレーザー光や単色光が用いられることが多い.

もう一つの表面プラズモン共鳴の特徴として,共鳴時に金表面近傍付近に強い電場が生成されることがある.これは,表面プラズモンが表面に沿って数 μm〜数十 μm 伝搬することによる.図 9.7(a) に波長 1064 nm における電場の増強度の入射角依存

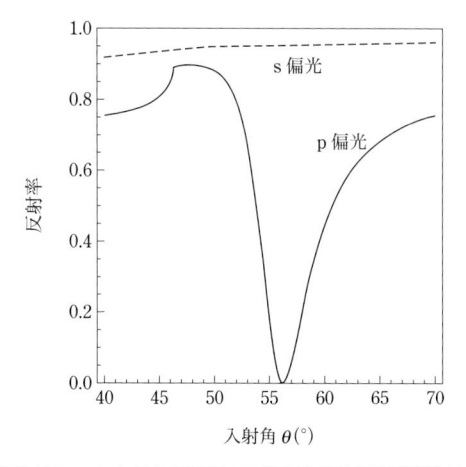

9.1 表面上に吸着や結合した物質の検出原理

図 9.4 波長 633 nm における反射率の入射角依存性（周辺媒質が水の場合）
プリズムの屈折率は 1.86，金薄膜の厚さは 45 nm として計算した．

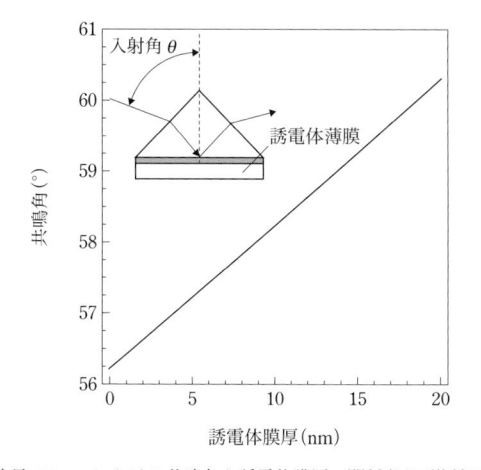

図 9.5 波長 633 nm における共鳴角と誘電体膜厚の関係（周辺媒質が水の場合）
プリズムの屈折率は 1.86，金薄膜の厚さは 45 nm として計算した．

性を示す．電場の増強度は表面プラズモンが起こっている金属表面において入射光電場に対して何倍の大きさの電場が生じるかということで定義される．共鳴角 θ_r 近傍で増強度は最大となる（厳密には共鳴角 θ_r とはならない）ことがわかる．入射光電場強度に対する増強度は金属の種類と波長により大きく異なる．図 9.8(a)，(b)にそれぞれ金薄膜と銀薄膜を用いた場合の電場の増強度の最大値をプロットしたものであ

9 プラズモニクスの化学・生物・材料科学への応用

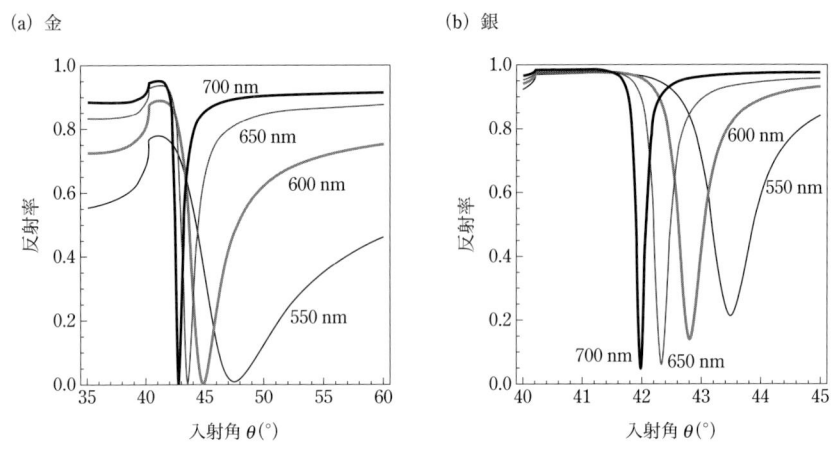

(a) 金 (b) 銀

図 9.6 金属薄膜が金の場合(a)と銀の場合(b)の反射率曲線の波長依存性(空気中)
いずれも金属薄膜の厚さは 50 nm で計算した．

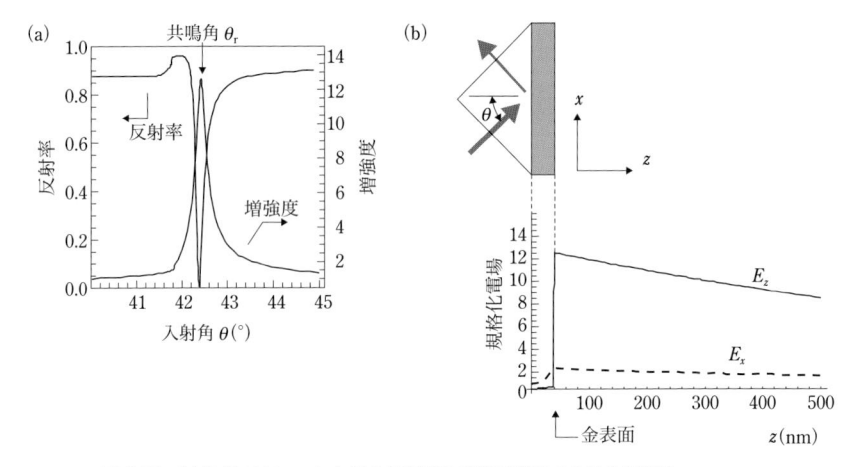

図 9.7 (a)波長 1064 nm における反射率と電場増強度の入射角依存性
(b)共鳴角における規格化した電場の大きさ
z の関数としてプロットした．プリズムと金薄膜の界面を $z = 0$ とした．

る．電場増強度とは入射光の電場に対する金属薄膜上での電場の比である．6.8 節や 6.9 節で論じた電場強度の増強度に直すにはこれを 2 乗すればよい．金を用いた場合，波長 633 nm で電場増強度はおよそ 10 倍である．蛍光では吸収と放射でそれぞれ増強が起こると考えられ，強度は電場の 2 乗に比例するため，金属表面での蛍光の消光効果が小さければ，蛍光分光の増感にはきわめて効果的であることがわかる．後に述べ

156

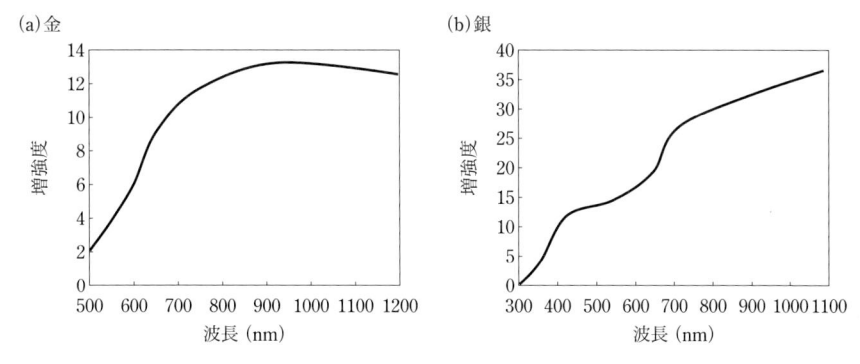

図 9.8 金属薄膜に金(a)および銀(b)を用いた場合の共鳴角における電場増強度の波長依存性

るようにラマン分光や非線形分光の場合も同様である．また，図 9.7(b)に示すように電場は表面法線方向に指数関数的に減衰する．侵入長（大きさが $1/e$ となる長さ）は波長程度でありこれより内側の領域に物質がある場合には増強電場の影響を受けることになる．

9.1.2 局在プラズモン共鳴

局在プラズモン共鳴も単分子層あるいはそれ以下の物質の表面への吸着や脱離の追跡に用いることができる．金属ナノ粒子や粗い金属表面で局在プラズモン共鳴が起こる過程は，6 章で述べたとおりである．簡単に書けば，球形の微粒子の場合，波長 λ における半径 r のナノ粒子の分極率 $\alpha(\lambda)$ は

$$\alpha(\lambda) = 4\pi\varepsilon_a(\lambda)r^3 \frac{\varepsilon_m(\lambda) - \varepsilon_a(\lambda)}{\varepsilon_m(\lambda) + 2\varepsilon_a(\lambda)} \tag{9.1}$$

と表される．$\varepsilon_m(\lambda)$ は微粒子の誘電率，$\varepsilon_a(\lambda)$ は周辺媒質の誘電率である．局在プラズモンが共鳴を起こすのは，式(9.1)の分母の絶対値が最小になる場合である[18]．金属の誘電率は波長により大きく変化するため，ある波長で局在プラズモン共鳴が起こることになる．空気中の金および銀ナノ粒子の分極率の絶対値 $|\alpha(\lambda)|$ を計算し，プロットしたものが，それぞれ図 9.9(a)および(b)である．計算には文献[19]に報告されている誘電率を用いた．この結果から，金の微粒子の場合には波長 510 nm 付近に分極率のピークがあることがわかる．また銀の微粒子の場合には波長 360 nm に鋭いピークが見られる．銀の微粒子では，周辺の媒質の影響を強く受けたり，微粒子表面が硫化や酸化を起こすため，実験的には必ずしもこの波長にピークが見られるわけではない．このとき周辺に励起される電場の大きさを示したのが図 9.10(a)および(b)である．図 9.10(a)，(b)はそれぞれ金ナノ粒子，銀ナノ粒子の場合を示している．金ナノ粒子単独では 3 倍程度の増強効果が得られる．一方，銀ナノ粒子の場合は，近紫外域に 10

9 プラズモニクスの化学・生物・材料科学への応用

(a) 金ナノ粒子

(b) 銀ナノ粒子

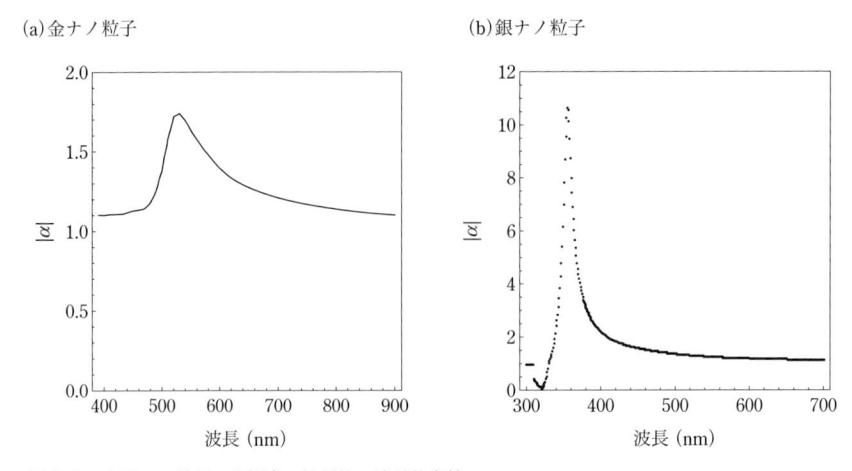

図 9.9 金属ナノ粒子の分極率の絶対値の波長依存性
(a) 金ナノ粒子, (b) 銀ナノ粒子. 分極率の単位は任意単位であるが, (a) と (b) の間の比較はできる.

(a) 金ナノ粒子

(b) 銀ナノ粒子

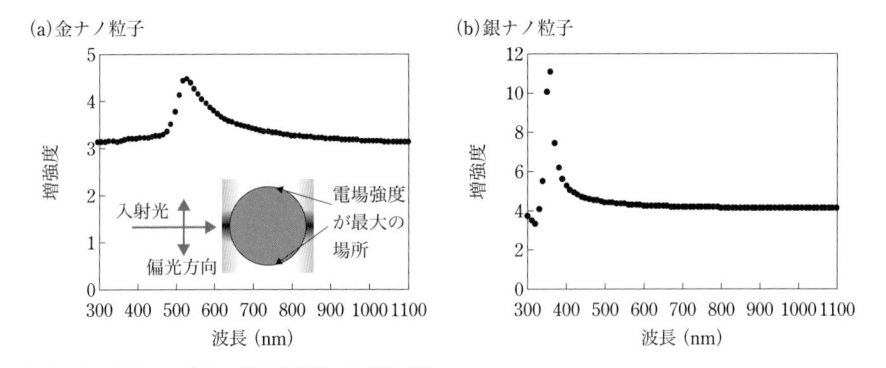

図 9.10 金属ナノ粒子の電場増強度の波長依存性
(a) 金ナノ粒子, (b) 銀ナノ粒子. (a) の挿入図はナノ粒子周辺の電場強度の位置依存性を示したものである. 電場強度が強い部分を明るく示した.

倍以上の増強度が得られていることがわかる.

この球状の金属ナノ粒子表面に誘電体薄膜が吸着した場合には, 式(9.1)に用いられる誘電率が膜厚まで含んだ実効的なものになり, 分極率 $\alpha(\lambda)$ は式(6.112)を書き直して

$$\alpha(\lambda) = 4\pi\varepsilon_a(\lambda)(r+d)^3 \frac{\varepsilon_d(\lambda)\varepsilon_A(\lambda) - \varepsilon_a(\lambda)\varepsilon_B(\lambda)}{\varepsilon_d(\lambda)\varepsilon_A(\lambda) + 2\varepsilon_a(\lambda)\varepsilon_B(\lambda)} \tag{9.2}$$

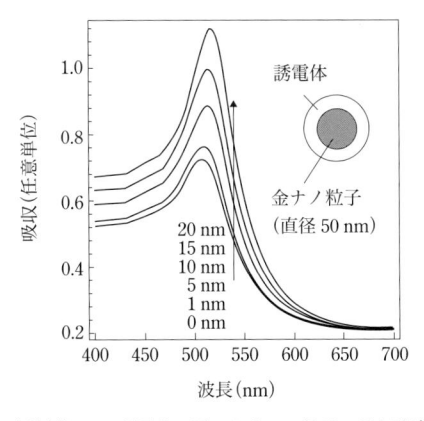

9.1 表面上に吸着や結合した物質の検出原理

図9.11 表面を屈折率 1.5 の誘電体で覆った金ナノ粒子の吸収強度の波長依存性 誘電体膜厚 0〜20 nm について計算を行った．

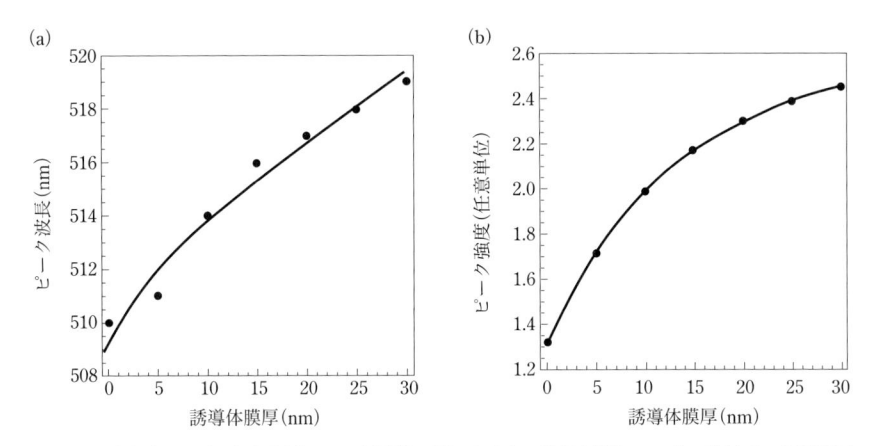

図9.12 空気中での表面を屈折率 1.5 の誘電体で覆った金ナノ粒子（直径 50 nm）の吸収ピーク波長(a)とピーク強度の誘電体膜厚の依存性(b)

と表される[20]．ただし，$\varepsilon_d(\lambda)$ はその誘電体層の誘電率（屈折率）であり，$\varepsilon_A(\lambda)$ と $\varepsilon_B(\lambda)$ は次式で記述される．

$$\varepsilon_A(\lambda) = \varepsilon_m(\lambda)(3-2P) + 2\varepsilon_d(\lambda)P \tag{9.3}$$

$$\varepsilon_B(\lambda) = \varepsilon_m(\lambda)P + 2\varepsilon_d(\lambda)(3-P) \tag{9.4}$$

$$P = 1 - \left(\frac{r}{r+d}\right)^3 = \frac{d(3r^2 + 3dr + d^2)}{(r+d)^3} \tag{9.5}$$

159

9 プラズモニクスの化学・生物・材料科学への応用

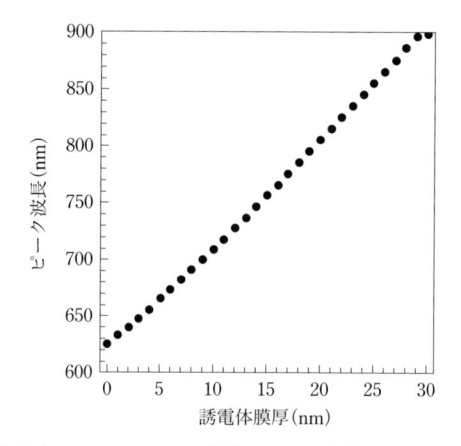

図 9.13 空気中での Kretschmann 配置における誘電体膜厚と共鳴波長の関係
屈折率 1.5 の直角プリズム底面に膜厚は 50 nm の金薄膜を堆積し，入射角が 44° の場合を計算した．

式(9.1)の場合と同様に，式(9.2)の分母が最小になるときに局在プラズモン共鳴が起こる．そのため，共鳴波長は d により変化する．また，係数は $(r+d)^3$ であるため，散乱効率や吸収効率も大きく変化する．図 9.11 に金ナノ粒子にさまざまな厚さで誘電体薄膜が吸着した際の吸収スペクトルの計算結果を示す．誘電体薄膜の膜厚が増すとピークが長波長側にシフトし，強度も増していることがわかる．ピーク波長の膜厚依存性を図 9.12 に示した．図 9.13 に Kretschmann 配置における誘導体膜厚に対するピーク波長変化を示す．これを見ると局在プラズモン共鳴の場合には Kretschmann 配置の表面プラズモン共鳴に比べて変化量は小さいことがわかる．

9.1.3 表面プラズモン顕微鏡

表面プラズモン顕微鏡は，単分子層以下の物質の有無を表面プラズモンの共鳴状態の違いによる反射率コントラストとして画像化するものである[21]．図 9.14 に示すような光学系で反射方向に顕微鏡光学系を組み，CCD カメラで試料の反射率のコントラストを画像化する．この顕微鏡は後述のマルチチャンネル表面プラズモンセンサー（SPR センサー）にも用いられており[22]，顕微鏡だけでなくさまざまな測定に利用できる．図 9.15 に厚さ 2 nm 程度の SiO_2 薄膜を格子状にパターニングした試料を表面プラズモン顕微鏡で画像化したものを示す．表面プラズモン顕微鏡の特徴として，入射角を変化させると明暗のコントラストが逆転することがある．これは図 9.15(b) に示したような反射率曲線で説明することができる．入射角 θ_1 では薄膜がある部分が明るく（反射率が高く），薄膜がない部分が暗い（反射率が低い）．入射角 θ_2 では薄膜

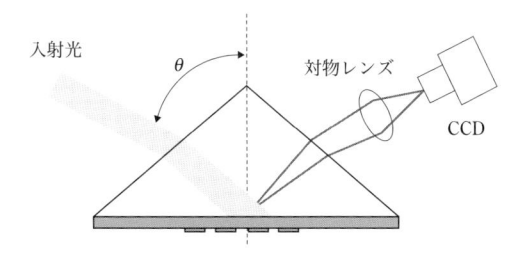

9.1 表面上に吸着や結合した物質の検出原理

図9.14 表面プラズモン顕微鏡の光学系

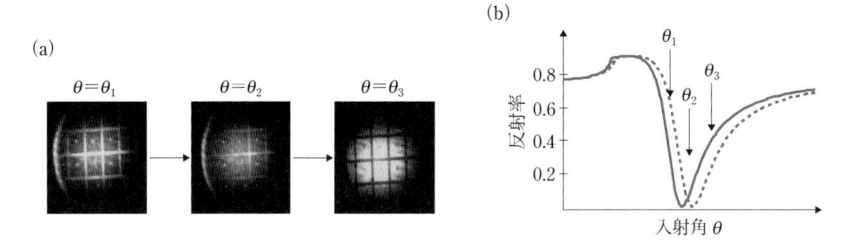

図9.15 (a)メッシュ状にパターニングしたアルカンチオール SAM の表面プラズモン顕微鏡像，(b)反射率曲線
実線：アルカンチオール SAM がない場合，破線：アルカンチオール SAM がある場合．

のある部分とない部分の反射率が同じであるため像が消失し，入射角 θ_3 では θ_1 のときとは逆に薄膜がない部分が明るく（反射率が高く）観察されている．

　表面プラズモン顕微鏡の光学系は，反射側に顕微鏡の光学系を設置する他は通常の表面プラズモン共鳴測定の光学系とほぼ同じであるが，光源に多少の工夫が必要である．レーザーを用いる場合には，ビームエキスパンダーを用いてスポットサイズを大きくし，位置による入射光強度の分布を小さくすると良好な結果が得られる．ただ，レーザーを用いる場合には，スペックルの発生などの問題が生じやすく良好な画像を得られない場合もある．その際はレーザーのコヒーレンスを落とす工夫をしたり，高輝度のインコヒーレント光源をコリメートして用いたりするとよい．

9.1.4　分解精度

　表面プラズモン共鳴測定の性能を表す重要なパラメーターに分解精度（resolution）がある．物質が吸着したり結合したりする際に測定できる最小の量を質量分解精度という．また，とらえることができる最小の周辺媒質の屈折率変化を屈折率分解精度という．質量または屈折率を q として，そのときの信号を $F(q)$ としよう．q は単位面積あたりに吸着・結合した質量や膜厚，または，周辺媒質の屈折率を考える．$F(q)$

9 プラズモニクスの化学・生物・材料科学への応用

を $q=0$ のまわりに展開して，一次の項までとると，

$$F(q) = F(0) + F'(0)q \tag{9.6}$$

となる．$F'(0)$ は，信号変化の割合（感度）である[23]．感度は高いほど良さそうであるが，分解精度を決めるもう一つの要因がある．それが，測定の際に生じる誤差の期待値 σ である．σ は実際の条件で複数回測定した際の信号のばらつきの標準偏差 σ_{std} であるが，ノイズなどが無視できる場合には装置などの測定分解精度 σ_{ins} で代えることも多い．測定手法の性能を表すのは，感度ではなくどれだけ少ない物質量（質量や屈折率）を区別して検出できるかということである．この分解精度 r は以下の式で表され，小さいほど物質量や屈折率の少ない変化を検出することができる[24]．

$$r = \frac{\sigma_{ins}}{F'(0)} \tag{9.7}$$

r の次元は（物質量）となり，検出できる最小の物質量を表す．表面プラズモンでは，$F'(0)$ が大きいため，σ_{ins} が同じでも高い分解精度が得られる．

9.1.5 LB 膜の評価

図 9.16 に示すように水面上に展開した両親媒性分子は適当な条件のもとで気液界面に分子膜を構成する．バリアを使って水面の面積をゆっくりと狭めていくと固体の単分子膜が形成する．これを基板にすくい取ったものが Langmuir–Blodgett 膜（LB 膜）である[25〜30]．数 nm 厚の単分子膜を積層して高度に制御した構造を作製することができるため，1980 年代から 1990 年代にかけて多くの研究が行われてきた．LB 膜は非常に薄く，通常の方法では評価が困難であったため，表面プラズモンを用いた膜厚の光学測定や表面プラズモン顕微鏡[21]を用いた形態観察が行われている．表面プラズモン共鳴は，薄膜の厚さの評価方法としてよく用いられる．エリプソメトリーに比べて，シンプルな光学系で測定が可能であるという特徴がある．また，色素 LB 膜など

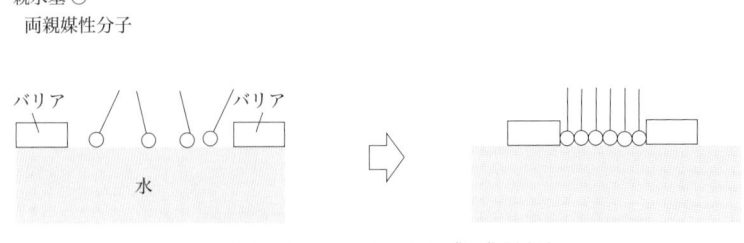

図 9.16　Langmuir–Blodgett 膜の作製方法

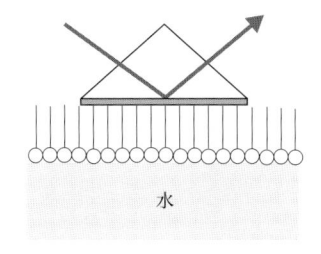

9.1 表面上に吸着や結合した物質の検出原理

図 9.17 水面上単分子膜の表面プラズモン共鳴測定

の場合には，波長依存性を含めた光学的な誘電関数の評価も行うことができる[28,29]．

LB 法を用いると色素薄膜の金属表面からの距離を比較的自由に制御することができる．これを利用した研究は表面プラズモンの分野以外でも古くから行われてきた．近年，金属表面近傍の蛍光分子の発光増強効果（surface plasmon-coupled emission：SPCE）の研究の一つに，LB 法を用いてステアリン酸などの単分子膜を多層に堆積し，金属表面からの距離を変えて蛍光の放射パターンや蛍光寿命を議論した例がある[31]．試料には膜厚 47 nm の銀薄膜上に 2 nm 厚で SiO_2 を蒸着し，ステアリン酸 LB 膜のスペーサー層を挟んでシアニン色素とステアリン酸を混合した LB 膜を堆積したものを用いている．銀表面からの距離はステアリン酸 LB 膜の層数で 2〜52 nm にコントロールした．514.5 nm の励起による蛍光放射角度の依存性およびその強度は理論計算と良い一致を示している．

表面プラズモン共鳴測定ではプリズムを利用するため，水面上の単分子膜の測定は困難なように思えるが，これを解決した研究例もある[32]．水面上に両親媒性分子の長鎖第四級アンモニウム塩の単分子層を作製し，図 9.17 のように金薄膜を堆積したプリズムを水面上でコンタクトした．その後，水に可溶なアニオン性電解質高分子を下層水（サブフェーズ）に分散したときの吸着過程をその場で追跡した．その結果，吸着過程は 2 段階に分けることができ，最初の段階では高分子単分子膜として吸着し，その後高分子層が不均一に吸着していくと推測された．これは前者では吸着にともなう反射率のディップの幅の増加がほとんど見られないのに対して，後者では高分子層の吸着とともにディップの幅の著しい増加が見られたことによる．このように，表面プラズモン共鳴測定は単に分子の量を測定するだけでなく，反射率曲線の特徴からその形態もある程度推測することができる．

9.1.6 SAM 膜の評価

自己組織化単分子膜（self-assembled monolayer：SAM）は図 9.18 に示すように金属基板などを溶液に浸漬するだけで自発的に配向した構造が構築されたもので，1990 年代から多くの研究が行われてきている[28,33〜35]．SAM の評価方法として，表面プラ

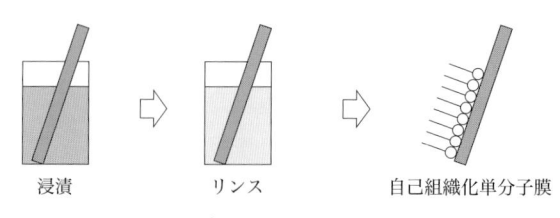

図9.18 自己組織化単分子膜の作製方法

ズモン共鳴測定がしばしば用いられる．これは，表面プラズモンが起こる金属薄膜が基板としても用いることができ，かつ，その場測定が可能であるという特徴による．初期の研究ではLB膜の場合と同じく，膜厚や吸着分子量の測定，光学的な誘電関数の評価手法として表面プラズモン共鳴測定が用いられてきた．SAMでよく使われる膜厚や吸着分子量測定としては，X線光電子分光(XPS)やエリプソメトリー，中性子線の反射率測定などがあるが，表面プラズモン共鳴測定は手軽でその場測定が可能であるという特徴がある．これらの特徴を活かした測定例をいくつか挙げる．

アルカンチオール($CH_3(CH_2)_nSH$)SAMは作製が容易かつ安定であるため，最も研究が進んでいるSAMの一つである．メチレン基の数が$n=7$から$n=17$のアルカンチオールSAMがよく研究されているが，メチレン基の数が多いほど形成されたSAMは安定であるといわれている．そのため，短い鎖のSAMが形成されている金基板をメチレン数が多い(長鎖の)アルカンチオール溶液に浸漬すると交換反応が起こることが，放射性同位体でラベルしたアルカンチオールを用いた実験により確認されている．交換反応の起こりやすさがSAM形成後の時間経過でどのように変化するかを表面プラズモン共鳴測定により調べた筆者らの研究例を示す[36]．表面プラズモン共鳴測定ではその場で交換反応の過程を定量的に追跡することが可能である．研究では，定量性を確保するため，反射率が最小となる入射角に固定して反射率変化を測定した．単位厚さあたりの反射率変化が最も大きいのは，共鳴角ではなく共鳴角近傍であるが，吸着・結合物質量に対する反射率変化は線形的である保証はない．しかし，ディップの位置に入射角を固定すれば，反射率変化が物質量の2乗に比例することが理論的に予測される．実際にこれを計算したものが図9.19である．AやCの場合(共鳴角近傍)では，(b)に示すように誘電体の厚さと反射率の関係は単純ではないが，Bの場合(共鳴角)では誘電体の厚さの2乗に比例して反射率が変化する．ただし，この関係は誘電体の厚さが十分に小さい場合($0\sim3\,\mathrm{nm}$)が成り立つ．このように定量性を確保するためには，共鳴角近傍ではなく共鳴角に入射角を固定するとわかりやすい．実験では，オクタンチオール($n=7$)SAMが形成された直後にオクタデカンチオール($n=17$)溶液に浸漬して交換反応を行った場合と1日置いて交換反応を行った場合の交換反応の速度と交換した分子の量を比較した．図9.20に示すように，後者はす

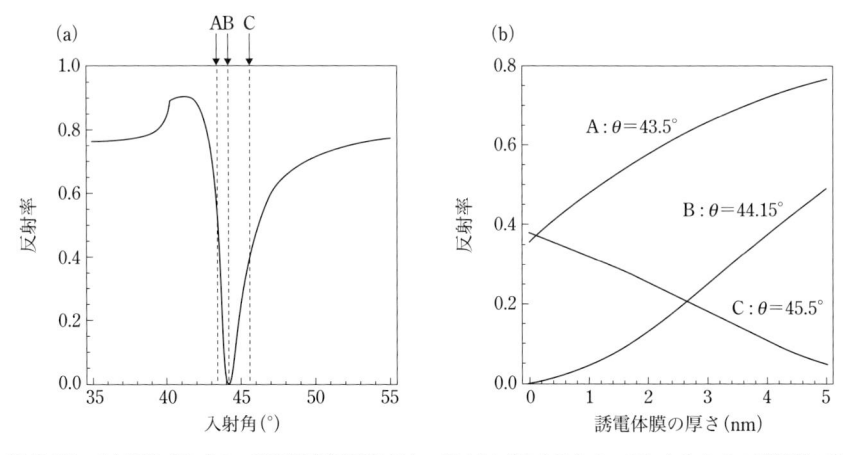

9.1 表面上に吸着や結合した物質の検出原理

図 9.19 (a)表面プラズモン共鳴測定(誘電体がない場合)と(b)入射角を一定にしたときの反射率の誘電体膜厚依存性

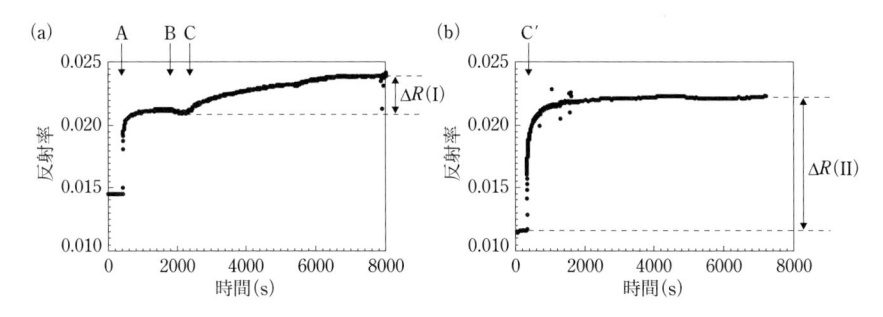

図 9.20 オクタンチオール SAM 形成直後のオクタデカンチオール SAM への交換反応(a)とオクタンチオール溶液に1日間浸漬して作製した SAM のオクタデカンチオール SAM への交換反応(b)の表面プラズモンセンサーを使ったその場測定の結果
(a)ではオクタンチオール SAM の形成過程(A〜B)，リンス後(B〜C)もあわせて示した．C においてオクタデカンチオール溶液に浸漬している．オクタデカンチオール SAM への交換はゆっくりで，かつ，反射率の変化量 $\Delta R(\mathrm{I})$ は 0.003 程度である．これに対して，(b)ではオクタデカンチオール SAM への交換は速く，反射率の変化量 $\Delta R(\mathrm{II})$ も 0.01 近くあり大きい．(a)の測定で得られたオクタンチオール SAM に対応する反射率変化がおよそ 0.007 であることを考慮すると，ほぼすべての分子が交換したと考えられる．
[K. Kajikawa *et al.*, *Jpn. J. Appl. Phys.*, **36**, L1116(1997), Fig.2]

ぐにほぼすべてのオクタンチオールが交換されたのに対して，前者では交換反応は遅く，すべてのオクタンチオール分子が交換されないことがわかった．これは，オクタンチオールが SAM 形成後しばらくするとジチオール化されるなどの化学的変化が生じ変換反応が起こりやすくなっているためであると考察している．

SAMなどの超薄膜(厚さ数nm以下)では，実験的に屈折率と膜厚を分離することは困難である．そこで，多くの研究では，SAMの屈折率としてパラフィン結晶の屈折率を用いて $n = 1.5$ と近似して膜厚を求めている．屈折率と膜厚を分離して求めるためには，いくつかの波長で測定する方法があるが，屈折率分散(波長によって屈折率が変わること)のため，厳密な考察は難しい．そこで，周辺媒質の屈折率を変化させることにより，それらを分離してSAMの配向を議論した例がある[37]．試料はオクタデカンチオールのいくつかを CF_2 に置換したSAMを用いている．表面プラズモン共鳴測定の際に用いる周辺媒質は，空気，ジクロロメタン，クロロホルム，アセトン，ヘキサン，テトラヒドロフラン(THF)，フッ化ヘキサン，水などで，これらの溶媒(と空気)を用いて屈折率を $1 \sim 1.45$ の間で変化させることができる．膜厚と屈折率を分離して求めた膜厚は，XPSなどの結果と一致していることが示されている．

以上のように，表面プラズモン共鳴を使った膜厚や物質量の測定は定量性が良く，蛍光色素や放射性同位体でラベルする必要がないという特徴がある．そのため，実験パラメーターを詳細に変えた実験を網羅的に行うときには有力な評価手法となる．

9.2 分子間相互作用の測定とバイオセンシング

表面プラズモン共鳴の重要な応用分野の一つにタンパク質やDNAなどの生体由来分子の検出がある．これは，表面プラズモンの共鳴条件が表面の物質の有無に敏感であることを利用したものである[1~4]．原理は単純で，図9.21に模式的に示した．検出対象分子(アナライト)に対して特異的に相互作用を有する分子(リガンド)を金属の表面上に固定化する．DNAの場合には相補的な塩基配列をもつDNAを固定化し，タンパク質の場合には特異的に結合するDNAや糖鎖，抗体などを固定化する．固定化の方法としては，リガンドをチオール化して金属表面に共有結合させる，金属表面に塗布された高分子薄膜やタンパク質に共有結合させる，などの方法がある．図9.21に示すように試料溶液中にアナライトが存在する場合にはリガンドに特異的に結合して表面膜厚が増加する．これを表面プラズモン共鳴を用いて検出すればよい．

最も単純な結合過程では結合量は以下のように議論することができる[38~40]．アナライトAとリガンドLの間の結合反応を次のように表す．

$$A + L \underset{v_2}{\overset{v_1}{\rightleftarrows}} AL \tag{9.8}$$

ここでALは結合後の複合体である．右向きおよび左向きの結合速度 v_1, v_2 は，それぞれの結合定数を k_1, k_2 として，

9.2 分子間相互作用の測定とバイオセンシング

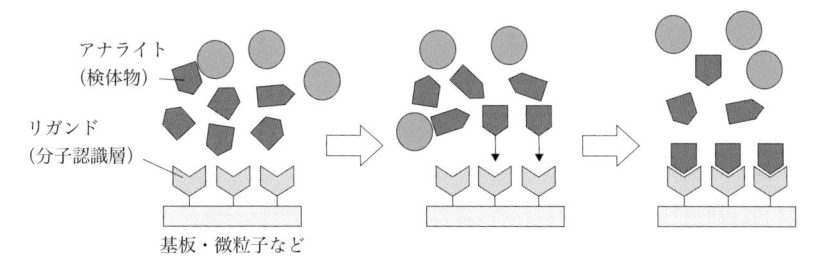

図 9.21 分子間相互作用を利用したバイオセンシングの原理

$$v_1 = k_1 [\mathrm{A}][\mathrm{L}] \tag{9.9}$$

$$v_2 = k_2 [\mathrm{AL}] \tag{9.10}$$

となる．[ ]は濃度または表面密度を表す．また，平衡定数 K_a は

$$K_\mathrm{a} = \frac{k_1}{k_2} = \frac{[\mathrm{AL}]}{[\mathrm{A}][\mathrm{L}]} \tag{9.11}$$

と定義される．初期状態 $t=0$ におけるリガンドの表面密度を $[\mathrm{L}]_0$ とする．時間 t において割合 $s(t)$ のリガンドが反応したとすると，リガンドの表面密度 $[\mathrm{L}]$ は

$$[\mathrm{L}] = [\mathrm{L}]_0 (1 - s(t)) \tag{9.12}$$

であり，複合体 AL の表面密度 $[\mathrm{AL}]$ は

$$[\mathrm{AL}] = [\mathrm{L}]_0 s(t) \tag{9.13}$$

である．AL の生成速度は未反応のリガンドの表面密度に比例するので，微分方程式を立てると以下のようになる．

$$\frac{\mathrm{d}[\mathrm{AL}]}{\mathrm{d}t} = k_1 [\mathrm{A}][\mathrm{L}] - k_2 [\mathrm{AL}] = k_1 [\mathrm{A}][\mathrm{L}]_0 (1 - s(t)) - k_2 [\mathrm{AL}] \tag{9.14}$$

$[\mathrm{A}]$ は十分大きいので，時間に依存せずほぼ一定と見なすことができる．すると，この微分方程式は簡単に解くことができて，初期条件 ($s(t)=0$) を考慮すると以下のようになる．

$$s(t) = \frac{[\mathrm{A}] k_1}{[\mathrm{A}] k_1 + k_2} \{1 - \exp[-(k_1 [\mathrm{A}] + k_2) t]\} \tag{9.15}$$

$s(t)$ は結合過程を示す関数である．十分時間が経って平衡状態になったとき ($t \to \infty$) には，exp の項は 0 になるので，このときの $s(t)$ の極限値を s_∞ と書くと，

である．

$$s_\infty = \frac{[A]k_1}{[A]k_1 + k_2} \tag{9.16}$$

である．$K_a = k_1/k_2$ を使ってこれを書き直すと，

$$s_\infty = -s_\infty K_a [A] + K_a [A] \tag{9.17}$$

となり，両辺に $[L]_0/[A]$ をかけて，

$$\frac{[L]_0 s_\infty}{[A]} = -K_a [L]_0 s_\infty + K_a [L]_0 \tag{9.18}$$

の関係が得られる．$s_\infty [L]_0$ はある濃度における平衡状態の結合量であり表面プラズモンの信号強度（たとえば，共鳴角変化 $\Delta\theta_r$ や反射率変化 ΔR）に対応する量である．これを P としよう．結合量 $s_\infty [L]_0$ と信号強度が比例関係にあればそのまま P に置き換えればよく，もしそれらが比例関係になければ結合量に換算して P に代入すればよい．リガンドすべてが複合体 AL となったときの仮想的な信号強度を P_{max} とすれば，これは $[L]_0$ に等しいので最後に，

$$\frac{P}{[A]} = -K_a P + K_a P_{max} \tag{9.19}$$

を得ることができる．これよりさまざまなアナライト濃度 $[A]$ に対する P を測定し，P に対する $P/[A]$ をプロットすれば，その傾きから K_a が求まる．また，外挿した切片から P_{max} を見積もることができる．さらにこの式を変形して，$c = \log_{10}[A]$ と置き換えると，

$$\frac{P}{P_{max}} = \frac{K_a[A]}{1 + K_a[A]} = \frac{K_a 10^c}{1 + K_a 10^c} \tag{9.20}$$

となる．c に対して P/P_{max} をプロットして $P/P_{max} = 1/2$ を与える c は $pK_a = -\log_{10} K_a$ に等しいので，この関係から K_a を求めることもできる．

図 9.21 に示した方法は，バイオセンシング手法の一般的な手法であり，タンパク質や抗体など比較的大きな分子に用いられる．しかし，微量の低分子を検出する場合などでは，十分な感度が得られない場合もある．このような場合には，阻害法 (inhibition format) が用いられることがある[41,42]．図 9.22 に阻害法を模式的に示した．図 9.22(a) に示すように，何らかの方法により，あらかじめ測定対象のアナライト分子 A′ を固定化したものを用意する．これに相互作用をもつ抗体などの分子 B が濃度 $[B]$ の場合に平衡状態で基板上のアナライト A′ への結合する量を表面プラズモンの信号 P_0 として記録しておく．このときの反応は

$$A' + B \rightleftarrows A'B \tag{9.21}$$

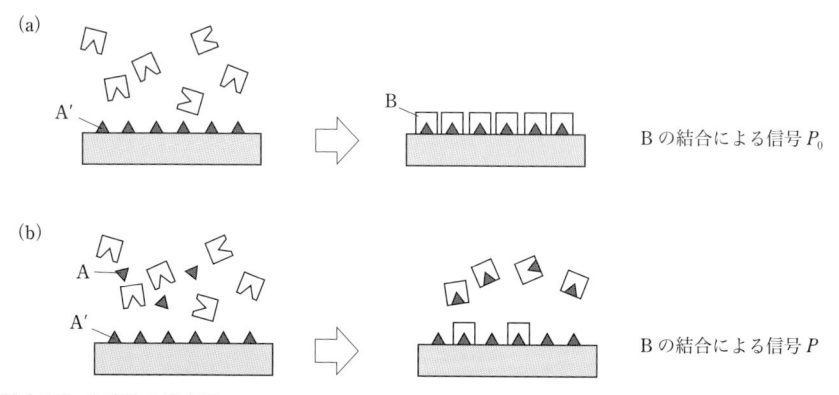

9.2 分子間相互作用の測定とバイオセンシング

(a) Bの結合による信号 P_0

(b) Bの結合による信号 P

図 9.22 阻害法の模式図
アナライトAがない場合(a)とアナライトが存在する場合(b)の信号の差 $P_0 - P$ を測定してアナライトの量を調べる．

であり，このときの平衡定数を K_a とする．なお，ここで ′ は基板上に固定化されていることを示す．

一方，図 9.22(b) のように，同じ濃度 [B] の溶液に検出対象物としての微量のアナライト A が濃度 [A] で投入されたとき，A と B は溶液中で結合し複合体 AB を形成する．その結果，複合体 AB を形成した分だけ濃度 [B] は低くなり，また，複合体は表面に固定化されたアナライト A′ とは相互作用をもたない．よって，表面に固定化するアナライト分子 A′ への結合量が減ることがわかる．この溶液中の反応は

$$A + B \rightleftarrows AB \tag{9.22}$$

であり，このときの平衡定数を K_b とする．

この場合の結合量を表面プラズモンの信号 P とすれば，P_0 と P の差から微量のアナライト A の濃度 [A] を知ることができる．これらの反応をまとめて，[A] と [B] の関数として示すと [41,42]，

$$\frac{1}{P} = \frac{1}{P_0} + \frac{K_b [A]}{K_a P_{max} [B]} \tag{9.23}$$

となる．ここで P_{max} は式(9.19)で用いたものと同じで，抗体などの分子 B により基板表面が完全に覆われた場合の表面プラズモンの信号である．この方法は，微量の低分子の検出に威力を発揮し，表面プラズモンセンサーを使った TNT 火薬の検出などの例もある [43]．

9.3 全反射減衰法を使ったバイオセンサー

9.3.1 共鳴角測定

Kretschmann 配置を用いた市販のバイオセンサーで，最もよく用いられているのは，共鳴角変化 $\Delta\theta_r$ を信号とするものである．これを求めるための最も簡単な測定は，図 9.23(a) に示すような機械的に入射角を変化させる方法である．しかし，この方法では高速に動的な測定を行うことは困難である．そこで，多くの市販の装置では図 9.23(b) に示すように入射光をいったん広げてレンズを使って集光することにより，入射角に分布をもたせてその反射光を CCD カメラやフォトダイオードアレイなどを使って一度に検出する方法がとられている[40]．この共鳴角の測定には以下の特徴がある．

(1) 可動部分がないため，光学系のアラインメントが崩れにくく，取り扱いが容易である．
(2) 比較的高速に測定が可能である．
(3) $\Delta\theta_r$ は金属の膜厚依存性が小さいため，試料の作製が容易である．
(4) 得られたデータから高い分解精度で $\Delta\theta_r$ を求める際のアルゴリズムに工夫が必要である．

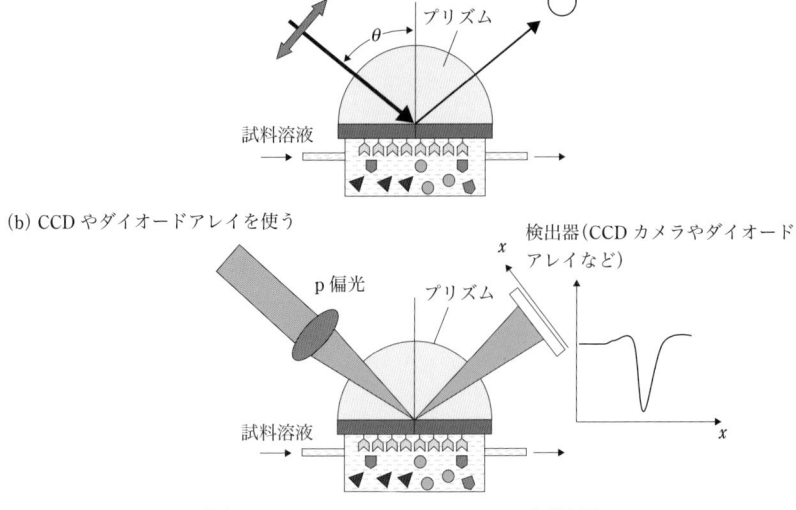

図 9.23 実際に用いられているバイオセンサーの光学配置
(a) 入射角 θ を変える，(b) CCD やダイオードアレイを使う．

9.3.2 反射率測定

共鳴角近傍の適当な入射角における反射率のみを測定することにより物質の吸着・結合量を見積もることができる．これは，吸着にともない反射率曲線が高角度側にシフトしていく際，図 9.24 に示すように共鳴角に対して低角度側では反射率が増加し高角度側では反射率が減少することによる[15,16]．この手法は光学系が簡単であり，高速測定が可能であるという特徴がある．そのため，電気光学効果などの高速測定が必要な場合にはよく用いられるが，バイオセンサーとして用いる際には以下の点で注意が必要である．

(1) 定量的な測定をするためには，光学系のアラインメントを毎回とることが必要である．
(2) 金属薄膜の作製条件および図 9.19(b)に示すように入射角の選び方により感度が変化するので，あらかじめ反射率の入射角依存性を測定しておくことが必要である．
(3) 反射率変化の要因として均一な物質の吸着・結合の他に不均一な結合によるディップの半値幅の増加などがあり，定量的な結果を得るには最終的には反射率曲線を測定することが必要となる場合がある．

しかしながら，比較的簡単に光学系の構築ができるため，自作も容易であり現在も広く用いられている．また，マルチチャンネルバイオセンサーで用いる表面プラズモン顕微鏡のイメージングに用いられる．

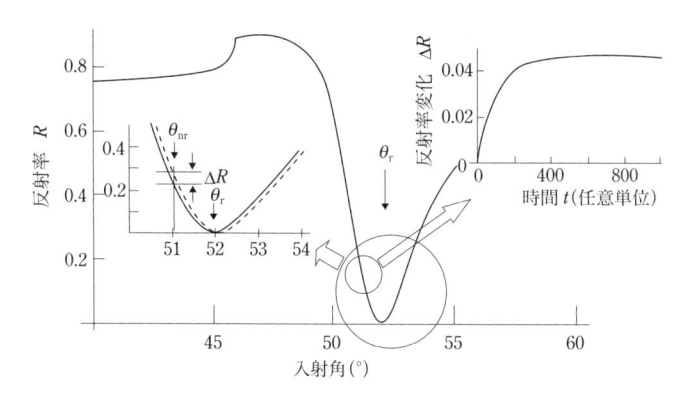

図 9.24 Kretschmann 配置におけるアナライト分子の結合による共鳴状態の変化とその信号の検出

9.3.3 光ファイバー型

表面プラズモン共鳴を起こすためにはプリズムを使った ATR 法以外に光導波路を

用いることもできる．特に光ファイバーはハンドリングが容易で入射光や検出器とのカップリングも容易であることから，多くの研究が行われている．図9.25に伝搬型の表面プラズモン共鳴を用いた光ファイバー型バイオセンサーの構造の一例を示す[44〜48]．コアはクラッドに比べて屈折率が大きくなっており，ここを光が全反射しながら伝搬する．この全反射の際に生じるエバネッセント波を表面プラズモンの励起に使うことが考えられる．図9.25に示すように光ファイバーのクラッドの一部を取り去りコアを露出させ，そこへ金属薄膜を蒸着して表面プラズモンを励起する．ここにリガンドを塗布してバイオセンサーとして用いる．屈折率分解精度として5×10^{-7} RIU（周辺屈折率の5×10^{-7}の変化が検出できるという意味）が得られている[46]．この手法では入射角を変化させることができないため，白色光を入射して透過光を分光して吸収スペクトルを検出する．利点としては，除振台などに固定された光学系を構築する必要がないため，可搬性の良いシステムをつくることができるという点がある．しかしながら，プローブの作製ではコアを露出させる必要があり，手間やコストがかかるというデメリットがある．

光ファイバーのクラッド部分に光を伝搬させてプローブとして用いればコアをむき出しにする必要はなく，作製の手間やコストの点でも有利である．図9.26に示すようにコアの直径が50 μmのマルチモードファイバーにコアの直径が3 μm程度のシン

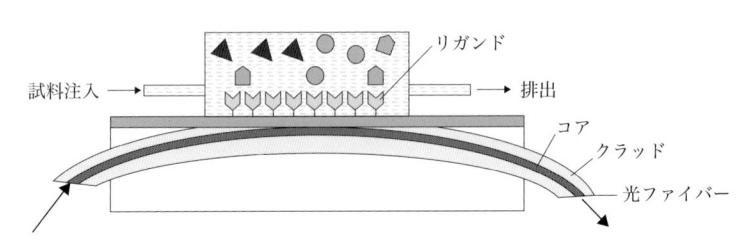

図9.25 伝搬型表面プラズモン共鳴を利用した光ファイバーバイオセンサー

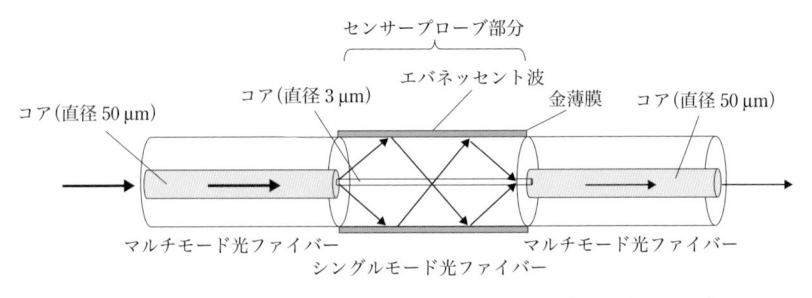

図9.26 マルチモードとシングルモード光ファイバーを組み合わせた伝搬型表面プラズモンバイオセンサー[49]

グルモードファイバーを融着し，接続部分で漏れてくる光をクラッド部分に伝搬させて表面プラズモンセンサーを作製した例がある[49]．この方法は図 9.25 に示す方法よりも比較的作製が容易であるという特徴がある．

9.3.4 位相測定

共鳴角測定や反射率測定，共鳴波長測定における物質量の分解精度は数 pg/mm^2 〜数十 pg/mm^2 である．光源や検出器などの低ノイズ化によりある程度は改善されるが，数桁に及ぶ大きな分解精度の改善を達成することは容易ではない．反射光の位相測定を行い，これを達成する方法がいくつか提案されている．位相を測定する方法には大きく分けて二つの方法がある．一つは，参照光との位相差をヘテロダイン法により検出する方法である[50〜53]．もう一つは入射光と反射光の偏光解析を行う方法（エリプソメトリー）である．いずれも，共鳴角測定や反射率測定に比べて 2 桁程度の分解精度の改善が可能であると報告されている．

図 9.27 にヘテロダイン法の光学配置の一例を示す[50]．光源としてゼーマン He–Ne レーザーを用いている．このレーザーは直交する 2 つの偏光が異なる周波数で変調されている．その周波数差を Δf とする．検出器 1 で測定される光強度 I_1 および検出器 2 で測定される光強度 I_2 は，時間 t に対して以下のように表される．

$$I_1 = \cos(\Delta f \cdot t + \phi_0) \tag{9.24}$$

$$I_2 = \cos(\Delta f \cdot t + \phi + \phi_0) \tag{9.25}$$

ϕ_0 は初期位相，ϕ は p 偏光と s 偏光の間の位相差である．2 つの検出器からの信号を位相検波すると p 偏光と s 偏光の間の位相差 ϕ を求めることができる．この手法では高い性能が得られるが，ゼーマンレーザーや位相変調器などを用いる必要がある．一般的に使われるようにするためには，簡単に測定できるような工夫が必要である．

一方，偏光解析を用いる手法は比較的容易である[54〜58]．図 9.28 に光学系の一例を

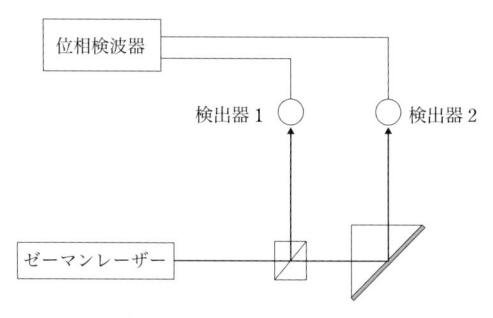

図 9.27 ヘテロダイン法による表面プラズモン共鳴の位相測定[50]

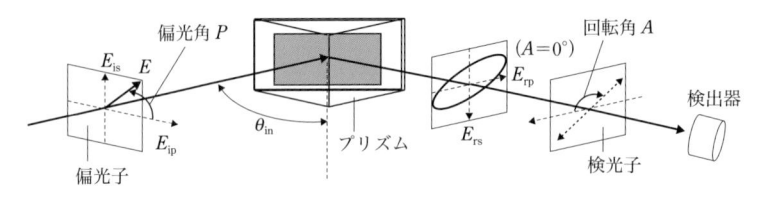

9 プラズモニクスの化学・生物・材料科学への応用

図 9.28 回転検光子法による表面プラズモン共鳴の位相測定 [52]

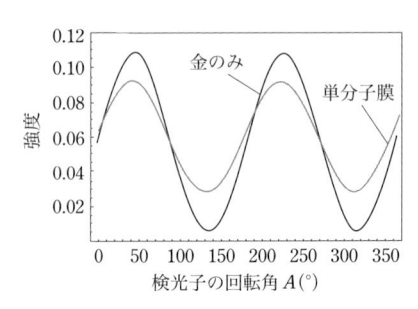

図 9.29 検光子の角度を変えたときの単分子層有無による反射光強度の違い

表 9.1 通常の表面プラズモンセンサーと位相測定の屈折率分解精度の比較

測定方法	変化率	測定装置の検出限界(°)	屈折率分解精度
共鳴角のシフト量 $\Delta\theta_r$	$\Delta n/\Delta\theta_r = 9.1\times10^{-3}$	0.001	9.1×10^{-6}
ヘテロダイン法 $\Delta\phi$	$\Delta n/\Delta\phi = 2.2\times10^{-5}$	0.01	2.2×10^{-7}
回転検光子法 $\Delta\phi$	$\Delta n/\Delta\phi = 2.2\times10^{-5}$	0.02	4.4×10^{-7}

示す．通常の表面プラズモン共鳴測定と異なるのは，反射側に検光子を挿入することであり，それを回転させる機構が必要な点である．また，入射偏光を p 偏光と s 偏光の間の偏光にする．あらかじめ感度の偏光角依存性を計算しておき，それが最大となる位置に偏光子の方向を固定する．このときの反射偏光の状態（検光子の回転角 A と光強度の関係）をプロットした例を図 9.29 に示す．これを見ると，厚さ 2 nm 程度の薄膜の吸着・結合によりその偏光状態が大きく変化することがわかる．このときの偏光状態を表す式は以下のようになる．

$$I(A) \propto 1 + \sqrt{\alpha^2 + \beta^2}\sin(2A + \phi) \tag{9.26}$$

α と β は反射係数の絶対値から求まる定数である．得られた結果をこの式でフィッティングして位相差 ϕ を求めることができる．通常の表面プラズモンの共鳴角測定 θ_r およびヘテロダイン法から求めた位相差 ϕ，および，この方法から求めた位相差に対して ϕ のばらつき（標準偏差）を求めて屈折率分解精度を求めると表 9.1 のようにな

る．この方法は，既存の表面プラズモン共鳴の光学系に組み込むことも容易であり，イメージングも可能である．そこで，マルチチャンネルバイオチップの検出限界の改善などにも用いることができる．

9.3.5 蛍光測定

アナライトを蛍光分子で標識し，蛍光を観測する手法はDNAチップなどに広く用いられている．非標識でバイオセンシングが可能であることは，表面プラズモンセンサーの重要な特徴の一つであるが，蛍光分子で標識されたアナライトを検出する際にも表面プラズモンセンサーを利用すれば，その検出感度は大幅に改善する．これは，表面プラズモン共鳴時に励起されるエバネッセント波の電場増強により蛍光が大幅に強くなることによる．これはSPFS (surface plasmon fluorescence spectroscopy) と呼ばれ，2000年頃からこの方法を使って検出限界を飛躍的に改善した例が報告されている．Liebermannらは図9.30のように，通常の表面プラズモン共鳴条件で光を入射し，反射率曲線をフォトダイオード(検出器1)で観察すると同時にプリズム底面側から光電子増倍管(検出器2)を使い，蛍光を観察した[59,60]．蛍光測定と表面プラズモン共鳴を組み合わせる場合の大きな問題は，金属表面の影響による蛍光消光である．これを避けるため，図9.31(a)に示すようにリンカーを用いてアルカンチオールSAMとビオチンの複合体を作製し，それにアビジン(タンパク質)を固定化し，さらにビオチンを末端にもつDNAをアビジンに固定化してプローブとしている．糖タンパクの一つであるアビジンはビオチンと強い相互作用で結合することが知られている．アビジンは4量体のタンパク質であり4つの結合部位をもつため，このようなDNAの固定化が可能となる．このプローブDNAのビオチン側の15塩基分はチミンのみとして，スペーサーとして用いる．これによりターゲットDNAに結合した蛍光色素を金

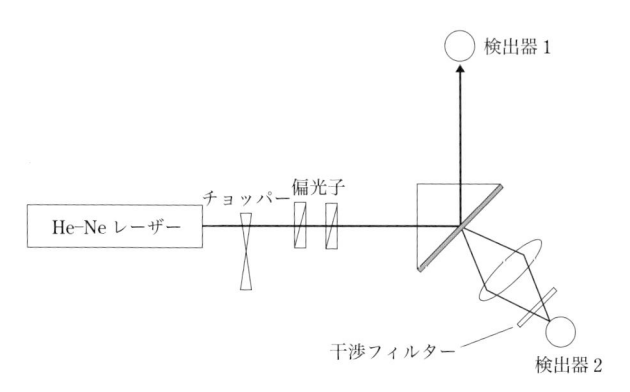

図9.30 表面プラズモン共鳴を利用した蛍光測定

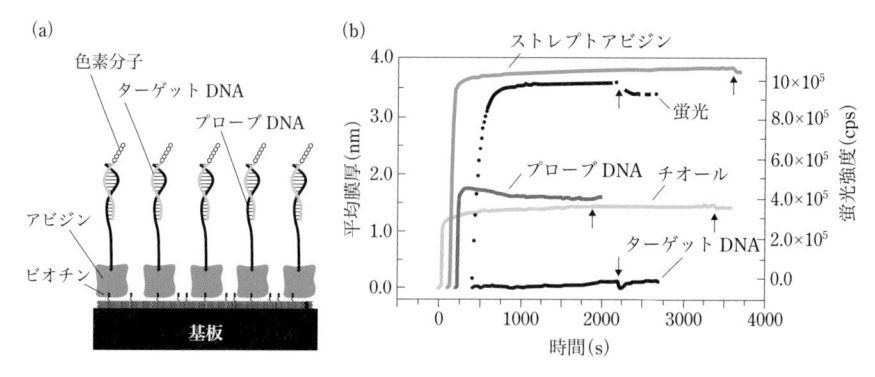

図9.31 DNAの固定化法(a)と表面プラズモンを利用した蛍光測定の結果(b)
〔(a)は T. Liebermann *et al.*, *Colloid and Surfaces A*, **169**, 337(2000), Fig.3a, (b)は T. Liebermann and W. Knoll, *Colloid and Surfaces A*, **171**, 115(2000), Fig.5〕

属基板表面から十数 nm 離すことができるため，消光を回避することができる．また，表面プラズモン共鳴により励起されるエバネッセント波の侵入長は基板表面から100 nm 程度であるため，ある程度の基板表面からの距離をとっても十分に増強効果を受けることができる．得られた結果を図9.31(b)に示す．アビジンや SAM，プローブDNAの吸着・結合過程は表面プラズモン共鳴の反射率測定で追跡することが可能であるが，ターゲットDNAのハイブリダイゼーションは感度が足りずこの方法ではほとんど検出ができていない．一方，同時に行ったターゲットDNAの蛍光測定では，1 秒間に 4×10^5 カウントの信号が検出されている．仮にこのターゲットDNAの結合量が通常の表面プラズモン共鳴測定の限界であるとすると，蛍光測定のカウント数は毎秒 20 カウント程度が検出限界であるため，蛍光測定では 10^4 の感度改善が図られたことになる．得られる蛍光は弱いため結合DNA分子数に対する直線性が良く，SN比を十分大きくできるので，結合速度や解離速度を求めたり，ミスマッチによる結合定数の相違などが明瞭に測定されたりしている．彼らはさらに，塩基配列の異なるDNAを直径 300 μm のスポットに固定化し，塩基配列が1つまたは2つ異なる3種類のプローブDNAをそれぞれ1列に並べて 3×3 のマルチチャンネルDNAセンシングチップを作製した[61]．3種類のスポット間のハイブリダイゼーションによる蛍光強度の違いは明瞭には区別されてはいないが，解離速度の違いによる各スポット間の蛍光強度の違いが現れている．SPFSのDNAの検出限界は 2 pM 程度であるが，後に同じ光学系で測定可能な導波モードを用いた蛍光測定(optical waveguide fluorescence spectroscopy：OPFS)を使えば検出限界が 170 fM となることが示されている[62]．導波モードとは，図9.32 に示すように金属薄膜表面に波長程度の誘電体層を設けた光学配置で励起できるモードで，p偏光だけでなくs偏光でも励起が可能である．その

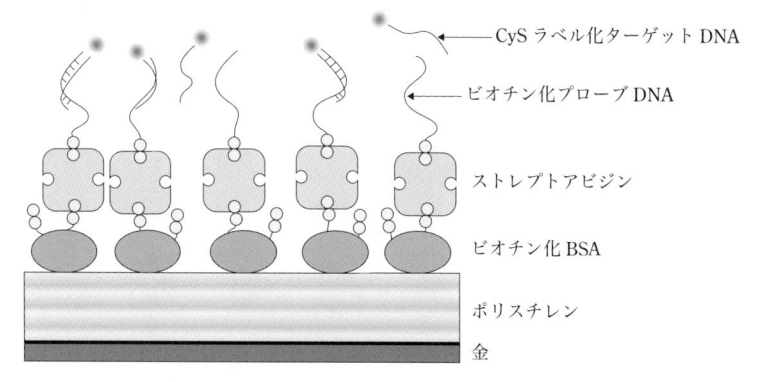

図9.32 表面プラズモンと光導波路測定を利用した蛍光測定に用いる試料
［A. Sato et al., *J. Appl. Phys.*, **105**, 014701(2009), Fig.2］

ため，誘電体層の屈折率と膜厚の分離や蛍光分子の配向に関する議論も行うことができる．この方法はDNAのハイブリダイゼーションだけでなく抗原抗体反応にも適用され，500 aMの検出限界が報告されている[63]．

Kretschmann型の表面プラズモンセンサー以外に局在プラズモンを利用した蛍光増強バイオセンシングプローブの研究例もいくつか報告されている．Malickaらは銀微粒子を基板上に固定化し，そこへプローブDNAを固定化した[64,65]．そこへ蛍光分子で標識したDNAを結合させるとハイブリダイゼーションにともない，溶液中の同数の蛍光分子からの蛍光の12倍の強度の蛍光が得られることがわかった．ハイブリダイゼーション後の蛍光色素が銀微粒子近傍に生じた増強電場により励起されたためと考えることができる．アニーリングによる単量体化と再度のハイブリダイゼーションに対応した信号が明瞭に現れており，このような単純な系でもある程度の蛍光増強効果が得られることをよく示している．また，光ファイバーコアの側面に金ナノ粒子を固定化し，そこへ蛍光色素で標識した抗体がタンパク質(プロテインA)を介して結合する過程を追跡した．これをデバイス化することにより1 pg/mLの検出限界が得られている[66]．

9.3.6 ラマン散乱

ラマン散乱は振動分光の一種であるが，信号強度は非常に弱く単分子膜程度の超薄膜からの信号の検出は困難であった．しかし，1970年代に貴金属表面に吸着した分子のラマン散乱が著しく増強することが発見され，この現象は表面増強ラマン散乱(surface enhanced Raman scattering：SERS)と呼ばれるようになった[67,68]．SERSの増強メカニズムは二つあると言われている[69]．一つは金属表面への吸着に起因する

金属−分子の電荷移動による振動の増強効果であり，化学的な増強効果と呼ばれている．もう一つは表面に生じる入射電場の増強であり物理的な増強効果と呼ばれている．前者は $10 \sim 10^2$ 倍程度の増強効果があると考えられている．また，後者は表面の状態に大きく依存する．前に述べたように，Kretschmann 配置を用いた場合には表面プラズモン共鳴時に表面近傍に 10 倍程度に増強された電場が得られている．

ラマン分光は 2 光子過程であるので，その信号強度 I は入射光電場 $I_{in}(\omega_1)$ を用いて以下のように表すことができる．

$$I(\omega_2) = A|L(\omega_1)|^2|L(\omega_2)|^2 I_{in}(\omega_1) \tag{9.27}$$

ここで，$L(\omega_1)$，$L(\omega_2)$ はそれぞれ励起光およびラマン光の局所場因子であり，外部励起光電場 $E_{in}(\omega_1)$ と分子周辺の局所電場 $E_{loc}(\omega_1)$ の間には

$$E_{loc}(\omega_1) = L(\omega_1) E_{in}(\omega_1) \tag{9.28}$$

の関係がある．ここで，A はラマン散乱の散乱断面積である．ストークスシフトが小さく，励起光とラマン光の光電場の増強度が同じであるとすると，$L(\omega_1) = L(\omega_2) = 10$ より，強度に直せば 10^4 倍の増強効果になる．その結果，化学的な増強度を含んだ全体として得られる SERS の増強度は $10^5 \sim 10^6$ になる．この値は単一分子のラマン散乱を観察するには足りないが，単分子膜レベルの超薄膜のラマン散乱の観察を可能とする．これまでの研究例を二つほど紹介する．

Knoll らは回折格子から発生するプラズモン増強表面ラマン散乱を観測した [70, 71]．アラキジン酸などのラマンバンドの検出と分散関係について議論している．また，Nemetz らは，SAM を使ってラマンテンソル比を決め，作製条件によるアルキル鎖の配向の違いについて明らかにした [72]．Knobloch らはラマン散乱を使ったイメージングを行っており，単分子膜レベルの薄膜の可視化を行った [73, 74]．一方，二又は Kretschmann 配置を使って表面プラズモン増強ラマン散乱を観測し，その増強度を測定している．p−ニトロチオフェノールや p−ニトロアミノフェノールの SAM では 170 倍の増強が，銅フタロシアニンでは 400 倍に及ぶ増強効果が得られている [75, 76]．

9.4　回折格子を使ったバイオセンサー

伝搬型の表面プラズモン共鳴を励起する手法として，ATR 法の他に回折格子を使って波数をマッチングさせる方法がある [13]．この方法は，プリズムを使う必要がないため光学系の自由度が高いという利点がある．これを利用したバイオセンサーもいくつかの研究例がある．高い感度を得るためには，最適化された回折格子の設計と良く規定された構造の作製が必要である．また，反射率の理論計算には 8.3 節で述べたよ

うな RCWA 法などの複雑な計算方法を用いる必要がある[77~79]．RCWA 法は多くの計算量を必要とし，ATR 法における反射率を求める場合のように単純な計算で定量的な議論をすることは難しい．

　Homola らは，2 光束干渉法で光レジスト膜に回折格子を書き込み，それをマスターとして回折格子構造をポリジメチルシロキサン（PDMS）に写し取り，そのレプリカである UV 硬化樹脂上に金薄膜を蒸着して表面プラズモン共鳴のプラットフォームを作製した[80]．この上に 500 μm ピッチで 216 個のセンシングドットを配列し，タンパク質の一種である BSA などのセンシングを行った．このセンサーの屈折率分解精度は 5×10^{-6} RIU であり，ATR 型の表面プラズモンセンサーとほぼ同程度の性能を有する．2008 年には，同じグループは同様の構造で 1 桁改善した 5×10^{-7} RIU の分解精度を報告している[81]．身近な回折格子材料であるコンパクトディスクを用いて回折格子型バイオセンサーの作製が可能である．Hiller らはコンパクトディスク上に金薄膜を蒸着してマルチチャンネルのバイオセンシングを行った[82]．ドット間隔は約 700 μm であり，1 mm ピッチで 100 個のドットの観察を行っている．同じグループはマルチカラーのイメージングを行うことにより，感度と空間分解能の両方を得る試みも行っている[83]．赤の光に対しては，感度は良好であるがプラズモンの伝搬長が長いため，空間分解能は低下する．逆に緑の光では誘電率の虚部が大きくなるため，感度が低下するが表面プラズモンの伝搬長は短くなるため分解能は上がる．同じ場所を異なった色（波長）で観察すれば，感度と空間分解能の両方において良好な特性を得られると述べている．

9.5　局在プラズモン共鳴を使ったバイオセンサー

9.5.1　局在プラズモン共鳴基板の作製方法

　局在プラズモン共鳴は金属ナノ粒子や金属ナノ構造をもつ表面で生じる．よく知られているのは，溶液中に分散させた金や銀などのナノ粒子が局在プラズモン共鳴に起因する吸収により，それぞれ，赤や黄色を呈するという現象である．しかし，通常バイオセンシングに用いるためには，これらを基板上に固定化したり，基板上にナノ構造を作製したりする必要がある．このような基板を作製する方法には，大きく分けてボトムアップとトップダウンの二つの方法がある．ボトムアップ手法では，化学的に微粒子を固定化したり基板上に分散した微粒子を鋳型にして金属を蒸着したりする．ナノ構造の位置を制御することは難しいが，nm ～ Å 単位の構造を正確に作製することができる，比較的大きな面積の構造を作製することが可能であるという長所がある．トップダウン手法では，微細加工技術を使って任意の構造を構築する．大きな面積に

構造を作ることは難しいが，任意の位置に大きさ，方向などを決めて構造を作製できる．しかし構造の精度は 10 nm 程度であり，これ以下の精度でナノ構造を作製することは難しい．

A. 基板上への金属ナノ粒子の固定化

金属ナノ粒子を含む溶液をガラスなどの基板上に垂らした後に溶媒を蒸発させても，多くの場合には凝集構造ができてしまい，規定された均一なナノ構造を再現性良く作製することは難しい．金属ナノ粒子を基板上に均一に堆積する方法の一つにSAMなどを使った固定化がある[84〜87]．図 9.33 に示すようにチオール基やアミノ基などの微粒子と結合する基をもつ薄膜を基板上に構築し，その基板を溶液に浸漬することにより微粒子を基板上に堆積する．薄膜としてはアミノアルカンチオール SAM やジチオール SAM，電解質高分子の交互累積膜などが用いられる．ジチオールの場合，末端のチオール基と金ナノ粒子は共有結合し固定化される．アミノ基の場合には，クエン酸などで還元して作製された金微粒子は負の電荷をもつので，静電的に固定化されるといわれている．図 9.34(a)に直径 100 nm の金ナノ粒子を金基板上に固定化した試料の SEM 写真を示す．微粒子の被覆率が低ければ，光学顕微鏡でも暗視野照明で個々の微粒子を観察することができる(図 9.34(b))．いずれの像も微粒子がほぼ均一に分散しながら固定化されていることがわかる[88]．

真空中に孤立した金ナノ粒子の吸収ピークの理論計算値は 510 nm であるが，6.10 節で述べたように誘電体基板上に金ナノ粒子を固定化した場合，吸収ピーク波長はやや長波長側へシフトする．これは，基板と微粒子の間の電磁気的な相互作用による[89]．そのため基板の種類を変えるとピーク波長が変化する．基板にガラス(屈折率 1.50)を用いた場合は 513 nm，高屈折率ガラス(屈折率 1.86)の場合は 519 nm と計算される．いずれも，基板に直接微粒子が触れている場合であり，末端をアミノ基などで修飾したシラン系の SAM を介して固定化した場合には，高屈折率ガラス上でも若干異なるピーク波長(516 nm)を示す．ここでは，SAM の厚さを 2 nm として計算した．また，溶液中に分散した金ナノ粒子の吸収ピークの理論計算値は 522 nm であるが，ガラス基板(屈折率 1.50)に固定化して水中に浸漬した場合の理論値は 524 nm，高屈

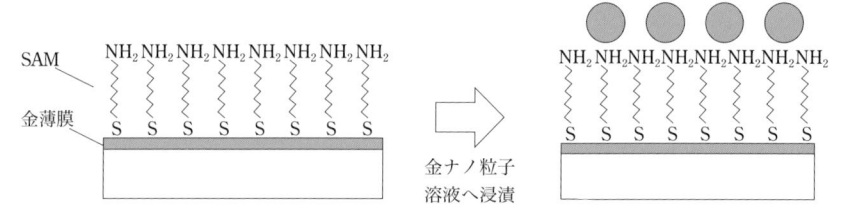

図 9.33　SAM を用いた金ナノ粒子の固定化方法

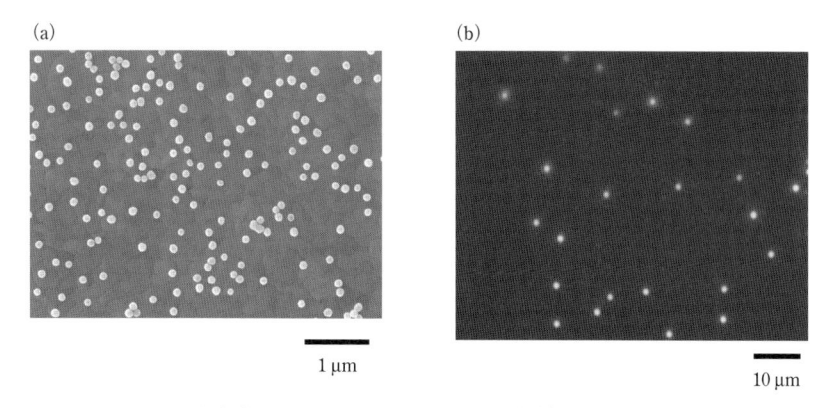

9.5 局在プラズモン共鳴を使ったバイオセンサー

図9.34 金表面に固定化した金ナノ粒子のSEM像(a)と暗視野顕微鏡像(b)

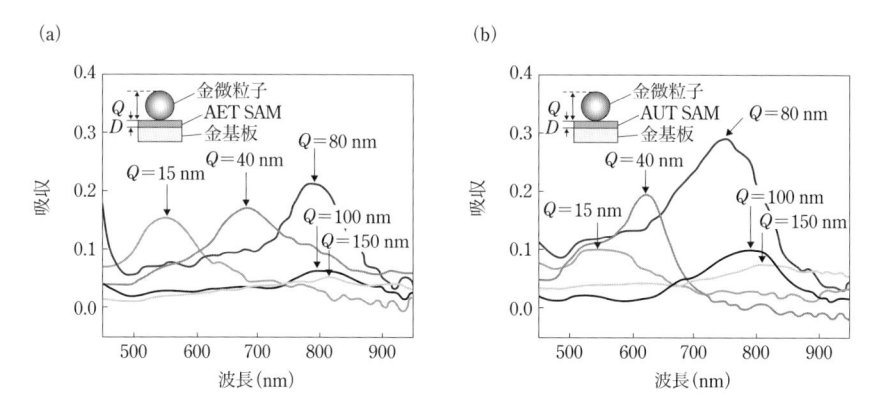

図9.35 金表面に固定化した金ナノ粒子(直径15〜150 nm)の反射吸収スペクトル
(a)ギャップ層にアミノエタンチオール(AET)を用いた場合，(b)アミノウンデカンチオール(AUT)を用いた場合
[K. Tsuboi *et al*., *J. Chem. Phys*., **125**, 174703(2006), Fig.3]

折率ガラス(屈折率1.86)の場合は530 nmと計算される．

　基板に金などの金属を用いた場合には吸収スペクトルの様子は大幅に異なる．図9.35にさまざまな直径Qの金ナノ粒子が金表面上にアミノアルカンチオールで固定化された際の反射吸収スペクトルを示す[86,88,90]．ギャップ層としてアミノエタンチオールSAMを用いた場合が図9.35(a)，アミノウンデカンチオールSAMを用いた場合が図9.35(b)である．孤立した微粒子でも観察される520 nm付近の吸収ピークの他に長波長側に吸収ピークが現れる．これは，金ナノ粒子と金属基板の間の相互作用によるピークである[86,88,91〜94]．ギャップが一定の場合には，微粒子のサイズが大き

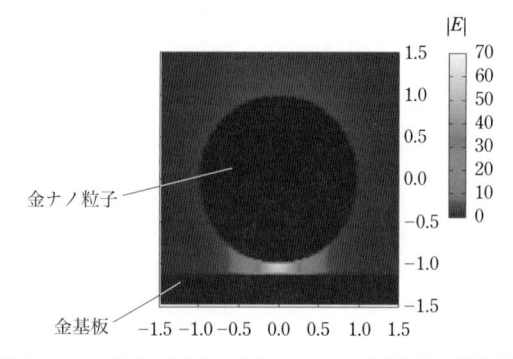

9 プラズモニクスの化学・生物・材料科学への応用

図9.36 金表面に固定化した金ナノ粒子の局所電場の計算結果
スケールはナノ粒子の半径を1とした.

いほど相互作用が強くなるため，吸収ピークは長波長側にシフトする[86,88,95]．図6.33で計算した結果と良く一致する．屈折率センサーとして考えた場合，このピークは周辺媒質の屈折率に強く依存する．そのため，センシングの感度を上げることができる．

また，この構造はギャップや微粒子の上側に大きな電場が発生するため，SERSや非線形光学効果の増強に効果的である．その様子を示したものが図9.36である．ギャップ中に約100倍，微粒子の上側にも約20倍に増強した電場が誘起されていることがわかる．

B. ナノスフィアリソグラフィー

ナノスフィアリソグラフィーは，1995年に提案されたナノ構造の作製方法である．ラテックスビーズなどの水溶液中に分散された球状のナノ構造(ナノスフィア)を最密充填して2次元結晶状の構造にする研究はすでに数多く行われている．HulteenとVan Duyneはこの細密構造をマスクとして銀などの金属を蒸着し，その後，ラテックスビーズを除去して基板上に三角柱状の金属ナノ構造を構築した[96]．その後，HaesとVan Duyneらはこの構造がバイオセンシング用の金属ナノ構造として高い性能を有する構造であることを報告した[97〜103]．図9.37にこの方法の概略を示す．ラテックスビーズの大きさは直径約400 nmであり，三角柱の基板面内の一辺のサイズは約100 nmとなる．高さは蒸着した金属の厚さによりコントロールすることができ，50 nm程度の膜厚としている．この方法の利点は比較的容易に再現性良く配列したナノ構造が得られることにある．すなわち，2次元的な六方晶の位置に金属ナノ構造が配置されていることになる．また，金属ナノ構造は尖った三角錐のような形状をしており，そこへ電場の集中が起きるためバイオセンサー用基板として高い性能が得られている．たとえば，銀のナノ構造を用いて透過吸収スペクトル測定を行った場合，アビジンの検出限界として1 pMが得られている[97]．

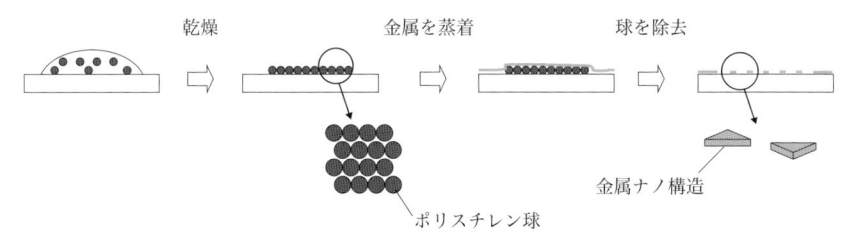

9.5 局在プラズモン共鳴を使ったバイオセンサー

図9.37 Van Duyneらが用いている金属ナノ構造の作製方法

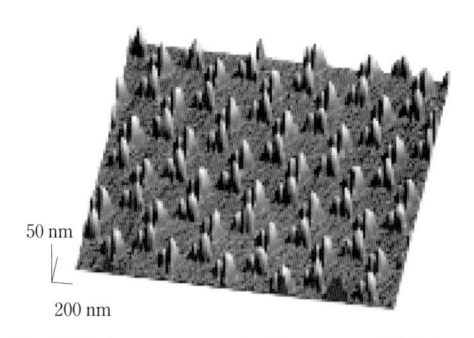

図9.38 村越らがナノスフィアリソグラフィーで作製したナノ構造
[Y. Sawai *et al*., *J. Am. Chem. Soc.*, **129**, 1658(2007), Fig.1(a)]

この報告の後，ラテックスビーズを用いたナノ構造の作製方法がいくつか報告されている．村越らは表面増強ラマン散乱用基板の作製をめざして，電場集中が起こるようにギャップを設けたナノ構造の作製を行った[104]．この研究では，ナノスフィアの単分子層をマスクとして角度の異なる2回の蒸着を施すことにより，図9.38のような構造を得ている．SERSを測定した結果，大きな増強度が得られている．Kreiterらは，斜めにナノ構造を構築し，イオンビームで構造を削ることにより図9.39に示すような三日月状の金ナノ構造を構築した[105, 106]．この手法ではナノ構造を高い密度で堆積することはできないが，孤立した三日月構造を高い精度で作製することが可能である．三日月の端を鋭くできること，端の間隔を制御できることなどの長所があり，その部分への電場集中が期待される．孤立微粒子構造の単一分光が行われており，構造と散乱スペクトルの関係が議論されている．

C. 帽子状金属構造

ナノスフィアを利用した別の金属ナノ構造の作製方法を紹介する．まず，金属基板上にナノスフィアを堆積する．基板はナノスフィアに対して相互作用をもつ表面処理剤で処理をしておき，それをナノスフィアが分散する溶液に浸漬する．濃度と展開量を最適化して単に基板にナノスフィア溶液を滴下してナノスフィアを堆積することも

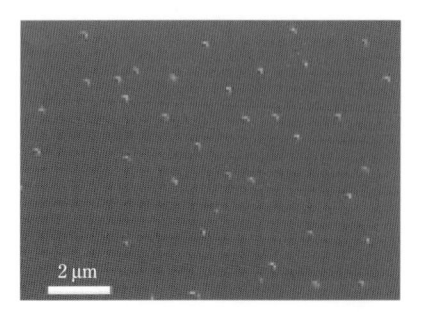

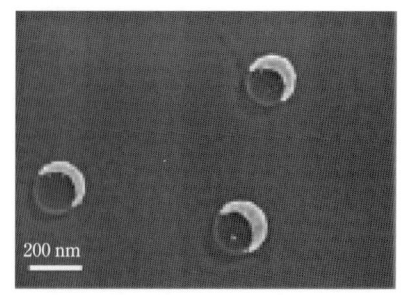

9 プラズモニクスの化学・生物・材料科学への応用

図9.39 Kreiter らがナノスフィアリソグラフィーで作製したナノ構造
[J. S. Shumaker-Parry *et al*., *Adv. Mater*., **17**, 2131 (2005), Fig.1]

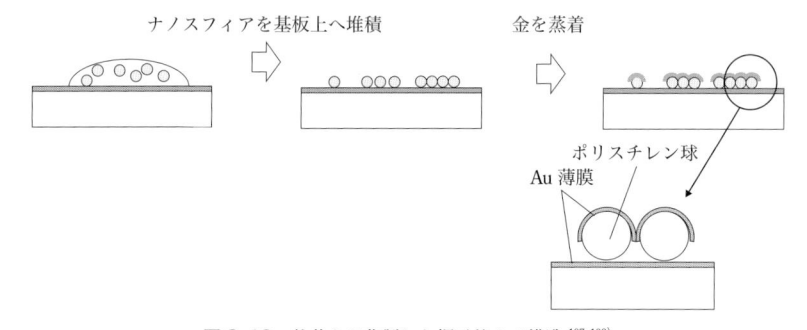

図9.40 竹井らが作製した帽子状ナノ構造 [107, 108]

できる．この上に金属を蒸着すると図9.40のようにナノスフィア上部に帽子状に金属薄膜が堆積する．このナノ構造を用いた研究例がいくつか報告されている．竹井らは薄膜に金を用いて，金属基板上の直径 100 nm のポリスチレンナノスフィア上に構築された厚さ 20 nm の帽子状金薄膜を用いたバイオセンシングを報告している [107, 108]．反射吸収スペクトルを測定した結果，アビジンタンパク質の堆積により大きなスペクトルシフトが得られている．大きなスペクトルシフトが得られる理由が解析されており，ナノ構造と微粒子中の干渉効果の相乗的な作用の結果であると考察している [109]．この基板を用いたバイオセンサーは実用化もされている．Van Duyne らはこの構造で得られる顕著な SERS の増強効果に着目した．金属には銀を用い，AgFON と名付けている [110~117]．この構造は安定であり，作製後の SERS 強度の経時変化も小さい．そのため，表面処理剤との組み合わせにより血液中のグルコース濃度の定量的な測定が可能であることが示されている [112, 114]．その他，AgFON を用いた桿菌胞子の SERS 検出の例もある [116]．

D. 金属薄膜の蒸着加熱

数 nm の厚さで金を蒸着すると均一な膜とならずに島状になる．この状態の島状薄膜は青い色を呈している[118~121]．これを 300 〜 900℃ で 1 時間ほど処理すると半球や球に近い形の微粒子になる．この手法により簡単に高い密度で基板上に固定化された金ナノ粒子を作製できる．ただし，球状の金コロイドを堆積した金薄膜に比べて吸収スペクトルの幅が広い．微粒子の大きさや形の分布があること，微粒子の密度が高い場合には，微粒子間の相互作用により吸収バンドが広がること，による．この手法で作製された金ナノ粒子の正確な形状は SEM で観察すると円形であるが，3 次元的には厳密な球形ではなく図 9.41 の挿入図のような構造をしていることが吸収スペクトルから示されている[89]．多重極展開を用いた解析的な計算から基板に平行方向の光電場が印加された際の吸収ピークを計算すると図 9.41 に示すように形状角 θ_{sh} に依存することがわかった．これを使って，熱処理温度と形状の関係をまとめたものが表 9.2 である．熱処理温度が高いほど，蒸着膜厚が小さいほど球に近い形状となるが，いずれも半球から球の間の形状をしている．その後に行われた断面 TEM の観察結果から以上の計算結果が裏付けられている[122]．

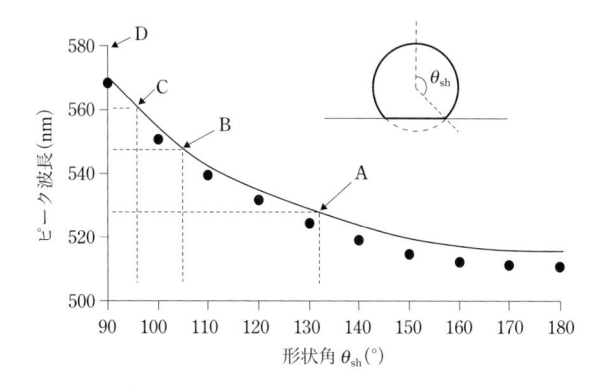

図 9.41 蒸着して作製された金ナノ粒子の構造と吸収スペクトル
[G. Gupta *et al*, *Nanotechnology*, **20**, 25703 (2009), Fig.3, G. Gupta *et al.*, *Jpn. J. Appl. Phys.*, **48**, 080207 (2009), Fig.1]

表 9.2 蒸着で作製した試料の形状

膜厚(nm)	アニーリング温度(℃)	ピーク波長(nm)	θ_{sh}(°)
5	900	523.1	〜 132
5	500	545.9	〜 105
7	500	559.1	〜 95
7	500	579.3	< 90

蒸着加熱により作製された金ナノ粒子を使ったセンシングもいくつか報告されている．Meriaudeau らは，蒸着加熱により作製された金ナノ粒子を回転楕円体として近似することにより，周辺媒質と吸収スペクトルの関係を理論的および実験的に考察した[123]．また，Rubinstein らは，さまざまな長さの自己組織化膜を金ナノ粒子上へ構築し，彼らが作製した微粒子の局在プラズモン共鳴が有効な微粒子表面からの距離を考察している[124]．その結果，5 nm 程度が有効な距離で，それ以上では徐々に感度が低下していることが示されている．蒸着加熱により金ナノ粒子を作製することは簡便な反面，微粒子のサイズや形を再現性良く作ることは難しく，実際に用いるには条件を十分検討する必要がある．

E．ナノホール

ラテックスナノスフィアを比較的低い密度で基板上に吸着させ，金属薄膜を蒸着した後，ラテックスナノスフィアを除去することにより金属薄膜に nm サイズのランダムに配置した孔を作製することができる．この孔で散乱された，あるいはこの孔を透過した光を分光すると表面プラズモン共鳴に由来するピークを観察することができる．Höök らは，直径 140 nm，深さ 15～25 nm の孔をもつ金薄膜を作製し，周辺媒質の屈折率に対する吸収ピーク変化および吸収強度変化を測定した[125]．吸収ピークは 650～750 nm に現れ，深さが深いほど短波長側となり，ピークの幅も狭い．一方，屈折率に対する吸収ピーク変化は浅い孔ほど大きく，15 nm の深さでは 270 nm/RIU という非常に高い屈折率分解精度をもつことがわかった．別のグループが直径 60 nm の孔を用いて 1 pg/mm^2 の分解精度を実現しており，腫瘍マーカーの検出に使っている[126]．一方，ドーナツ状のリング構造を用いると 880 nm/RIU という高い屈折率分解精度が得られることが報告された．Sutherland らは，ナノスフィアリソグラフィーにアルゴンイオンビームエッチングを組み合わせてこのリング構造を作製し，タンパク質の検出を行っている[127]．タンパク質の結合による 4 nm のピークシフトが観測されているが，吸収ピークが 1100 nm と赤外域であり，単純に他の結果との優劣を比較することはできない．

9.5.2　透過率・反射率測定

バイオセンシング基板を用いてタンパク質や DNA などのセンシングを行う方法として最も簡便な方法が透過率や反射率の測定である．透過率の場合には光が透過する必要があるが，分光器を上手に設定すれば 1 ％程度の透過率でも測定は可能である．吸着や結合過程のその場追跡を行わない測定では，参照試料としてブランクの基板を用意する必要がある．これにはできるだけ，測定する基板と同じ光学特性をもつものを用意する．リアルタイムに吸着や結合過程を追跡する場合にはキュベットに基板を浸漬して通常の分光器で測定を行う．この場合には，初期状態が良い参照試料となる．

9.5 局在プラズモン共鳴を使ったバイオセンサー

基板が不透明の場合には反射測定が用いられる．局在プラズモン共鳴を利用する場合には，垂直入射でも測定が可能であるためY型の光ファイバーを用いて反射吸収分光を行うと便利である．透過の場合と同様に吸着や結合過程の追跡を行わない測定では，参照試料にブランクの基板を用意する必要があり，リアルタイムに吸着や結合過程を追跡する場合には初期状態が良い参照試料となる．

透過率測定を使ったシンプルなバイオセンシングやその周辺技術に関するいくつかの研究例を示す．筆者らはガラス基板上に直径約 14 nm と 20 nm の金ナノ粒子を固定化して，周辺溶媒の誘電率を変化させたときの吸収ピーク変化を透過測定により観測した[128]．周辺溶媒の誘電率が高いと吸収ピークが長波長側へシフトし，吸収強度も大きくなることを示している．これらの結果は，微粒子の分極率を示す式(9.1)からも予測され，理論と良い一致を示すことがわかる．さらに，ポリメタクリル酸メチル薄膜を微粒子上にさまざまな膜厚でスピンコートして，膜厚に対する吸収ピークとその強度の関係を調べている．その結果，膜厚を厚くすると吸収ピークは長波長側へシフトし，その強度も大きくなるが，膜厚 10 nm を超すとほぼ一定の値となる．直径 14 nm の微粒子では強度が $1/e$ になる膜厚が 4.8 nm であるのに対して，直径 20 nm の微粒子では強度が $1/e$ になる膜厚が 6.3 nm であることを示した．これは，大きい微粒子のほうが，局在プラズモン共鳴に影響を与える領域が大きい（微粒子表面からの距離が大きい）ことを示唆している．この実験結果は，後に島状薄膜を用いたセンシングの結果でも裏付けられている[124,129,130]．

筆者らの初期の実験[128]では高分子薄膜を用いてバイオセンシングの原理を示しているが，Nath と Chilkoti は同じ系で，実際に生物由来分子の検出を行っている[131]．ガラス基板上に固定化された金ナノ粒子(直径14 nm)にビオチン分子をリンカーを用いて結合し，これに対するストレプトアビジンの結合過程を検出した．ビオチンの結合に従い，ピーク波長が長波長側へシフトしていくこと，吸収強度も大きくなっていくことが示されている．ストレプトアビジンの検出限界は約 1 μg/mL (17 nM) であり，ダイナミックレンジが 1～30 μg/mL であると結論している．2年後の報告では，直径 39 nm の金ナノ粒子が最高の性能を与え，その検出限界が 0.05 μg/mL (0.83 nM) であるとしている[132]．いずれの研究も吸収ピーク付近の吸収強度変化で議論している．しかし，センサーの性能は金ナノ粒子の吸着密度や吸着形態の影響を受けるため，約 40 nm の微粒子が最高のパフォーマンスを与えるのは，単にサイズだけの理由ではない．ただ，アビジンやコンカナバリンAなどのタンパク質を検出する場合に，筆者らの研究でも直径 30～40 nm が良好な結果を与えており，一般的にはこの大きさの微粒子を使うのがよいと考えられる[133]．近年になり，Chilkoti らにより金ナノロッドを使った同様の研究で，0.005 μg/mL (94 pM) の検出限界が報告されている[134]．

同時期に Van Duyne らは，9.5.1項 B. で述べたナノスフィアリソグラフィーで作製

した銀ナノ粒子の局在プラズモン共鳴基板を使って，ストレプトアビジンの検出限界 1 pM 以下を得ている[97]．このような高い性能の理由としては，銀の微粒子を使っていること，測定を空気中で行っていること，ナノスフィアリソグラフィーで作製された銀ナノ粒子の形状が三角柱の形をしており，頂点付近に電場の集中が起こることなどが挙げられる．この基板を使って，認知症との関連が指摘されている ADDL というタンパク質の一種の検出例も報告されており，抗体を使った測定で 10 nM 程度の検出限界が得られている[98]．

反射測定の例としては，9.5.1項 C. で述べた竹井らによる帽子状金ナノ粒子構造を使ったアビジンの検出例がある[108]．一般に反射測定のほうが光学系がシンプルであり，自由度も高い．そのため，たとえば，マルチチャンネル測定などに適している．民谷らは帽子状金ナノ粒子構造をチップ化し，マルチチャンネルでの抗体などのバイオセンシングに用いている[135〜137]．

9.5.3 光ファイバー型

局在プラズモン共鳴基板の透過率や反射率を測定することによるバイオセンシングの例を紹介したが，これらの測定では迷光などの影響を受けやすく比較的多くの試料が必要である．たとえば，伝搬型の表面プラズモン共鳴を利用したバイオセンサーではマイクロ流路などを利用しても 100 μL の試料が必要である．一方，局在プラズモン共鳴を使えば，原理的にはさらに少ない量の試料でも測定が可能である．この特徴を活かすため，局在プラズモン共鳴を起こす構造を光ファイバー端面に作製することにより，

(1) 微小で機械的強度に優れる
(2) 信号の検出はプローブと離れた場所で行うことができる
(3) 低コストで使い捨てが可能である
(4) 迷光の影響を受けにくい

などの特徴を実現することができる．筆者らは，図 9.42 に示すような直径 20 nm 程度の金ナノ粒子をマルチモード光ファイバー端面に固定したバイオセンシングプローブを作製した[138]．光源に用いたのは高輝度の発光ダイオード(LED)である．低コストで光強度が比較的安定であること，安全性が高いことなどの理由から，レーザーを用いずに LED を利用し，SN 比を高めるために 1 kHz 程度の周波数に変調をかけている．マルチモード光ファイバーにカップリングされた光は光カプラを通して 2 分割され，一方のファイバーの先端はスプライサを通してプローブに接続される．スプライサを用いてプローブと接続することにより，プローブ部分は容易に取り替えが可能となる．プローブ上のナノ粒子で散乱された光は戻り光としてスプライサを通り，光電子増倍管(PMT)にて検出しロックイン検波を行っている．

9.5 局在プラズモン共鳴を使ったバイオセンサー

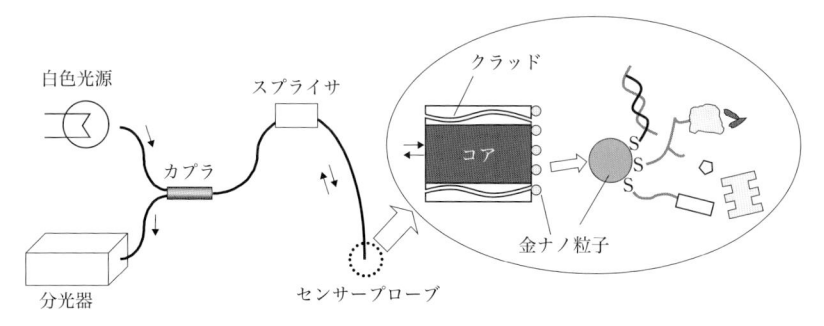

図 9.42 局在プラズモン共鳴を用いた光ファイバー型バイオセンサー [138]

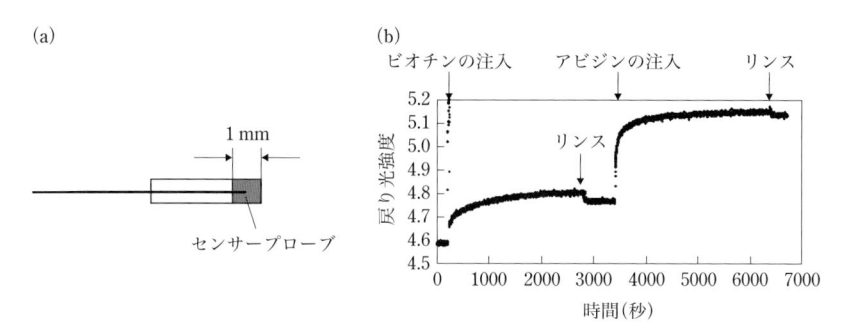

図 9.43 (a)局在プラズモン共鳴を用いた光ファイバー型バイオセンサー用試料ホルダーと(b)試料の量 50 nL で測定したアビジンの検出結果

このセンサーの屈折率分解精度を測定したところ，$2×10^{-5}$ RIU 程度であることがわかった．これは，一般的な Kretschmann 型の表面プラズモンバイオセンサーと同程度の分解精度である．少ない試料の量でセンシングが可能であるというこのセンサーの特徴の一つを活かすため，図 9.43(a)に示すようにキャピラリーを使った試料ホルダーを作製し，50 nL という極微量の試料で測定を行っている [139]．試料の量はホルダーの内径と試料溶液の長さから見積もることができる．ビオチンに対するアビジンの検出限界を求めるため，アビジン濃度に対する信号の変化をプロットしたものが図 9.43(b)である．ここでは，直径 40 nm の金ナノ粒子を用いている．この結果から検出限界を求めると 0.09 μg/mL(1.4 nM)であり，Nath と Chilkoti らの報告とほぼ同様の値が得られている [131,132]．

これらの測定では，コロイド溶液中に分散した金ナノ粒子を光ファイバー端面に固定化したものを用いた．微粒子を会合させることなく光ファイバー(あるいは基板上)に固定化するには被覆率は 20 ％程度が限度である．これを超えると微粒子が会合し，センサーの性能に影響を与える．井上らはドライプロセスを用いて微粒子を光ファイ

バー端面に作製・固定化する方法を提案している．その結果，検出限界は 0.1 μg/mL となり，約 10 倍の改善が得られた．これは，ドライプロセスを用いることにより，微粒子の密度を高くすることができ，SN 比が改善されたためと考えられる[140]．

9.5.4 金の異常反射

金の異常反射(anomalous reflection : AR)は，物質の吸着や脱離により青や紫の光(波長 λ = 400 ～ 480 nm)に対する反射率が変化する現象である[141,142]．これを利用してバイオセンシングを行うことができる[142~147]．金は金属であるが，光学的には青や紫の光に対して誘電体的な性質を示す．そのため，青や紫の光に対する反射率は 50 %程度であり，黄色がかった色を呈する理由となっている．この波長領域の光に対する金表面の反射率は，物質の吸着や結合にともない比較的大きく低下することが反射率計算より求めることができる．AR が起こる理由は以下のとおりである[146]．図 9.43 のような光学配置を考える．物質が吸着する前の反射係数を r_0，吸着後の反射係数を r とする．吸着分子層を誘電体薄膜と考え，空気/誘電体薄膜界面の反射係数を r_1，誘電体薄膜/金基板界面の反射係数を r_2 とする．波長 λ の光が膜厚 d，屈折率 n の誘電体を伝搬する際の位相変化 Δ は

$$\Delta = \exp\left(\frac{2\pi n \cos\theta}{\lambda} d\right) \tag{9.29}$$

で与えられる．θ は薄膜内での屈折角である．比 r/r_0 は，反射率の計算から，膜厚 d が非常に小さいとき，すなわち $\Delta \sim 1$ のときには，

$$\frac{r}{r_0} = 1 + \frac{r_2}{r_2 - r_1} i\Delta \tag{9.30}$$

と近似することができる．右辺の第 2 項が変化量の r_0 に対する比となっている．この量は複素数であるため，複素平面で記述すると図 9.44 のようになる．第 2 項の $r_2/(r_2-r_1)$ が実数の場合には，図 9.44(a)のように第 1 項と第 2 項が直交する．そのため反射率の変化は小さい．$r_2/(r_2-r_1)$ が虚数の場合には，図 9.44(b)のようになり反射率の変化が大きくなることがわかる．r_1 は実数であるため r_2 が大きな虚数成分をもつようにすれば物質の高感度な検出を行うことができるのである．

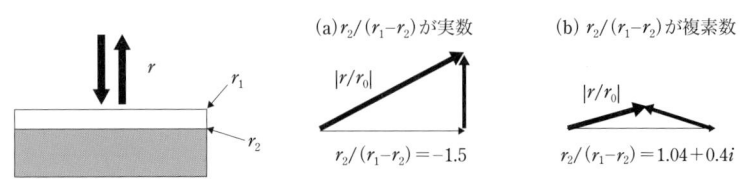

図 9.44 反射係数のベクトル図

9.5 局在プラズモン共鳴を使ったバイオセンサー

　ARは垂直入射でも斜め入射でもよく，金薄膜の膜厚制限もない．そのため，垂直入射での単純な反射率測定により金表面に結合，吸着した微量物質の量を計測することが可能である．入射光の単色性もあまり必要ないためLEDなどのインコヒーレント光源を利用することができるので，分光測定も容易である．感度は表面プラズモンセンサーと比べて1桁程度劣るが，単純な光学系を用いるため，さまざまな使い方が可能である．

　図9.45にARの光学系の例を示す．光源にはハロゲンランプや白色LEDなどを用い，その光は光ファイバーを用いて試料近傍へ導かれる．ファイバー端面から出射した光は金表面で反射し，ファイバーに戻ってマルチチャンネル分光器で分光される．バンドル型のY型ファイバーを用いても，Y型の光ファイバーカプラを用いてもよい．基板はガラスやシリコン上に蒸着した金薄膜を用いるのが一般的である．膜厚は50 nm以上あればよい．

　ARの測定例として最もシンプルな例を挙げる．金表面に透明な誘電体層であるオクタデカンチオール(ODT)の自己組織化単分子膜(SAM)を構築した反射吸収スペクトルを図9.46(a)に示す．測定は空気中で行った[142,146]．参照試料は，ODT SAMが結合していない金表面である．ODT SAMは可視域では吸収をもたないが，青や紫の光（波長 $\lambda = 400 \sim 480$ nm）に対しては吸収が観測される．図9.46(b)の計算結果と比較すると長波長側でオフセットが観測されるが，これは金薄膜表面の粗さや不均一さによるものである．同様に波長490 nm付近の吸収は，表面の粗さに起因する局在プラズモン共鳴に起因する．図9.46(c)に誘電体薄膜の膜厚と反射率の変化量の関係を示す．ほぼ直線の関係があり，変化量から膜厚を直接読み取ることができる．波長470 nmの反射率変化2.0 %から得られるODT SAMの膜厚は約1.6 nmであり，分子モデルから求めた値とほぼ一致する．

　次にタンパク質のAR測定例を示す[146]．用いた試料は図9.47(a)に示したように，(i)

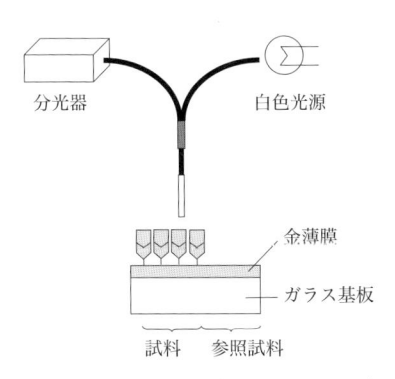

図9.45 異常反射(AR)を測定する光学系

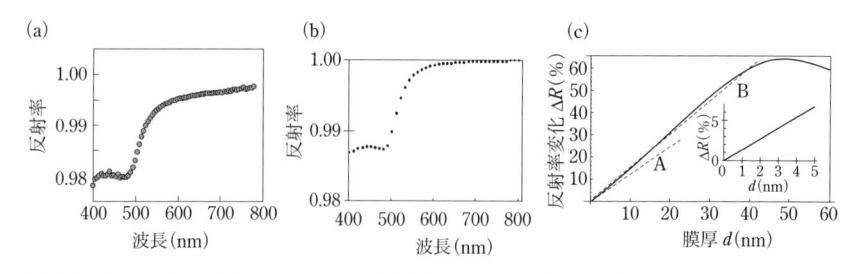

9 プラズモニクスの化学・生物・材料科学への応用

図 9.46 オクタデカンチオール SAM の異常反射 (AR) による測定結果 (a) と計算機シミュレーション結果 (b), 反射率変化の吸着膜厚依存性 (c)
[S. Fukuba *et al.*, *Opt. Commun.*, **282**, 3386 (2009), Fig.4]

図 9.47 (a) 試料の構造, (b) AR イメージ, (c) 反射率

金表面, (ii) AUT SAM が結合した金表面, (iii) AUT SAM にビオチンを結合したもの, (iv) (iii) にアビジンを結合させたものの 4 つの領域からなる. 測定は図 9.48 に示した光学系を使い, 光源には青色 LED ($\lambda = 470$ nm) を用いた. この装置ではピンホールのサイズは直径 100 μm であり, 10 倍の対物レンズを用いることにより約 10 μm の空間分解能を得ることができる. 試料表面の反射率を xy ステージでスキャンしながらコンピュータ上でマッピングした. 2 次元的な反射率分布を測定したものが図 9.47 (b) である. 4 つの領域をはっきりと区別することができる. アビジン領域の反射率変化は約 2.0 % であり, 膜厚に直すと 1.6 nm である. アビジン結晶の格子定数は 8 nm×7 nm×4 nm であることを考えると, この試料におけるビオチンの被覆率は

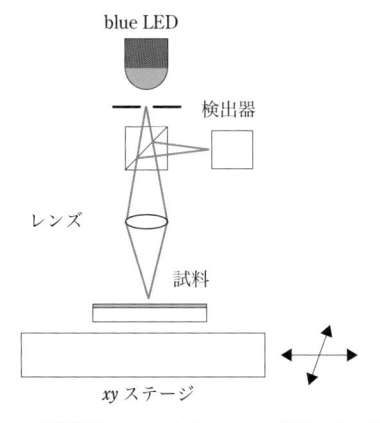

9.5 局在プラズモン共鳴を使ったバイオセンサー

図9.48 ARの顕微測定やマルチチャンネル測定をする場合の光学系

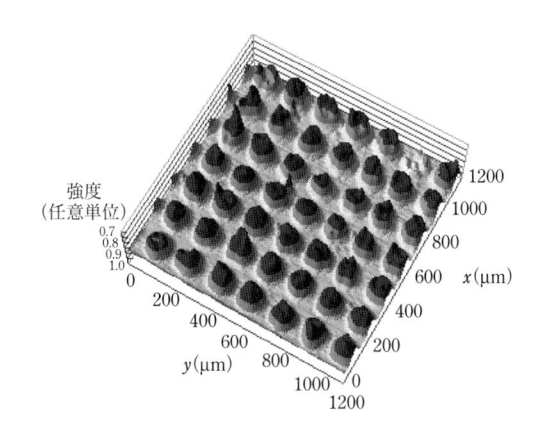

図9.49 アビジンマイクロアレイのARイメージ
[S. Fukuba *et al.*, *Opt. Commun.*, **282**, 3386(2009), Fig.8]

かなり低いと考えられる．

また，アビジンをアレイ状に堆積したチップのAR像の例を図9.49に示す．試料は金薄膜表面をAUT SAMとビオチンで修飾し，その上へマイクロコンタクトプリンティング法を用いてアビジンを1.2 mm×1.2 mmの範囲にドット状に49点スポットしたものである．比較的広い範囲に安定した空間分布強度が得られている．この結果からARを用いれば，簡単な装置で高い空間分解能が得られることがわかる．

最後にARを用いた，ポリペプチドとタンパク質の特異結合の測定例を紹介する[143]．アミノ酸配列が異なる2種類のポリペプチド(L8K6-TとL8K2E4-T)を金の表面に固定

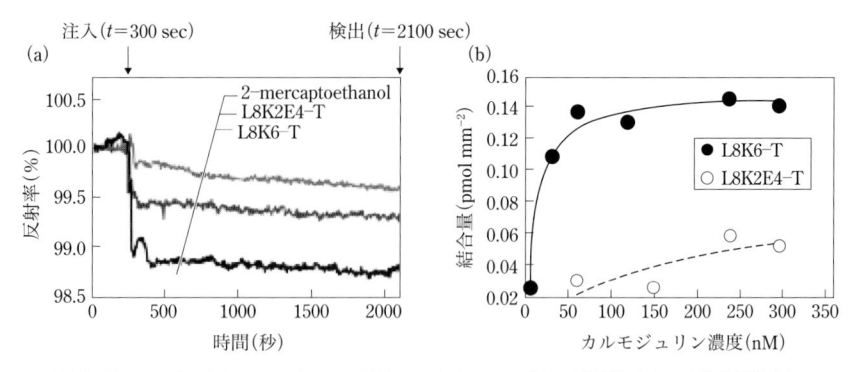

図9.50 ペプチドをリガンドとして測定されたタンパク質の吸着過程(a)と吸着等温線(b)
[S. Watanabe *et al.*, *Mol. Biosyst.*, **1**, 363 (2005), Fig.2]

化しリガンドとして用い，300 nMのカルモジュリンタンパク質(CaM)の結合をARを用いてモニターした（図9.50）．不活性な参照試料として用いたメルカプトエタノールでは変化量 ΔR の割合は0.3％程度であるのに対して，L8K6-TやL8K2E4-Tを用いた場合にはそれぞれ1.2％，0.5％の差が得られている．反射率変化のCaMの濃度依存性からL8K6-TやL8K2E4-Tに対するCaMの結合定数をそれぞれ $8.5×10^4$ M^{-1}，$2.5×10^3$ M^{-1} と求めることができた．このようなポリペプチドを数十から数百種類アレイ化すれば，実際にタンパクチップとして実用化することができると考えられる．ARはこのような用途に適した方法である．

ARの感度は表面プラズモン共鳴と比べて物足りないが，式(9.30)において r_2 を「設計」することにより感度の改善を図ることができる．一つは，基板を金と別の金属，または誘電体(空気を含む)などとの複合材料とすることにより，最適な r_2 とする方法である．Amirらは金と銀を共蒸着して合金化し，その後オゾンにより銀を酸化させて誘電体化することによりARの感度を向上させることに成功した[148]．また，誘電体と金を積層構造とすることによりARの感度を向上させることもできる[149]．いずれの方法も変化率の向上にともない r_0 も低下するため，十分にSN比を大きくできる r_0 の範囲で使用し，理論計算による設計をしっかりすることが必要である．

9.5.5　単一微粒子

局在プラズモンセンシングの大きな特徴の一つにnmサイズのセンシングプローブを作製できることがある．暗視野顕微鏡を使えば，基板上に点在する個々の微粒子を比較的容易に観察することができる．ただし，微粒子の間隔が波長より小さい場合には，回折限界により個々の微粒子を空間的に分離して観察することは難しくなる．基板上に固定化した直径40 nmの金ナノ粒子1つへのストレプトアビジンの結合過程

9.5 局在プラズモン共鳴を使ったバイオセンサー

がリアルタイムで観測されている[150]．光源やレンズは特別なものではなく，100 W のハロゲンランプを全反射条件で入射させ，水浸の対物レンズ(×100)を使って観察を行っている．分光測定には分光器と冷却CCDカメラを用いてスペクトルのシフトを観察した結果，ストレプトアビジンの結合にともなう約1 nmのピークシフトが観測された．同様の系で，抗原抗体反応の観測も報告されている[151]．同じ年にVan Duyneらはナノスフィアリソグラフィーにより作製された銀ナノ粒子1つによる屈折率センシングおよび自己組織化単分子膜の吸着過程のモニターを報告した[152]．オクタンチオールの結合にともない，局在プラズモン共鳴に由来する吸収ピークが8 nmシフトすることがリアルタイムで観測されている．

9.5.6 微粒子ラベリング

これまで紹介したセンシング方法は物質の吸着や結合による反射率や透過率変化を検出するものであった．ここでは，それ以外の手法についていくつか紹介する．6.11節でも述べられているように，金属ナノ粒子が数nm以下の間隔にある場合には，電磁気的な相互作用により，孤立微粒子の場合と異なる共鳴バンドが観測されたり，バンドのシフトが起こったりする[86~94]．Hutterらは蒸着により作製した島状金微粒子表面にDNAを固定化して，別に用意した金属ナノ粒子によりラベルされたDNAとのハイブリダイゼーションの観察を行っている[153]．金ナノ粒子でラベルされたDNAを用いた場合には，ハイブリダイゼーションにより44 nmに及ぶピークシフトが観察されている．銀ナノ粒子でラベルした場合には，ラベルしていないDNAとほとんど変わらないピークシフト量であった．同じグループは高分子ブラシのpHによる伸縮を吸収スペクトルで観察した例も報告している[154]．Alivistatorsらはこの手法を1組の微粒子のペアの観察に適用し，ハイブリダイゼーションのダイナミクスを論じており，微粒子間の距離を正確に見積もれることから「分子定規(molecular ruler)」と名付けている[155]．

図9.33のようにSAMを用いて金属ナノ粒子を固定化する方法は，局在プラズモン共鳴基板を作製する際によく用いられる．微粒子と金表面との距離が局在プラズモン共鳴の強度や共鳴波長を決めるパラメーターであるが，それを正確に決める方法はなく，多くの場合は金属ナノ粒子が存在しない場合のSAMの厚さを用いていた．筆者らは，この系で観測される基板と相互作用により生じた長波長側にシフトした吸収バンド(キャップモードと呼ばれる)の位置と半値幅から，金ナノ粒子(直径50 nm)と金表面との距離およびその分布を求めた[95]．この計算では，微粒子サイズの分布も取り入れている．得られた結果は，空気中では0.75 ± 0.21 nmであった．その距離は金属ナノ粒子が存在しない場合のSAMの厚さ(1.4 nm)の半分程度であり，その分布も比較的大きいことがわかった．すなわち，図9.51の挿入図に示すように微粒子が

SAM 中に沈み込んでいるようである．また，図 9.51 には微粒子の大きさに対する距離の関係を示した．微粒子が小さい場合にはギャップ長は比較的大きく SAM の厚さの 70 % 程度であるが，直径 50 nm の微粒子で半分程度となることが示された．

金ナノ粒子の局在プラズモンを利用して，Kretschmann 型の表面プラズモン共鳴の高感度化を図ることができる[156〜162]．金ナノ粒子で標識したアナライトを結合させたり，アナライトの結合後に何らかの相互作用を使って金ナノ粒子を固定化する方法である．この方法を用いるとタンパク質の検出などで，微粒子の結合量とアナライトの結合量が相関していれば検出限界を大幅に改善することができる．この方法をナノ粒子増感表面プラズモン共鳴 (nanoparticle amplified SPR) と呼ぶ．これまでナノ粒子増感表面プラズモン共鳴を利用したバイオセンシングは実験的な研究を中心に行われてきた．しかしながら，得られる表面プラズモン共鳴曲線の解析は単純ではなく，ピークの幅が広がったり，どの程度の増感があるかが理論的にわからなかったりするなどの問題があった．たとえば，Keating らは基板表面と微粒子の距離を変化させると，30 nm のときに最大となることを見出し，ナノ粒子増感表面プラズモン共鳴が単純なメカニズムでは説明できないと述べている[157]．これに対して，筆者らは基板と微粒子の間の相互作用を多重極子まで取り入れ，微粒子間の相互作用は平均場近似を使い，遅延効果まで含めた計算を行うことにより仮想的なナノ粒子層の誘電率を求めれば，実験的に得られた表面プラズモン共鳴曲線とほぼ一致することを報告している[163]．以下，この解析法について簡単に述べる．図 9.33 に示したような微粒子が基板表面から誘電体層を介して吸着・結合しているモデルを考える．誘電体層には，SAM や DNA などのアナライト分子を想定している．微粒子層は，被覆率 σ の微粒子と空気

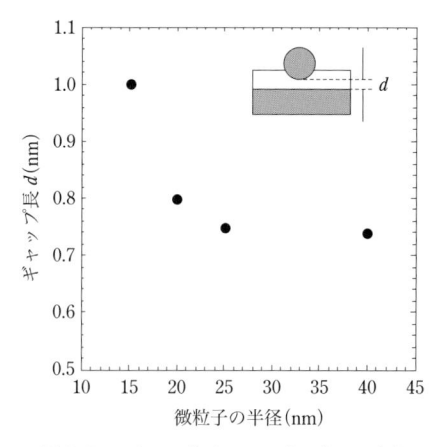

図 9.51 金ナノ粒子のサイズとギャップ長
［Y. Uchiho and K. Kajikawa, *Chem. Phys. Lett.*, **479**, 211 (2009), Fig.4］

9.5 局在プラズモン共鳴を使ったバイオセンサー

または水で構成されている．このとき半径 R の微粒子 1 つの分極率 α は，微粒子の誘電率 ε_2 と周辺媒質の誘電率 ε_1 を使って

$$\alpha_i = 4\pi R^3 \varepsilon_1 A_i \tag{9.31}$$

で表すことができる[92]．i は表面に垂直($\perp$)または平行($\parallel$)な成分を示している．誘電体層の厚さが微粒子の直径より小さい場合には，微粒子と基板との相互作用を取り入れなければならず，A_i は簡単な形では表せず，式(6.209)や(6.210)に示したような多重極子まで取り入れた計算が必要である．誘電体層の厚さが微粒子の直径より大きい場合には，等方的であると考えることができるため，微粒子と基板との相互作用を取り入れなくてもよく，式(9.31)の添え字は使わずに，

$$A = -\frac{\varepsilon_1 - \varepsilon_2}{2\varepsilon_1 + \varepsilon_2} \tag{9.32}$$

と近似することができる．

さて，微粒子層の誘電率は，電場の接線成分の連続性と電束密度の法線成分の連続性を使って，分極率を α，粒子の表面数密度を N_s として，垂直方向，水平方向それぞれ，

$$\varepsilon_\perp = \varepsilon_1 \left(1 - \frac{1}{\varepsilon_1} N_s \alpha_\perp L_\perp \right)^{-1} \tag{9.33}$$

$$\varepsilon_\parallel = \varepsilon_1 + N\alpha_\parallel L_\parallel \tag{9.34}$$

と表すことができる．L_i は微粒子間の相互作用の強さを示す i 方向の局所場因子と呼ばれる量である．$\sigma = N_s \pi R^2$ を使うと，結局，

$$\varepsilon_\perp = \varepsilon_1 \left(1 + \frac{2\sigma A_\perp L_\perp}{1 - 2\sigma A_\perp L_\perp} \right) \tag{9.35}$$

$$\varepsilon_\parallel = \varepsilon_1 \left(1 + 2\sigma A_\parallel L_\parallel \right) \tag{9.36}$$

となる．詳細な議論から $\sigma \leq 0.08$ では $L = 1$ と近似できることがわかった．また，$0.08 \leq \sigma \leq 0.2$ では，遅延効果まで取り入れた L を計算しなければならず，そして，$0.2 \leq \sigma$ では多重極子まで取り入れた微粒子間の相互作用を考えなければならず，この方法で計算することは困難である．誘電体層より小さい微粒子を用いた場合には，$\sigma \leq 0.08$ の際には誘電率は最も単純となり，空気中で，

$$\varepsilon = 1 + \frac{2\sigma(\varepsilon_1 - \varepsilon_2)}{2\varepsilon_1 + \varepsilon_2} \tag{9.37}$$

と計算することができる．また，計算から被覆率 σ を増やしてもピークシフトの量は必ずしも大きくならない場合があることがわかった．これは，微粒子と基板表面との相互作用により，共鳴条件近傍では A の実部が 0 または負になることもあるためである．

9.5.7 SERS センシング

球状の金ナノ粒子の場合,入射電場に対する電場の増強効果は約 3 ～ 4 倍である.前述にようにラマン散乱は 2 光子過程であるので SERS の増強効果はその 4 乗に比例するが,これを用いるだけでは SERS の増強効果は高々 10^2 倍程度である.一方,数 nm の以下のギャップを隔てた複数の金ナノ粒子の間には図 6.41 に示すように 100 倍以上の電場増強効果が得られることが知られている[88,90].これを用いれば,単純な計算でラマン散乱の増強効果が 10^8 倍になる.一般に表面増強効果がない通常の場合には,ラマンの信号を得るためには 10^8 個程度の分子が必要であるといわれている[69].逆に言えば,理論的にはこれだけの増強効果があれば蛍光スペクトルで行われているような 1 つの分子の分光が可能ということになる.実際には,色素などの分子を用いた場合には 10^{14} に及ぶ増強度が報告されており[164,165],9.6.1 項で述べるように単一分子ラマン分光が実現されている.これは,分子内の電子的な共鳴効果によるラマン信号の増強であり,表面増強共鳴ラマン散乱(surface enhanced resonance Raman scattering:SERRS)と呼ばれることもある.

SERS の報告は 1970 年代にさかのぼるが,それ以来,検出対象物質を吸着させることにより,ラマン散乱の大きな増強が得られる基板の研究も行われてきた.これらの基板は SERS 基板と呼ばれる.初期の SERS 基板は銀の微粒子やコロイドを会合した構造となるように基板上に析出させたナノ構造で構成されている.しかしながら,このような構造の基板は再現性を確保することは難しく,経時変化も大きいという問題があった.その後,SERS 基板上の信号を微視的に観察すると基板からラマン散乱光は一様に放射されているわけではなく,一部の点から放射されていることがわかった.この点はホットスポットと呼ばれる.そして,微粒子の会合体の構造の間や隙間がホットスポットをつくり出していくことがわかってきた[166,167].そのため,自己組織的な基板の作製ではなく,人為的にホットスポットが形成されるような構造を作り出す研究が行われるようになった.前述のナノスフィアリソグラフィーで作製される AgFON はその代表的な例である[112,168].

溶液中のコロイド微粒子や蒸着で作製した島状銀微粒子の会合体を用いた SERS 基板の例は多く報告されている.蒸着量が少ない場合には,金属は会合して島状の微粒子構造を形成するが,多くの場合には比較的球に近く,それ自身で大きな電場増強を生み出すような構造にはならない.そのため微粒子を会合させ,その接触面に生じる電場の増強効果を利用することで SERS 基板として機能しているようである.一方,基板を斜めに傾けて金属を堆積することにより針状あるいはロッド状の金属構造を形成した例がある.Georgia 大学のグループはこの方法で SERS 基板を作製し,BPE(bis (4-pyridyl)ethene)分子の SERS スペクトルを測定した結果,増強率 10^8 を得てい

9.5 局在プラズモン共鳴を使ったバイオセンサー

る[169]．この基板は幅 80 〜 90 nm，長さ約 500 nm の銀のナノロッドから形成されている．斜め蒸着による SERS 基板の作製例は他にも報告されている．鈴木らは，基板上へ SiO_2 の斜め蒸着により針状の構造を構築し，その上へ銀を斜め蒸着することにより SERS 基板を作製し，ラマン光によるイメージングに成功している[170]．ドライプロセスによる SERS 基板の作製は安定性と大量生産性の良さから実用化におけるアドバンテージが期待される方法である．

Brolo らは収束イオンビーム (FIB) を用いて作製した周期的なナノホールアレイが施された金薄膜を基板として SERS スペクトルを観測した[171]．波長 635 nm の He-Ne レーザー光 (35 mW) を 10 倍の対物レンズで集光し，透過光をノッチフィルターに通して分光器と冷却 CCD を使って観測する単純な構成である．レーザー色素の一種である oxazine 720 からのラマン信号を異なる周期のナノホールアレイ基板に吸着させて SERS を観測した．この場合，金表面は比較的平坦であると考えられる．その結果，周期間隔により共鳴波長が異なるために SERS の強度が異なること，金属微粒子会合体や粗い金属表面から強いラマン散乱が観測されるローダミン 6G やピリジンなどの色素からは信号が観測されないことから，SERS の増強メカニズムが単に電場の大きさだけでは説明がつかないと考察している．

この他，銀のナノドット構造を酸素プラズマ処理した基板により 10^{10} に及ぶ増強率が得られている[172]．また陽極酸化により得られたナノピラー構造に金を蒸着して作製した SERS 基板[173]などのさまざまなナノ構造を SERS 基板に利用しようとする試みが報告されている[174〜180]．

以上の研究ではローダミンやベンゾポルフィリン誘導体 (BPD) などの色素分子を観察していたが，生物由来分子や医療などの現場で使える試料の観察例も多数の報告がある．Van Duyne のグループは，SERS を用いてグルコースの濃度を測定することに成功している[112, 168]．銀の表面はグルコースに対する親和性が低いため表面近傍における分子数が少なく，ラマン活性はあるもののその検出には成功していなかった．そのため，AgFON の表面をエチレングリコールの SAM で修飾してグルコースとの親和性をもたせ，同時に銀表面の安定性も確保している．その結果，血漿中に多く存在する血清アルブミンタンパク質との混合溶液中でもアルブミンからの SERS 信号は検出されずにグルコースのみの信号を検出し，濃度 0 〜 450 mg/dL の間で十分な定量性が確保されていることが報告された．また，上述の斜め蒸着によるナノロッドで構成された基板を用いて，ウイルスを検出できることが報告されている[178]．ウイルスの種類により異なる SERS スペクトルが得られており，迅速なウイルス検出や診断の可能性を示した．

9.5.8 非線形光学効果によるセンシング

筆者らは図 9.30 に示すような金属表面上に 1～2 nm の誘電体薄膜によるギャップを介して固定化した金ナノ粒子(surface immobilized gold nanospheres：SIGN)から強い光(第二高調波：SH(second-harmonic)光)が発生することを報告した [88, 90]．ギャップを支持する材料として，非線形光学色素の一種であるメロシアニン SAM を用いた場合には，金表面からの SH 光強度に対して 10^6 倍に増強した SH 光が得られる．SH 光を使って表面をビオチンで修飾した SIGN へのアビジンの結合をモニターすると大きな SH 光強度の変化が観測された [10, 181]．これは，アビジンの結合にともなう共鳴波長のシフトが金微粒子近傍の光電場の変化を起こすことによるものである．SH 光強度は基本光の光電場の 4 乗に比例し，強度の 2 乗に比例する．通常の反射や透過分光などの線形光学的な方法に比べて光電場強度変化に対する変化量が大きいため，物質の吸脱着を高い感度で検出できると考えられる．さらに，一度に多数の試料を測定する(マルチチャンネル化)ために，直径 120 μm の SIGN によるドットアレイを作製した [182]．任意のドットにアビジンが結合する処理を行い，SH 光の顕微分光測定をした結果，アビジンが結合しているドットでは SH 光強度が大きく変化することを確認した [181]．

さらにセンシング感度の飛躍的な向上を図るために，センシングされたドット上に金ナノ粒子が結合し SIGN を形成するような工夫を行った [183]．そのスキームを図 9.52

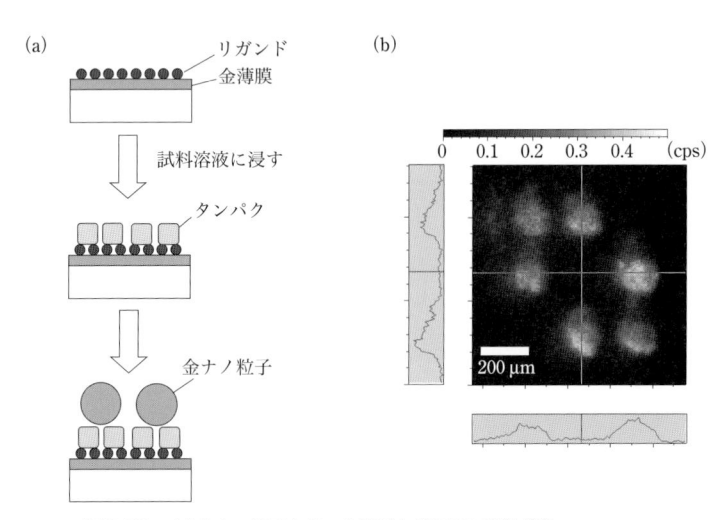

図 9.52 (a)金ナノ粒子を使った増感と(b)SHG 顕微鏡像
[S. Fukuba *et al.*, *Langmuir*, **24**, 8367(2008), Fig.1, Fig.7(a)]

(a)に示す．金薄膜表面上に部分的にリガンドを塗布し，タンパク質(アビジン)を結合させる．この基板を金ナノ粒子が分散された水溶液中に浸漬することによりアビジンをスペーサーとして金ナノ粒子が結合して SIGN 構造を形成する．SIGN 構造からは強い SH 光が発生するため，SH 光の顕微測定を行うと非常に高いコントラストでアビジンの検出を行うことができる．実際の実験結果として直径 150 μm の 3×3 のドットの SHG 顕微鏡イメージを図 9.52(b) に示す．対角線はタンパク質が結合していないコントロールドットである．また，反射スペクトルのピーク波長からアビジン層の厚さが 2 nm 程度と見積もられた．これは微粒子の結合による変性などが原因で，これまで報告されているアビジン層の厚さ(約 4.5 nm)より小さい値となっていると考えている．このように，SH 光を利用したバイオセンシングは始まったばかりであるが，SERS などと組み合わせて高い感度や機能を実現できる可能性がある．

9.6 分光学への応用

9.6.1 SERS 分光

分光学的に SERS を論じた例について紹介する．SERS スペクトルにはストークス信号とアンチストークス信号の強度の差が小さいという特徴がある．これは以下のように説明される．図 9.53 にラマン散乱のエネルギーダイアグラムを示す．電子は熱的な励起により基底準位 $v = 0$ から振動準位 $v = 1$ へ遷移するが，その数 N_0 と N_1 はボルツマン分布により支配される．そのため，ストークス信号の強度 I_s とアンチストークス信号の強度 I_{as} の比 I_{as}/I_s は通常のラマン散乱では以下のように表すことができる．

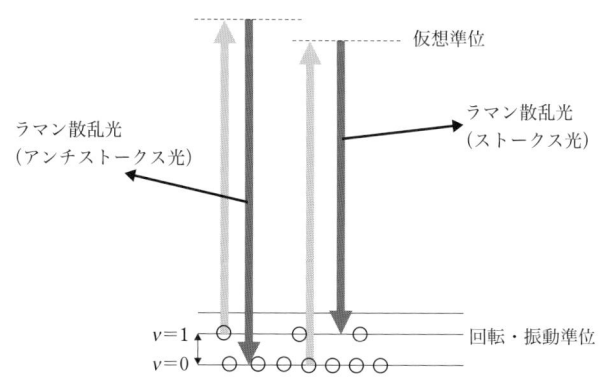

図 9.53 ラマン散乱のエネルギーダイアグラム

$$I_{as}/I_s = \exp[-h(v_1 - v_0)/kT] \tag{9.38}$$

ここで，k はボルツマン定数，T は絶対温度，v_1-v_0 は基底準位 $v = 0$ と振動準位 $v = 1$ のエネルギー差に対応する振動数である．SERS の場合では，見かけ上，ラマン散乱効率が非常に高く，振動準位への遷移が振動準位から基底準位への緩和に比べて無視できないほど大きくなる．そのため，N_1 の時間変化は熱的な遷移の寄与に加えて，緩和による電子数の減少を加えて以下のように表される[184]．

$$\frac{dN_1}{dt} = -(N_1 - N_0) A_s I_{ext} - \frac{N_1}{\tau_1} \tag{9.39}$$

ここで，A_s は SERS の散乱断面積であり，I_{ext} は入射光強度，τ_1 は準位 $v = 1$ の緩和時間である．$\tau_1 A_s I_{ext} \ll 1$ のとき，この微分方程式は解けて，定常状態で N_1 は熱的な効果を含めて，

$$N_1 = N_0 \{\tau_1 A_s I_{ext} + \exp[-h(v_1 - v_0)/kT]\} \tag{9.40}$$

となる．これより，I_{as}/I_s は N_1/N_0 に比例し以下のように表される．

$$I_{as}/I_s = \tau_1 A_s I_{ext} + \exp[-h(v_1 - v_0)/kT] \tag{9.41}$$

SERS では，$A_s I_{ext}$ が十分大きいと考えられるため，I_{as}/I_s が 1 に近い値をもつことになる．I_{as} は

$$I_{as} \sim N_0 \{\tau_1 A_s I_{ext} + \exp[-h(v_1 - v_0)/kT]\} A_s I_{ext} \tag{9.42}$$

のように表されるので，I_{as} は I_{ext} の 2 乗に比例することがわかる．一方，I_s は単に，

$$I_s \sim N_0 A_s I_{ext} \tag{9.43}$$

であるため，I_{ext} に比例し，他のパラメーターに依存しない．これらの計算結果を色素の一種であるクリスタルバイオレットからの SERS の実験結果によって確かめた結果を図 9.54 に示した．アンチストークス信号が入射光強度の 2 乗に比例しているが，ストークス信号は比例関係にあることが示されており，上述の取り扱いの妥当性を示している．

分光学的に興味深いもう一つの事象として，1990 年代後半に初めて報告された単一分子の SERS スペクトルの観察がある[164,165]．単一分子 SERS 分光は単に 1 つの分子を観察するというだけでなく，SERS のメカニズムなどを明らかにするためにも重要な研究である．Nie と Emory はローダミン 6G を銀ナノ粒子に吸着させ単一分子の SERS スペクトルを観察した[164]．得られたラマン散乱スペクトルは時間とともに変化しているが，単一分子の蛍光の場合に見られるような顕著な点滅特性（blinking）は

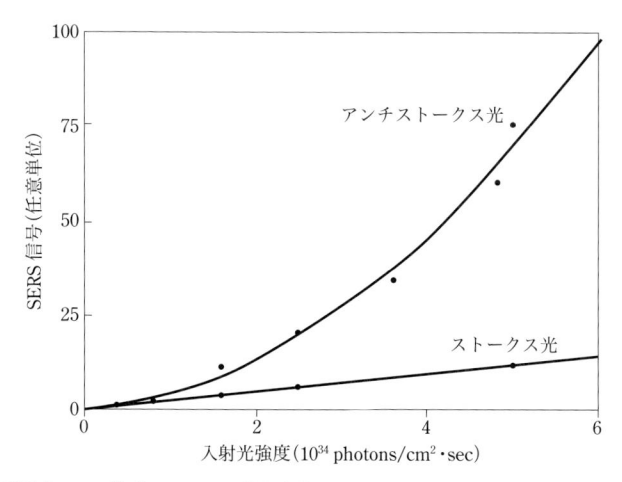

図9.54 表面増強ラマン散乱における入射光強度とストークスおよびアンチストークス光強度の関係
〔K. Kneipp et al., *Phys. Rev. Lett.*, **76**, 2444 (1996), Fig.3〕

見られておらず，多数の分子を観察する場合とは異なる特性をもっている．同じ時期に Kneipp らは単一分子のクリスタルバイオレットの SERS スペクトルを観察している[165]．ここでは，観察領域での分子の数が少なくなるにつれて，強度分布がガウス型からポアソン型に変化していく様子が示されており，単一分子からの信号が観測されている一つの根拠となっている．その後の多くの研究により，単一分子からの信号を観測しているということが明らかにされるようになってきた[185〜188]．

9.6.2 TERS

金属微粒子や粗い金属表面などの金属ナノ構造を使うのではなく，図9.55 に示すように先端が尖った STM 用の金属プローブを金属基板に近づけても局在プラズモン共鳴が生じ表面増強ラマン散乱が観測できる．これはチップ増強ラマン散乱(tip-enhanced Raman scattering, TERS)と呼ばれる．この手法の特徴は，プローブが近づいた表面近傍だけが SERS 活性となるため，STM との組み合わせにより空間分解能が高く，任意の場所における SERS 信号が取り出せるところである．そのため，巨大分子などでは分子内の任意の位置のラマン散乱信号を取り出すことができる[189]．

1990 年代はじめに，井上と河田は金属プローブを試料に近づけ，プローブの尖端に局在プラズモン共鳴を励起し，その散乱光を観測することにより回折限界を超えた光学顕微鏡像が得られることを示した[190]．これはアパーチャーレスの近接場光学顕微鏡と呼ばれ，その後多くのグループがこの方法を採用している．その後，同じグループによりこれをラマン散乱に適用した TERS が提案された[191]．ポリビニルアルコー

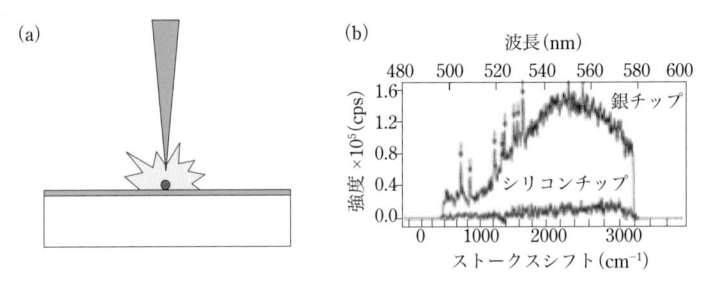

9 プラズモニクスの化学・生物・材料科学への応用

図 9.55 (a) チップ増強ラマン散乱(TERS)と(b)ローダミン 6G のラマン散乱スペクトル
［N. Hayazawa *et al*., *Opt. Commun*., **183**, 333(2000), Fig.4］

ル中に分散されたローダミン 6G のラマンバンドを，金属コートされた AFM プローブを近づけることにより観測することに成功している．その後，他の色素分子や C_{60} 分子，カーボンナノチューブ，核酸などの観測が行われてきた[192～194]．TERS と非線形光学効果の一種である CARS(coherent anti-Stokes Raman spectroscopy)との組み合わせで空間分解能 15 nm が報告されている[195]．もう一つの特徴として，分子に直接アクセスすることができるため，分子に局所的に力が加わった際のラマンシフトの変化や強度の変化を観測できるということがある[196,197]．これらは，ラマン分光を理解するうえで有力な手法となる．また TERS は通常平坦な基板上に試料を配置するが，表面に構造を有する場合の TERS 信号への影響が議論されている．プローブと基板により増強される入射電場はそれらの距離に大きく依存する．そのため，表面に構造がある基板を用いると大きな増強度が得られるが，得られた像にはアーティファクトが生じる可能性があり注意が必要である[198]．

9.6.3 SEIRA

1980 年代より SERS と同様に表面が粗い金属表面や島状金属構造中に吸着した分子の赤外吸収スペクトルが，大きく増強されることが知られていた[199]．この現象は SEIRA(surface-enhanced infrared absorption)と呼ばれる．金属微粒子の局在プラズモン共鳴のピークは赤外域にはないが，10 nm 程度の大きさの金属微粒子では吸収の裾が赤外域まで延び，比較的大きな分極率をもつ[200]．そのため，振動による分極と微粒子中の自由電子との相互作用により吸収の増強が起こると考えられている．SERS ではナノ構造を形成する金属種は金や銀などの貴金属に限られるが，SEIRA ではさまざまな金属を用いることができる．これは，赤外域では多くの金属は同様の光学応答，すなわち，誘電率の実部は負であり，虚部は相対的に小さい光学応答を示すためである．また，微粒子金属表面に垂直な電場成分による吸収を選択的に観測できる性質がある．

9.6 分光学への応用

大澤らにより報告されている透過 SEIRA スペクトルの例を図 9.56 に示す[201]．試料は CaF_2 基板上に銀を薄く蒸着し，そこへ p-ニトロ安息香酸(PNBA)を単分子層吸着させたものである．図 9.56(b) は銀がない場合のスペクトルである．この場合には，吸収が弱いので PNBA の膜厚は 132.8 nm と厚くして観測を行っている．そのため，これはバルクのスペクトルに対応する．蒸着された銀は島状の構造をしていると考えられ，質量膜厚が薄い場合でもある程度の大きさの島が離散的に存在し，質量膜厚の増加は島の密度の増加に対応すると考えられる．そのため，質量膜厚の増加とともに PNBA スペクトルの強度は増加し，10 nm で最大となり，それより大きな膜厚(14 nm)ではスペクトルが弱くなる．質量膜厚 10 nm のときのスペクトルの強度とバルクのスペクトル(図 9.56(b))の比較により，SEIRA の増強度が 500 倍であると結論されて

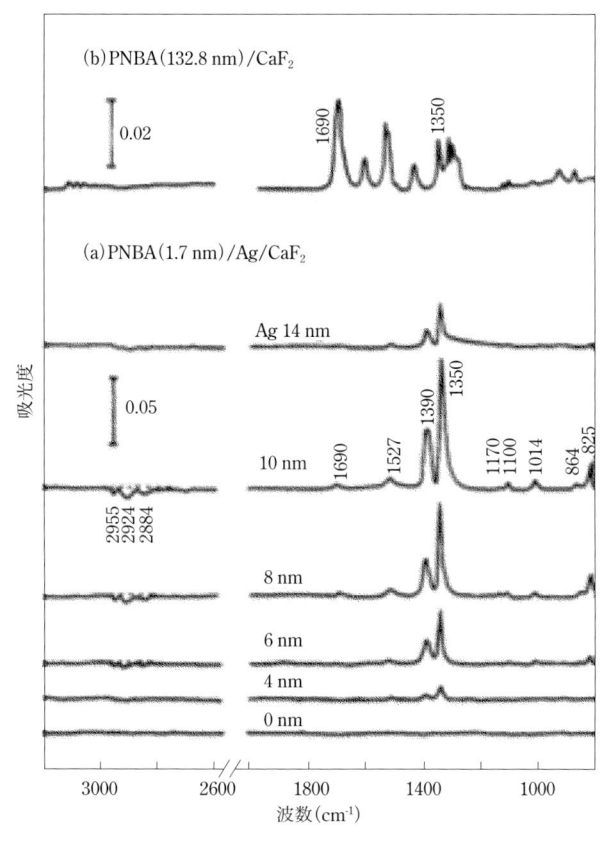

図 9.56 PNBA の SEIRA スペクトル
[M. Osawa and M. Ikeda, *J. Phys. Chem.*, **95**, 9914(1991), Fig.1]

いる.詳細な実験と理論に基づく検討から,増強メカニズムとしては上述の(1)振動分極と微粒子中の自由電子との相互作用(電磁気的な効果)だけでなく,(2)SERSと同様な金属基板との化学的な相互作用による増強効果,(3)化学吸着した分子が配向することによる増強効果が複合していると結論している.

SEIRAの応用として生体由来分子の検出に用いる例が多く報告されている.Brownらは質量膜厚10 nmの厚さでスパッタリングで作製した島状金微粒子にグルコースオキシダーゼ抗体を固定化し,グルコースオキシダーゼの検出を行った[202].SEIRAスペクトルはグルコースオキシダーゼの結合後に空気中で行われており,その場測定ではない.結合後は抗体では観測されない吸収バンドが観測され,グルコースオキシダーゼの検出が行われたことを示している.同様の測定をサルモネラ抗原の検出に適用し,抗原由来のバンドを検出している[202].彼らは表面プラズモン共鳴を使ったバイオセンサーに対するSEIRAの利点として非特異的な結合の区別が可能である点を挙げている.

また,大澤らは,分子の配向状態が議論できるSEIRAの特徴を活かして,DNAの構成分子であるアデニンとチミンの間の相互作用の検討を行った[203].実験はシリコンのプリズム上に20 nm厚の金を蒸着しATR配置を用いて,溶液中で電気的なポテンシャルをかけながらスペクトルの検出を行っている.金上に固定化されたアデニンの配向がポテンシャルにより大きく変化すること,この変化はアデニン中の窒素原子への水素化の有無によるものであることが示されている.水素結合を介したチミンとの結合は,チミンが傾いた状態では立体障害のため起こらず,それが立った状態であるポテンシャルが0.1 V以上のときにのみ起こると報告している.

Atakaらは,チトクロムcの単分子層の酸化時と還元時の差スペクトルを測定して,それを支持しているSAMによる吸着状態の違いを考察した[204,205].カルボキシル基や水酸基,ピリジンやシステインを末端にもつSAMが用いられた.得られた差スペクトルの波数は変わらないが,その強度比は大きく異なる.これによりチトクロムcの内部構造はSAMの種類により変わらないが,吸着構造が異なると述べている.タンパク質などの巨大分子の場合には,赤外吸収スペクトルは複雑であり構造に関する知見を得ることは難しいが,差スペクトルを利用すればさまざまな知見が得られることを示した研究例である.

9.6.4 非線形分光

非線形光学効果は,レーザーなどの強い電場を物質に入射した際に生じる光学効果である[206〜210].物質に生じる分極 P は,入射電場 E に対し,一般に,

$$P = \varepsilon_0 \chi^{(1)} E \tag{9.44}$$

のように書くことができる．しかしながら，電場が強いときには二次，三次の項を無視することができなくなり，

$$P = \varepsilon_0 \left(\chi^{(1)} E + \chi^{(2)} EE + \chi^{(3)} EEE + \cdots \right) \tag{9.45}$$

となる．二次以降の分極成分により生じる効果を非線形光学効果といい，二次の項により生じる効果を二次の非線形光学効果，三次の項により生じる効果を三次の非線形光学効果という．これらの現象を表9.3にまとめた．代表的な非線形光学効果は高調波発生であり，二次，三次に対応してそれぞれ第二高調波発生，第三高調波発生が起こる．光電場だけでなく静的な電場でも非線形光学効果は生じる．

表面プラズモン共鳴を非線形光学効果に利用した研究例は比較的古くからある．共鳴時に生じる大きな光電場がべき乗で影響するため，表面プラズモンの利用は非線形光学効果の増強に効果的である．Simonらは，金属薄膜表面におけるSH光強度が表面プラズモン共鳴により劇的に高くなることを示した[211]．その後，石英結晶などでも 10^6 に及ぶ増強効果が報告されている[212]．また，長距離伝搬型表面プラズモンでも同様の効果があり増強効果は $10^8 \sim 10^9$ に及ぶ[213]．

表面付近のSHGの増強メカニズムを解明するために筆者らはATR配置におけるSHGの増強効果をSAMを使って調べた[214]．その結果，金表面からのSHGが金の表面近傍から発生していると考えると理論と良い一致を示すことがわかった．この結果は，これまで報告されてきたハイドロダイナミックモデルと矛盾しない結果であると結論している．また，分極処理を施した高分子薄膜からの表面プラズモン共鳴時のSHGの増強効果についても実証している[215]．

SHGだけでなく金表面のポッケルス効果（一次の電気光学効果）についてもいくつかの報告がある．Offersgaardらは銀表面におけるポッケルス効果をATR配置を使っ

表9.3 各種の非線形光学効果

次数	名称	周波数の関係
二次の非線形光学効果	光第二高調波発生(SHG)	$\omega + \omega \rightarrow 2\omega$
	一次の電気光学効果(EO)（ポッケルス効果）	$\omega + 0 \rightarrow \omega$
	光整流(OR)	$\omega - \omega \rightarrow 0$
	パラメトリック発振	$\omega \rightarrow \omega + \omega_2$
三次の非線形光学効果	光第三高調波発生(THG)	$\omega + \omega + \omega \rightarrow 3\omega$
	二次の電気光学効果(EO)（カー効果）	$\omega + 0 + 0 \rightarrow \omega$
	4波混合	$\omega - \omega + \omega \rightarrow \omega$
	光双安定現象	$\omega - \omega + \omega \rightarrow \omega$

て観測し，古典的なモデルを使ってそのメカニズムを論じた[216]．電場による表面近傍の電子の動きを論じることにより，得られた結果との良い一致を見出している．金表面からもポッケルス効果は観測することができるが，金の場合には理論でうまく説明することは難しい．Wu らは静電相互作用を利用した交互累積膜で[217]，筆者らはヘミシアニン SAM で生じるポッケルス効果を ATR 配置を使って観測している[218]．その結果，前者では 60 pm/V，後者では 65 pm/V(最大値)の感受率が得られている．また，筆者らは図 9.57 に示すようなポッケルス効果を使った走査型ポッケルス顕微鏡を提案し，パターニングされたヘミシアニン SAM の分極像を観測している[139]．小型のレーザーやインコヒーレント光源でも観察が可能で，SHG 顕微鏡よりも良いコントラストで観察が可能であるという特徴がある．

近年，ATR 配置を使った SAM 中における光整流効果が報告された．光整流効果は，光照射により静的な分極が生じる現象であり，これまであまり多くの研究はされてこなかった．筆者らは図 9.58 に示すような光学配置を用い，ヘミシアニン単分子膜から生じる静的な分極から生じる電流を観測し，43 pm/V の実効的な感受率を得ている[219]．類似の光学効果としてフォトンドラッグ効果がある．これは，物質中で光の運動量を電子が受け取り電流が流れる現象である．石原らは，ATR 配置を用いて流れる電流値と光強度の関係を実験と理論の両面から考察している[220]．さらに回折格子における伝搬型の表面プラズモンを使ったフォトンドラッグ効果についても報告をしている[221]．

局在プラズモン共鳴を利用した非線形光学効果の高効率化の報告もある．また，筆者らは金ナノ粒子を金基板上に固定化した構造で SHG 強度の増強が起こることを報告し[88,90]，理論計算と比較した結果を報告している．その後，さまざまなサイズの金ナノ粒子を用いた実験で，最大 10^5 倍の SHG が観測されている．9.5.8 項で示したようにこれをチップ化し，バイオセンサーとして用いることもできる[181,183]．このような大きな増強効果は，単一ナノ粒子における非線形光学効果の観測を実現する．三次の非線形光学効果についても，近年報告されるようになってきた．Novotny らは金ナノ粒子中で生じる 4 波混合を観測している[222]．徳島大学の岡本らは，CdS で表面をコートした銀の微粒子におけるカー効果を観測している[223]．CdS のバンド間遷移の波長より短い波長の入射光では，その強度を上げても散乱光強度が下がる現象が観測されている．これらの研究例は，ナノ領域における非線形光学現象の解明に寄与すると考えられる．

非線形光学効果の一種である 2 光子励起蛍光(two photon photo luminescence：TPPL)は，金ナノ構造の光学顕微鏡観察によく用いられる方法である．TPPL では入射光強度の 2 乗に比例した信号が得られるため，パルスレーザーを用いた顕微鏡観察で高いコントラストが得られる．6.12 節で示したように金属の蛍光スペクトルは可視

9.6 分光学への応用

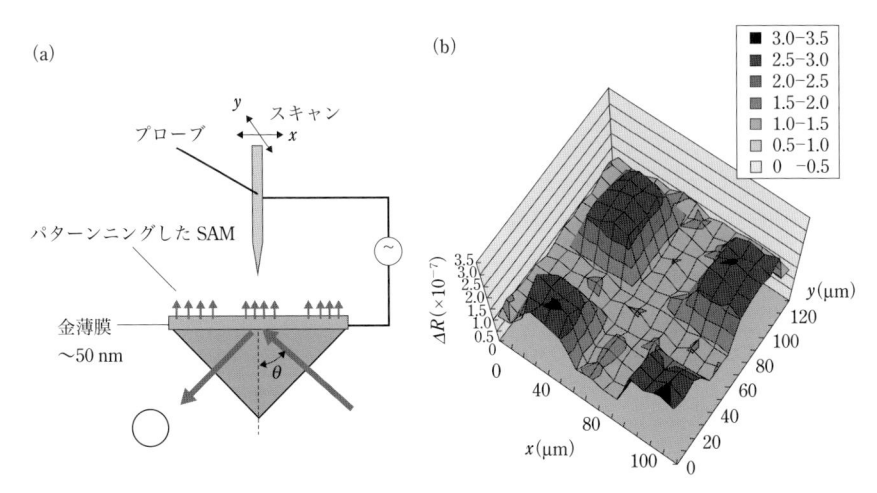

図 9.57 走査型ポッケルス顕微鏡のジオメトリ(a)とパターンニングした SAM の観察結果
［S. Sano *et al*., *Opt. Lett*., **32**, 2544(2007), Fig.1, 3］

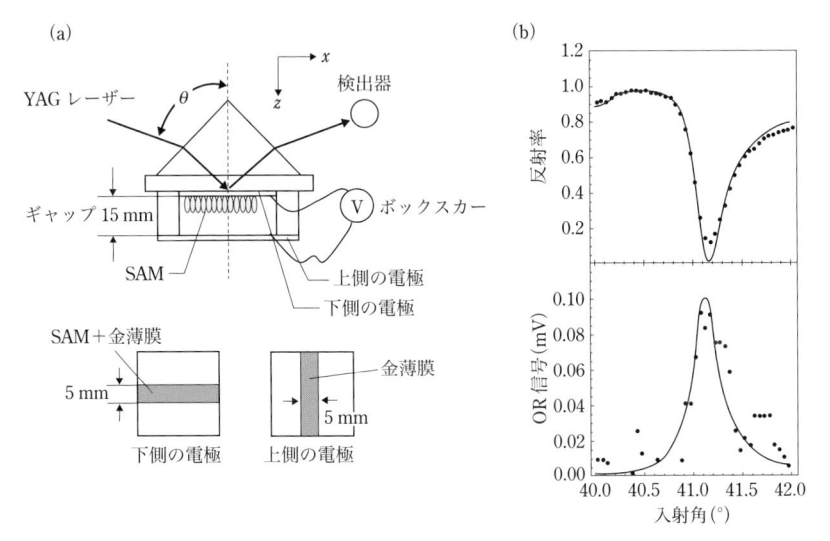

図 9.58 光整流効果の測定ジオメトリ(a)と測定結果(b)
(b)は上が反射率，下が光整流信号．
［R. Uzawa *et al*., *Appl. Phys. Lett*., **95**, 021107(2009), Fig.1, 2］

域から近赤外域にわたる広いバンド幅をもつという特徴がある．Boydらは，貴金属の粗い表面におけるTPPLの増強を観測し，そのプロセスについて議論を行っている．しかし，実験と理論との良い一致があまり見られておらず，その起源を特定するまでには至っていない[224]．その後しばらく経ってから，Novotnyらが，可視域の発光はBoydらが述べているとおりdバンドから伝導帯への遷移によると考えると観察結果をよく説明できるのに対して，近赤外域の発光はナノ構造により強く閉じ込められた局所電場によって生じるバンド内遷移の結果生じる蛍光であると報告している．そのため，TERSや粗いナノ構造で強い信号が得られるとし，その実験結果を示した[225]．TPPLはボウタイ型光アンテナの電場増強効果の観察[226]や金ナノロッドの近接場光学顕微鏡イメージングに用いられている[227]．

また，三澤らは局在プラズモン共鳴時に生じる大きな増強電場を利用すれば，レーザーなどのコヒーレント光を用いなくても，インコヒーレント光であるハロゲンランプでも非線形光学効果の一種である2光子吸収が起こることを示した．その結果生じる2光子蛍光が観測されている[228]．さらに，2光子吸収による重合反応も報告されている[229]．今後，分光などの増強に表面プラズモンが用いられる研究例がますます増えるものと考えられる．

参考文献

1) K. R. Rogers and A. Mulchandani, *Affinity Biosensors*, Humana Press, New Jersey (1998)
2) 六車仁志，バイオセンサ入門，コロナ社 (2003)
3) J. Homola, S. S. Yee, and G. Gauglitz, *Sensors and Actuators B*, **54**, 3 (1999)
4) J. Homola, *Chem. Rev.*, **108**, 462 (2008)
5) J. M. Brockman, B. P. Nelson, and R. M. Corn, *Annu. Rev. Phys. Chem.*, **51**, 41 (2000)
6) M. Seydack, *Biosensors and Bioelectronics*, **20**, 2454 (2005)
7) X. D. Hoa, A. G. Kirk, and M. Tabrizian, *Biosensors and Bioelectronics*, **23**, 151 (2007)
8) 梶川浩太郎，電子情報通信学会誌，**89**, 1096 (2006)
9) 梶川浩太郎，計測と制御，**45**, 922 (2006)
10) 坪井一真，梶川浩太郎，応用物理，**77**, 421 (2008)
11) B. Liedberg, C. Nylander, and I. Lundström, *Sensors and Actuators*, **4**, 299 (1983)
12) C. Nylander, B. Liedberg, and T. Lind, *Sensors and Actuators*, **3**, 79 (1982/83)
13) H. Reather, *Surface Plasmons on Smooth and Rough Surfaces and on Gratings*, Springer-Vevlag, Berlin (1998)
14) B. Liedberg, I. Lundström, and E. Stenberg, *Sensors and Actuators B*, **11**, 63 (1993)
15) W. Knoll, *MRS Bulletin*, **16** (7), 29 (1991)
16) W. Knoll, *Annu. Rev. Phys. Chem.*, **49**, 569 (1998)

17) D. S. Bethune, *J. Opt. Soc. Am. B*, **6**, 910 (1989)
18) C. F. Bohren and D. R. Huffman, *Absorption and Scattering of Light by Small Particles*, John Wiley & Sons Inc., New York (1983)
19) P. B. Johnson and R. W. Christy, *Phys. Rev. B*, **6**, 4370 (1972)
20) A. E. Neeves and M. H. Birnboim, *J. Opt. Soc. Am. B*, **6**, 787 (1989)
21) B. Rothenhäusler and W. Knoll, *Nature*, **332**, 615 (1988)
22) J. M. Brockman, A. G. Frutos, and R. M. Corn, *J. Am. Chem. Soc.*, **121**, 8044 (1999)
23) K. Kajikawa, H. Sasabe, and W. Knoll, *Technical Report of IEICE*, **OME94-58**, 39 (1994)
24) S. G. Nelson, K. S. Johnston, and S. S. Yee, *Sensors and Actuators B*, **35-36**, 187 (1996)
25) G. L. Gains, Jr., *Insoluble Monolayers at Liquid-Gas Interfaces*, Wiley, New York (1966)
26) 石井淑夫, よいLB膜をつくる実践的技術, 共立出版 (1989)
27) 水島公一, 東 実, 分子機能材料, 共立出版 (1988)
28) A. Ulman, *An Introduction to Ultrathin Organic Films from Langmuir-Blodgett to self-Assembly*, Academic Press, San Diego (1991)
29) I. Pockrand, J. D. Swalen, R. Santo, A. Brillante, and M. R. Philpott, *J. Chem. Phys.*, **69**, 4001 (1978)
30) I. Pockrand, J. D. Swalen, J. G. Gordon, II, and M. R. Philpott, *J. Chem. Phys.*, **70**, 3401 (1979)
31) K. Ray, H. Szmacinski, J. Enderlein, and J. R. Lakowicz, *Appl. Phys. Lett.*, **90**, 251116 (2007)
32) K. Miyano, K. Asano, and M. Shimomura, *Langmuir*, **7**, 444 (1991)
33) A. Ulman, *Chem. Rev.*, 96, 1533 (1996)
34) 原 正彦, 玉田 薫, C. ハーン, 梶川浩太郎, 西田正樹, W. クノール, 雀部博之, 応用物理, **64**, 1234 (1995)
35) 梶川浩太郎, 原 正彦, 雀部博之, W. クノール, *M&BE*, **7**, 2 (1996)
36) K. Kajikawa, M. Hara, H. Sasabe, and W. Knoll, *Jpn, J. Appl. Phys.*, **36**, L1116 (1997)
37) K. Tamada, T. Ishida, W. Knoll, H. Fukushima, R. Colorado, Jr., M. Graupe, O. E. Shmakova, and T. R. Lee, *Langmuir*, **17**, 1913 (2001)
38) 夏目 徹 (永田和弘, 半田 宏編), 生体物質相互作用のリアルタイム解析実験法, シュプリンガー・フェアラーク東京 (1998), pp.63-74
39) 安井裕之 (永田和弘, 半田 宏編), 生体物質相互作用のリアルタイム解析実験法, シュプリンガー・フェアラーク東京 (1998), pp.74-86
40) 梶川浩太郎, 蛋白質 核酸 酵素, **49**, 1772 (2004)
41) G. Sakai, K. Ogata, T. Uda, N. Miura, and N. Yamazoe, *Sensors and Actuators B*, **49**, 5 (1998)
42) G. Sakai, S. Nakata, T. Uda, N. Miura, and N. Yamazoe, *Electrochimica Acta*, **44**, 3849 (1999)
43) T. Kawaguchi, D. R. Shankaran, S. J. Kim, K. Matsumoto, K. Toko, and N. Miura, *Sensors and Actuators B*, **133**, 467 (2008)
44) J. Homola and R. Slavik, *Electron. Lett.*, **32**, 480 (1996)
45) R. Slavík, J. Homola, and J. Čtyroký, *Sensors and Actuators B*, **54**, 74 (1999)
46) R. Slavík, J. Homola, J. Čtyroký, and E. Brynda, *Sensors and Actuators B*, **74**, 106 (2001)
47) O. S. Wolfbeis, *Anal. Chem.*, **76**, 3269 (2004)

48) K. Kurihara, H. Ohkawa, Y. Iwasaki, O. Niwa, T. Tobita, and K. Suzuki, *Anal. Chim. Acta*, **523**, 165 (2004)
49) M. Iga, A. Seki, and K. Watanabe, *Sensors and Actuators B*, **106**, 363 (2005)
50) J. Guo, Z. Zhu, W. Deng, and S. Shen, *Opt. Eng.*, **37**, 2998 (1998)
51) K.-H. Chen, C.-C. Hsu, and D.-C. Su, *Opt. Eng.*, **42**, 1884 (2003)
52) C.-M. Wu, Z.-C. Jian, S.-F. Joe, and L.-B. Chang, *Sensors and Actuators B*, **92**, 133 (2003)
53) Y. Xinglong, Z. Lequn, J. Hong, W. Haojuan, Y. Chunyong, and Z. Shenggeng, *Sensors and Actuators B*, **76**, 199 (2001)
54) F. Abelés, *Surf. Sci.*, **56**, 237 (1976)
55) R. Naraoka and K. Kajikawa, *Sensors and Actuators B*, **107**, 952 (2005)
56) S. Shen, T. Liu, and J. Guo, *Appl. Opt.*, **37**, 1747 (1998)
57) P. Westphal and A. Bornmann, *Sensors and Actuators B*, **84**, 278 (2002)
58) M. Poksinski and H. Arwin, *Sensors and Actuators B*, **94**, 247 (2003)
59) T. Liebermann, W. Knoll, P. Sluka, and R. Herrmann, *Colloids and Surfaces A*, **169**, 337 (2000)
60) T. Liebermann and W. Knoll, *Colloid and Surfaces A*, **171**, 115 (2000)
61) T. Liebermann and W. Knoll, *Langmuir*, **19**, 1567 (2003)
62) A. Sato, B. Menges, and W. Knoll, *J. Appl. Phys.*, **105**, 014701 (2009)
63) F. Yu, B. Persson, S. Löfås, and W. Knoll, *J. Am. Chem. Soc.*, **126**, 8902 (2004)
64) J. Malicka, I. Gryczynski, Z, Gryczynski, and J. R. Lakowicz, *Anal. Biochem.*, **315**, 57 (2003)
65) J. Malicka, I. Gryczynski, and J. R. Lakowicz, *Biochem. Biophys. Res. Commun.*, **306**, 213 (2003)
66) B.-Y. Hsieh, Y.-F. Chang, M.-Y. Ng, W.-C. Liu, C.-H. Lin, H.-T. Wu, and C. Chou, *Anal. Chem.*, **79**, 3487 (2007)
67) D. L. Jeanmaire and R. P. Van Duyne, *J. Electroanal. Chem.*, **84**, 1 (1977)
68) M. G. Albrecht and J. A. Creighton, *J. Am. Chem. Soc.*, **99**, 5215 (1977)
69) K. Kneipp, H. Kneipp, I. Itzkan, R. R. Dasari, and M. S. Feld, *Chem. Rev.*, **99**, 2957 (1999)
70) W. Knoll, M. R. Philpott, J. D. Swalen, and A. Girlando, *J. Chem. Phys.*, **77**, 2254 (1982)
71) W. Knoll, J. Rabe, M. R. Philpott, and J. D. Swalen, *Thin Solid Films*, **99**, 173 (1983)
72) A. Nemetz, T. Fischer, A. Ulman, and W. Knoll, *J. Chem. Phys.*, **98**, 5912 (1993)
73) H. Knobloch and W. Knoll, *J. Chem. Phys.*, **94**, 835 (1991)
74) H. Knobloch, H. Brunner, A. Leitner, F. Aussenegg, and W. Knoll, *J. Chem. Phys.*, **98**, 10093 (1993)
75) M. Futamata, *J. Phys. Chem.*, **99**, 11901 (1995)
76) M. Futamata, *Langmuir*, **11**, 3894 (1995)
77) M. G. Moharam and T. K. Gaylord, *J. Opt. Soc. Am. A*, **3**, 1780 (1986)
78) M. G. Moharam, E. B. Grann, D. A. Pommet, and T. K. Gaylord, *J. Opt. Soc. Am. A*, **12**, 1068 (1995)
79) E. Popov and M. Nevière, *J. Opt. Soc. Am. B*, **11**, 1555 (1994)
80) J. Dostálek, J. Homola, and M. Miler, *Sensors and Actuators B*, **107**, 154 (2005)
81) J. Dostálek and J. Homola, *Sensors and Actuators B*, **129**, 303 (2008)

82) B. K. Singh and A. C. Hillier, *Anal. Chem.*, **78**, 2009 (2006)
83) B. K. Singh and A. C. Hillier, *Anal. Chem.*, **79**, 5124 (2007)
84) J. Wang, T. Zhu, M. Tang, S. M. Cai, and Z. F. Liu, *Jpn. J. Appl. Phys*, **35**, L1381 (1996)
85) K. C. Grabar, R. G. Freeman, M. B. Hommer, and M. J. Natan, *Anal. Chem.*, **67**, 735 (1995)
86) T. Okamoto and I. Yamaguchi, *J. Phys. Chem. B*, **107**, 10321 (2003)
87) J. Schmitt, P. Mächtle, D. Eck, H. Möhwald, and C. A. Helm, *Langmuir*, **15**, 3256 (1999)
88) K. Tsuboi, S. Abe, S. Fukuba, M. Shimojo, M. Tanaka, K. Furuya, K. Fujita, and K. Kajikawa, *J. Chem. Phys.*, **125**, 174703 (2006)
89) G. Gupta, D. Tanaka, Y. Ito, D. Shibata, M. Shimojo, K. Fukuya, K. Mitsui, and K. Kajikawa, *Nanotechnology*, **20**, 025703 (2009)
90) S. Abe and K. Kajikawa, *Phys. Rev. B*, **74**, 035416 (2006)
91) P. K. Aravind and H. Metiu, *Surf. Sci.*, **124**, 506 (1983)
92) M. M. Wind, J. Vlieger, and D. Bedeaux, *Physica*, **141A**, 33 (1987)
93) T. Kume, S. Hayashi, and K. Yamamoto, *Phys. Rev. B*, **55**, 4774 (1997)
94) T. Kume, N. Nakagawa, S. Hayashi, and K. Yamamoto, *Solid State Commun.*, **93**, 171 (1995)
95) Y. Uchiho and K. Kajikawa, *Chem. Phys. Lett.*, **478**, 211 (2009)
96) J. C. Hulteen and R. P. Van Duyne, *J. Vac. Sci. Technol. A*, **13**, 1553 (1995)
97) A. J. Haes and R. P. Van Duyne, *J. Am. Chem. Soc.*, **124**, 10596 (2002)
98) A. J. Haes, W. P. Hall, L.Chang, W. L. Klein, and R. P. Van Duyne, *Nano Lett.*, **4**, 1029 (2004)
99) A. J. Haes, S. Zou, G. C. Schatz, and R. P. Van Duyne, *J. Phys. Chem. B*, **108**, 109 (2004)
100) A. J. Haes and R. P. Van Duyne, *Anal. Bioanal. Chem.*, **379**, 920 (2004)
101) A. J. Haes, D. A. Stuart, S. Nie, and R. P. Van Duyne, *J. Fluorescence*, **14**, 355 (2004)
102) A. J. Haes, S. Zou, J. Zhao, G. C. Schatz, and R. P. Van Duyne, *J. Am. Chem. Soc.*, **128**, 10905 (2006)
103) C. R. Yonzon, E. Jeoung, S. Zou, G. C. Schatz, M. Mrksich, and R. P. Van Duyne, *J. Am. Chem. Soc.*, **126**, 12669 (2004)
104) Y. Sawai, B. Takimoto, H. Nabika, K. Ajito, and K. Murakoshi, *J. Am. Chem. Soc.*, **129**, 1658 (2007)
105) J. S. Shumaker-Parry, H. Rochholz, and M. Kreiter, *Adv. Mater.*, **17**, 2131 (2005)
106) M. Schmelzeisen, J. Austermann, and M. Kreiter, *Opt. Express*, **16**, 17827 (2008)
107) H. Takei, *J. Vac. Sci. Technol. B*, **17**, 1906 (1999)
108) M. Himmelhaus and H. Takei, *Sensors and Actuators B*, **63**, 24 (2000)
109) H. Takei, M. Himmelhaus, and T. Okamoto, *Opt. Lett.*, **27**, 342 (2002)
110) L. A. Dick, A. J. Haes, and R. P. Van Duyne, *J. Phys. Chem. B*, **104**, 11752 (2000)
111) L. A. Dick, A. D. McFarland, C. L. Haynes, and R. P. Van Duyne, *J. Phys. Chem. B*, **106**, 853 (2002)
112) C. R. Yonzon, C. L. Haynes, X. Zhang, J. T. Walsh, Jr., and R. P. Van Duyne, *Anal. Chem.*, **76**, 78 (2004)
113) O. Lyandres, N. C. Shah, C. R. Yonzon, J. T. Walsh, Jr., M. R. Glucksberg, and R. P. Van Duyne,

Anal. Chem., **77**, 6134 (2005)
114) K. E. Shafer-Peltier, C. L. Haynes, M. R. Glucksberg, and R. P. Van Duyne, *J. Am. Chem. Soc.*, **125**, 588 (2003)
115) X. Zhang, J. Zhao, A. V. Whitney, J. W. Elam, and R. P. Van Duyne, *J. Am. Chem. Soc.*, **128**, 10304 (2006)
116) X. Zhang, M. A. Young, O. Lyandres, and R. P. Van Duyne, *J. Am. Chem. Soc.*, **127**, 4484 (2005)
117) K. L. Wustholz, C. L. Brosseau, F. Casadiob, and R. P. Van Duyne, *Phys. Chem. Chem. Phys.*, **11**, 7350 (2009)
118) 金原粲，藤原英夫，薄膜，裳華房 (1979)
119) 金原粲，薄膜の基本技術，東京大学出版会 (2008)
120) 吉田貞史，薄膜，培風館 (1990)
121) 吉田貞史，矢嶋弘差，薄膜・光デバイス，東京大学出版会 (1994)
122) G. Gupta, Y. Nakayama, K. Furuya, K. Mitsuishi, M. Shimojo, and K. Kajikawa, *Jpn. J. Appl. Phys.*, **48**, 080207 (2009)
123) F. Meriaudeau, T. R. Downey, A. Passian, A. Wig, and T. L. Ferrell, *Appl. Opt.*, **37**, 8030 (1998)
124) I. Doron-Mor, H. Cohen, Z. Barkay, A. Shanzer, A. Vaskevich, and I. Rubinstein, *Chem. Eur. J.*, **11**, 5555 (2005)
125) A. B. Dahlin, J. O. Tegenfeldt, and F. Höök, *Anal. Chem.*, **78**, 4416 (2006)
126) D. Gao, W. Chen, A. Mulchandani, and J. S. Schultz, *Appl. Phys. Lett.*, **90**, 073901 (2007)
127) E. M. Larsson, J. Alegret, M. Käll, and D. S. Sutherland, *Nano Lett.*, **7**, 1256 (2007)
128) T. Okamoto, I. Yamaguchi, and T. Kobayashi, *Opt. Lett.*, **25**, 372 (2000)
129) I. Doron-Mor, H. Cohen, Z. Barkay, A. Shanzer, A. Vaskevich, and I. Rubinstein, *Chem. Eur. J.*, **11**, 5555 (2005)
130) G. Kalyuzhny, A. Vaskevich, M. A. Schneeweiss, and I. Rubinstein, *Chem. Eur. J.*, **8**, 3850 (2002)
131) N. Nath and A. Chilkoti, *Anal. Chem.*, **74**, 504 (2002)
132) N. Nath and A. Chilkoti, *J. Fluorescence*, **14**, 377 (2004)
133) 木村光徳，修士論文，東京工業大学 (2006)
134) S. M. Marinakos, S. Chen, and A. Chilkoti, *Anal. Chem.*, **79**, 5278 (2007)
135) T. Endo, S. Yamamura, N. Nagatani, Y. Morita, Y. Takamura, and E. Tamiya, *Sci. Technol. Adv. Mater.*, **6**, 491 (2005)
136) H. M. Hiep, T. Nakayama, M. Saito, S. Yamamura, Y. Takamura, and E. Tamiya, *Jpn. J. Appl. Phys.*, **47**, 1337 (2008)
137) D.-K. Kim, K. Kerman, S. Yamamura, Y.-S. Kwon, Y. Takamura, and E. Tamiya, *Jpn. J. Appl. Phys.*, **47**, 1351 (2008)
138) K. Mitsui, Y. Handa, and K. Kajikawa, *Appl. Phys. Lett.*, **85**, 4231 (2004)
139) M. Inoue, M. Kimura, K. Mitsui, and K. Kajikawa, *Proc. SPIE*, **6642**, 66421C (2007)
140) 井上真理子，修士論文，東京工業大学 (2008)
141) V.-V. Truong, P. V. Ashrit, G. Bader, P. Courteau, F. E. Girouard, and T. Yamaguchi, *Can. J. Phys.*, **69**, 107 (1991)

142) M. Watanabe and K. Kajikawa, *Sensors and Actuators B*, **89**, 126(2003)
143) S. Watanabe, K. Usui, K.-Y. Tomizaki, K. Kajikawa, and H. Mihara, *Mol. Biosyst.*, **1**, 363(2005)
144) S. Watanabe, K. Usui, K. Tomizaki, H. Mihara, M. Watanabe, and K. Kajikawa, *Biopolymers*, **80**, 599(2005)
145) Y. Manaka, Y. Kudo, H. Yoshimine, T. Kawasaki, K. Kajikawa, and Y. Okahata, *Chem. Commun.*, 3574(2007)
146) S.-Y. Fukuba, R. Naraoka, K. Tsuboi, and K. Kajikawa, *Opt. Commun.*, **282**, 3386(2009)
147) 梶川浩太郎, 表面化学, **28**, 218(2007)
148) A. Syahir, 博士論文, 東京工業大学(2010)
149) A. Syahir, H. Mihara, and K. Kajikawa, *Langmuir*, **26**, 6053(2010)
150) G. Raschke, S. Kowarik, T. Franzl, C. Sönnichsen, T. A. Klar, J. Feldmann, A. Nichtl, and K. Kurzinger, *Nano Lett.*, **3**, 935(2003)
151) M. P. Kreuzer, R. Quidant, G. Badenes, and M.-P. Marco, *Biosensors and Bioelectronics*, **21**, 1345(2006)
152) A. D. McFarland and R. P. Van Duyne, *Nano Lett.*, **3**, 1057(2003)
153) E. Hutter and M.-P. Pileni, *J. Phys. Chem. B*, **107**, 6497(2002)
154) I. Tokareva, S. Minko, J. H. Fendler, and E. Hutter, *J. Am. Chem. Soc.*, **126**, 15950(2004)
155) C. Sönnichsen, B. M. Reinhard, J. Liphardt, and A. P. Alivisatos, *Nat. Biotechnol.*, **23**, 741(2005)
156) E. Hutter, J. H. Fendler, and D. Roy, *J. Phys. Chem. B*, **105**, 11159(2001)
157) L. He, E. A. Smith, M. J. Natan, and C. D. Keating, *J. Phys. Chem. B*, **108**, 10973(2004)
158) L. A. Lyon, M. D. Musick, and M. J. Natan, *Anal. Chem.*, **70**, 5177(1998)
159) L. A. Lyon, D. J. Peña, and M. J. Natan, *J. Phys. Chem. B.*, **103**, 5826(1999)
160) L. A. Lyon, M. D. Musick, P. C. Smith, B. D. Reiss, D. J. Peña, and M. J. Natan, *Sensors and Actuators B*, **54**, 118(1999)
161) M. Ito, F. Nakamura, A. Baba, K. Tamada, H. Ushijima, K. H. A. Lau, A. Manna, and W. Knoll, *J. Phys. Chem. C*, **111**, 11653(2007)
162) A. Rueda, M. Stemmler, R. Bauer, Y. Fogel, K. Müllen, and M. Kreiter, *J. Phys. Chem. C*, **112**, 14801(2008)
163) Y. Uchiho, M. Shimojo, K. Furuya, and K. Kajikawa, *J. Phys. Chem. C*, **114**, 4816(2010)
164) S. Nie and S. R. Emory, *Science*, **275**, 1102(1997)
165) K. Kneipp, Y. Wang, H. Kneipp, L. T. Perelman, I. Itzkan, R. R. Dasari, and M. S. Feld, *Phys. Rev. Lett.*, **78**, 1667(1997)
166) V. A. Markel, V. M. Shalaev, P. Zhang, W. Huynh, L. Tay, T. L. Haslett, and M. Moskovits, *Phys. Rev. B*, **59**, 10903(1999)
167) D. J. Anderson and M. Moskovits, *J. Phys. Chem. B*, **110**, 13722(2006)
168) C. L. Haynes, C. R. Yonzon, X. Zhang, and R. P. Van Duyne, *J. Raman Spectrosc.*, **36**, 471(2005)
169) S. B. Chaney, S. Shanmukh, R. A. Dluhy, and Y.-P. Zhao, *Appl. Phys. Lett.*, **87**, 031908(2005)
170) M. Suzuki, W. Maekita, Y. Wada, K. Nagai, K. Nakajima, K. Kimura, T. Fukuoka, and Y. Mori, *Nanotechnology*, **19**, 265304(2008)

171) A. G. Brolo, E. Arctander, R. Gordon, B. Leathem, and K. L. Kavanagh, *Nano Lett.*, **4**, 2015 (2004)
172) Z. Li, W. M. Tong, W. F. Stickle, D. L. Neiman, R. S. Williams, L. L. Hunter, A. A. Talin, D. Li, and S. R. J. Brueck, *Langmuir*, **23**, 5135 (2007)
173) C. Ruan, G. Eres, W. Wang, Z. Zhang, and B. Gu, *Langmuir*, **23**, 5757 (2007)
174) N. Horimoto, N. Ishikawa, and A. Nakajima, *Chem. Phys. Lett.*, **413**, 78 (2005)
175) R. M. Cole, S. Mahajan, P. N. Bartlett, and J. J. Baumberg, *Opt. Express*, **17**, 13298 (2009)
176) W. Luo, W. van der Veer, P. Chu, D. L. Mills, R. M. Penner, and J. C. Hemminger, *J. Phys. Chem. C*, **112**, 11609 (2008)
177) D. J. White, A. P. Mazzolini, and P. R. Stoddart, *J. Raman Spectrosc.*, **38**, 377 (2007)
178) S. Shanmukh, L. Jones, J. Driskell, Y. Zhao, R. Dluhy, and R. A. Tripp, *Nano Lett.*, **6**, 2630 (2006)
179) D. M. Kuncicky, B. G. Prevo, and O. D. Velev, *J. Mater. Chem.*, **16**, 1207 (2006)
180) N. Félidj, J. Aubard, G. Lévi, J. R. Krenn, M. Salerno, G. Schider, B. Lamprecht, A. Leitner, and F. R. Aussenegg, *Phys. Rev. B*, **65**, 075419 (2002)
181) K. Tsuboi, S. Fukuba, R. Naraoka, K. Fujita, and K. Kajikawa, *Appl. Opt.*, **46**, 4486 (2007)
182) K. Tsuboi and K. Kajikawa, *Appl. Phys. Lett.*, **88**, 103102 (2006)
183) S. Fukuba, K. Tsuboi, S. Abe, and K. Kajikawa, *Langmuir*, **24**, 8367 (2008)
184) K. Kneipp, Y. Wang, H. Kneipp, I. Itzkan, R. R. Dasari, and M. S. Feld, *Phys. Rev. Lett.*, **76**, 2444 (1996)
185) Y. Maruyama, M. Ishikawa, and M. Futamata, *J. Phys. Chem. B*, **108**, 673 (2004)
186) E. C. Le Ru, M. Meyer, and P. G. Etchegoin, *J. Phys. Chem. B*, **110**, 1944 (2006)
187) E. C. Le Ru, E. Blackie, M. Meyer, and P. G. Etchegoin, *J. Phys. Chem. C*, **111**, 13794 (2007)
188) M. Fan and A. G. Brolo, *Phys. Chem. Chem. Phys.*, **11**, 7381 (2009)
189) 河田 聡, 井上康志, 応用物理, **71**, 653 (2002)
190) Y. Inouye and S. Kawata, *Opt. Lett.*, **19**, 159 (1994)
191) Y. Inouye, N. Hayazawa, K. Hayashi, Z. Sekkat, and S. Kawata, *Proc. SPIE*, **3791**, 40 (1999)
192) N. Hayazawa, Y. Inouye, Z. Sekkat, and S. Kawata, *Opt. Commun.*, **183**, 333 (2000)
193) R. M. Stöckle, Y. D. Suh, V. Deckert, and R. Zenobi, *Chem. Phys. Lett.*, **318**, 131 (2000)
194) H. Watanabe, N. Hayazawa, Y. Inouye, and S. Kawata, *J. Phys. Chem. B*, **109**, 5012 (2005)
195) T. Ichimura, N. Hayazawa, M. Hashimoto, Y. Inouye, and S. Kawata, *Phys. Rev. Lett.*, **92**, 220801 (2004)
196) T. Yano, Y. Inouye, and S. Kawata, *Nano Lett.*, **6**, 1269 (2006)
197) P. Verma, K. Yamada, H. Watanabe, Y. Inouye, and S. Kawata, *Phys. Rev. B*, **73**, 045416 (2006)
198) W. Zhang, X. Cui, B.-S. Yeo, T. Schmid, C. Hafner, and R. Zenobi, *Nano Lett.*, **7**, 1401 (2007)
199) R. Kellner, B. Mizaikoff, M. Jakusch, H. D. Wanzenböck, and N. Weissenbacher, *Appl. Spectrosco.*, **51**, 495 (1997)
200) R. Ricardo, F. Aroca, D. J. Ross, and C. Domingo, *Appl. Spectrosco.*, **58**, 324A (2004)
201) M. Osawa and M. Ikeda, *J. Phys. Chem.*, **95**, 9914 (1991)
202) C. W. Brown, Y. Li, J. A. Seelenbinder, P. Pivarnik, A. G. Rand, S. V. Letcher, O. J. Gregory, and

M. J. Platek, *Anal. Chem.*, **70**, 2991 (1998)
203) Y. Sato, H. Noda, F. Mizutani, A. Yamakata, and M. Osawa, *Anal. Chem.*, **76**, 5564 (2004)
204) K. Ataka and J. Heberle, *J. Am. Chem. Soc.*, **126**, 9445 (2004)
205) K. Ataka and J. Heberle, *Anal. Bioanal. Chem.*, **388**, 47 (2007)
206) N. Bloembergen, *Nonlinear Optics*, W. A. Benjamin, Reading (1965)
207) Y. R. Shen, *The Principles of Nonlinear Optics*, John Wiley & Sons (1984)
208) A. Yariv, *Quantum Electronics*, John Wiley & Sons (1987)
209) D. L. Mills, *Nonlinear Optics*, Springer, Berlin (1991)
210) 花村榮一, 量子光学, 岩波書店 (1992)
211) H. J. Simon, D. E. Mitchell, and J. G. Watson, *Phys. Rev. Lett.*, **33**, 1531 (1974)
212) H. J. Simon, R. E. Benner, and J. G. Rako, *Opt. Commun.*, **23**, 245 (1977)
213) J. C. Quail, J. G. Rako, H. J. Simon, and R. T. Deck, *Phys. Rev. Lett.*, **50**, 1987 (1983)
214) R. Naraoka, H. Okawa, K. Hashimoto, and K. Kajikawa, *Opt. Commun.*, **248**, 249 (2005)
215) H. Yoshida, R. Naraoka, K. Kajikawa, J. Hwang, and S. Y. Park, *Mol. Cryst. Liq. Cryst.*, **406**, 129 (2003)
216) J. F. Offersgaard and T. Skettrup, *J. Opt. Soc. Am. B*, **10**, 1457 (1993)
217) H. J. Chang, N. Y. Ha, A. Kim, B. Park, J.-H. Lim, E.-J. Park, J.-H. Kim, S.-H. Lee, and J. W. Wu, *Opt. Commun.*, **240**, 29 (2004)
218) T. Iiyama, M. Fukuyo, R. Naraoka, H. Okawa, H. Ikezawa, K. Hashimoto, and K. Kajikawa, *Opt. Commun.*, **279**, 320 (2007)
219) R. Uzawa, D. Tanaka, H. Okawa, K. Hashimoto, and K. Kajikawa, *Appl. Phys. Lett.*, **95**, 021107 (2009)
220) A. S. Vengurlekar and T. Ishihara, *Appl. Phys. Lett.*, **87**, 091118 (2005)
221) T. Hatano, B. Nishikawa, M. Iwanaga, and T. Ishihara, *Opt. Express*, **16**, 8236 (2008)
222) M. Danckwerts and L. Novotny, *Phys. Rev. Lett.*, **98**, 026104 (2007)
223) T. Okamoto, H. Koizumi, M. Haraguchi, M. Fukui, and A. Otomo, *Appl. Phys. Express*, **1**, 062003 (2008)
224) G. T. Boyd, Z. H. Yu, and Y. R. Shen, *Phys. Rev. B*, **33**, 7923 (1986)
225) M. R. Beversluis, A. Bouhelier, and L. Novotny, *Phys. Rev. B*, **68**, 115433 (2003)
226) P. J. Schuck, D. P. Fromm, A. Sundaramurthy, G. S. Kino, and W. E. Moerner, *Phys. Rev. Lett.*, **94**, 017402 (2005)
227) K. Imura, T. Nagahara, and H. Okamoto, *J. Am. Chem. Soc.*, **126**, 12730 (2004)
228) K. Ueno, S. Juodkazis, V. Mizeikis, K. Sasaki, and H. Misawa, *Adv. Mater.*, **20**, 26 (2008)
229) K. Ueno, S. Juodkazis, T. Shibuya, Y. Yokota, V. Mizeikis, K. Sasaki, and H. Misawa, *J. Am. Chem. Soc.*, **130**, 6928 (2008)

10
エレクトロニクスへの応用

　表面プラズモンの光エレクトロニクス分野への応用が広く行われている．表面プラズモンを用いた太陽電池や有機 EL の高効率化は，環境問題への関心の高まりとともにその重要性を増している．金属は光を通さないという印象があるが，綿密に微細な構造を設計し，それを作製できれば，光を集め，伝搬させ，局在化させることができる．また，近年は nm サイズの光回路の実現を目指して，表面プラズモンを使った光導波路や光素子の研究が進められている．金属が光を伝搬させることは不可能のように思えるが，これも実現が可能である．いずれも，我々がこれまでもってきた金属の光学特性のイメージを覆すものであり，光エレクトロニクス分野での新しい素子の実現が期待される．

10.1　フォトダイオード

　7.8 節で述べたように Ebbesen らは，金属周期構造における異常透過現象を報告しているが[1]，この現象を利用したデバイスもいくつか提案されている．同じグループから，同心円状の金属周期構造における中心部の孔の光の透過率が単純な中央の孔の面積比に対して非常に大きくなることが報告されている[2]．この現象の応用の一つとして，石らは同心円状の金属周期構造とシリコンのフォトダイオードを組み合わせた素子を提案した[3]．フォトダイオードの応答時間は光で励起されたキャリアの電極までの到達時間と空乏層の静電容量に支配される．キャリアの到達時間を速くするためには空乏層を薄くする必要があるが，一方で静電容量が大きくなり応答が遅くなる．よって，素子の高速化のためには，素子の面積を小さくして静電容量を抑え，空乏層を薄くして，キャリアの到達時間を速くすることが考えられる．しかしながら，素子の面積を小さくすると捕らえることのできる光子数が少なくなってしまい感度の低下を招く．このトレードオフを解決するため，図 10.1 に示すように，小型の素子に同心円状の金属周期構造を取り付け，表面プラズモンアンテナとして使い，多くの光子

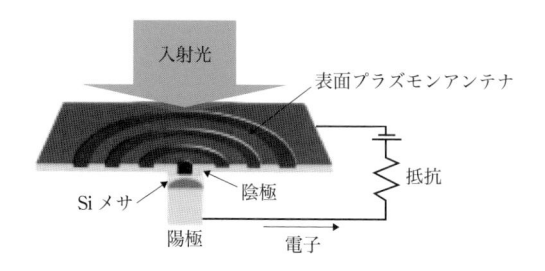

図 10.1 光アンテナを使ったフォトダイオード
[T. Ishi *et al.*, *Jpn. J. Appl. Phys.*, **44**, L364 (2005), Fig.1]

のエネルギーを中央の孔に集める素子を開発した．その結果，表面プラズモンアンテナがない場合に比べて数十倍の光電流が得られることがわかった．素子の応答速度は100 GHz 程度であると推定している．

孔での電場増強の見積もりをしてみよう．過去に金属孔構造[4]や，周期的な孔をもつ構造[5]からの SHG はすでに報告がある．同様の表面プラズモンアンテナ構造を使うとアンテナ構造がない場合に比べて中心部の孔から 10^4 倍の SHG が得られている[6]．SHG は3光子過程であるため電場増強度は5倍程度であると考えられる．この値は，上述のフォトダイオードの光電流が数十倍という結果と矛盾しないと考えられる．また，この構造を利用して3原色に対応して3つの異なる共鳴波長をもつ同心円構造を組み合わせたフィルターも作製されている[7]．

10.2 レーザー

近接場光学顕微鏡などの微小な領域の光学評価法としての利用をめざして微小な光源を作る技術が研究されている．たとえば光ファイバーの先端を先鋭化させ，そこへ微小開口を作ることによりこれを実現しようとする試みは以前より行われている[8,9]．ここでは，高密度書き込みやストレージを行う実用的な光源を開発するために，面発光レーザーのキャビティーに微小開口を組み込んだ例を紹介する．小山らは図 10.2(a) に示すような中心に直径 200 nm ほどの開口を設けた同心円状の金属周期構造で構成された反射鏡を用いることにより面発光レーザーを作製しその特性を調べた[10]．その結果，同心円状の金属周期構造のアンテナ効果により周期構造がない場合に比べて8倍の強度が得られている．また，同じグループから図 10.2(b) に示すように開口とその中心に金属構造を設けた面発光レーザーも作製されている[11]．金属構造を設けた場合に同じ条件で最大2倍程度の出力の増加が得られている．また，近接場光学顕微鏡による開口部分の光電場分布やレーザーの駆動電流を一定としてプローブを走査した

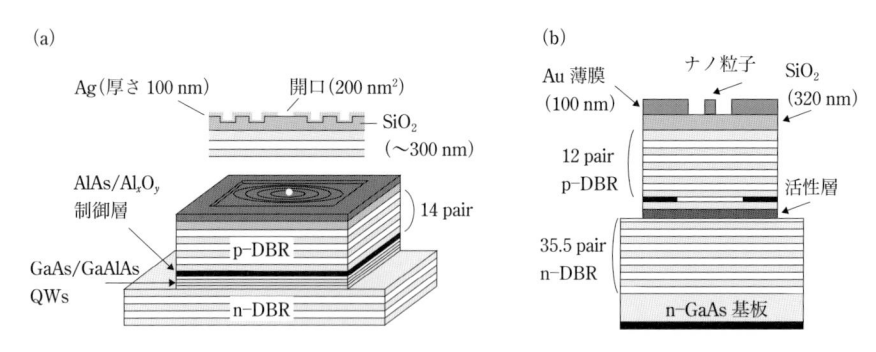

図 10.2 (a) 同心円状の周期構造を伝搬する表面プラズモンを利用した面発光レーザー，(b) 開口中にナノ粒子構造を設けてそこで生じる局在プラズモン共鳴を利用した面発光レーザー
DBR は分布ブラッグ反射鏡の略であり，QW は量子井戸構造を指す．
[S. Shinada et al., Appl. Phys. Lett., **83**, 836(2003), Fig.1(a), 3]

際の駆動電圧の2次元分布を示した．後者は近接場光学顕微鏡プローブによりレーザーの発振条件が変わることを利用したイメージング方法である．これらの結果より開口部分の形状は直径約340 nmと見積もられている．別の報告では，2つの開口を並べた場合には，1つの開口のときに比べて出力が4倍に増強していることがわかった[12]．これは，SERSなどで使われるような会合した金属ナノ粒子に類似した構造であり，それに起因した増強効果が得られていると考えられる．光ディスク用光源として，アレイ化をめざして面発光レーザー用の回折格子構造の設計を行い，ポリスチレン微粒子を観測した研究[13]や，さまざまな開口形状のレーザーを作製し，出力とスポットサイズ，偏光などの関係を調べた研究も報告されている[14]．また近年，表面プラズモンを利用すれば，広がり角が2.4°と非常に狭い半導体レーザービームが得られることも示されている[15]．

最近，Noginovらは，局在プラズモン共鳴を利用したナノサイズのレーザー発振を報告した．直径14 nmの金ナノ粒子をコアとしてその周りにレーザー色素をシェルとして塗布した直径44 nmのコアシェル構造から，波長488 nmのパルスレーザー励起で波長531 nm付近のレーザー発振(誘導放出と明瞭な閾値)が得られたとしている[16]．

10.3 太陽電池

太陽光エネルギーを利用する技術として，太陽電池が重要な地位を担っており，その実用化も進んでいる[17]．しかし，普及の鍵を握る低コストな薄膜型シリコンや色素増感型は光電変換効率10%台前半，有機色素を利用した電池では数%といまだ改善の余地がある．理論的な限界効率をめざすためには，量子効率などの要因の改善はも

10.3 太陽電池

ちろんであるが，(1)活性層における吸光度を大きくできないこと，(2)セル表面の反射率が無視できないことなどの光学的な要因も無視できず，これらの改善も高効率化の一つのテーマである．そのためには，広い波長幅(ブロードバンド)で，かつ，入射角依存性を小さくできるようにこれらの問題を解決することが必要である．

最近，重要性が認識され，これらの問題に取り組む研究例が報告されるようになってきた．たとえば，(1)に関しては，活性層表面にブラッグ反射構造[18]やフォトニック結晶により光トラップを設けた例[19～22]などがある(図10.3)．これらの研究に先駆け，1993年の林らによるATR法を用いた表面プラズモンにより吸収効率を向上した先駆的な研究例がある[23,24]．その後，有機色素や有機半導体の起電力の向上を図った例がいくつか報告されている[25,26]．また，ナノ粒子中やナノホール中の局在プラズモンを使って同様に吸光度の増加を図った研究がいくつか報告されるようになってきた[20,27～34]．(2)に関しては，図10.4に示すように反射防止膜や反射防止構造を使うことによりある程度の改善が可能である[35]．しかし広い波長にわたり，さまざまな入射角に対して良好な低反射率特性をもつ大面積の反射防止構造の作製は多くの手間がかかる．近年，反射防止フィルムも開発されているが[36]，ポリマーの屈折率は1.5程度であるため，半導体などの屈折率が高い媒質表面での反射を抑えるには限界がある．また，生物の構造色を模倣した反射防止構造や太陽電池への応用をめざして設計された反射防止構造がいくつか提案され，実際に作製されているものもある[37]．これらは入射光を反射させずに透過光にするはたらきはあるものの，光のエネルギーを活性層近傍に局在化するはたらきはもたない．

最近，プラズモニック結晶を利用した，広い波長帯域にわたってオムニディレクショナル(さまざまな方向からの光を吸収できる：指向性をもたない)な吸収性能をもつ構造が提案されている[38,39]．この構造は，光をトラップするはたらきと局在化させるは

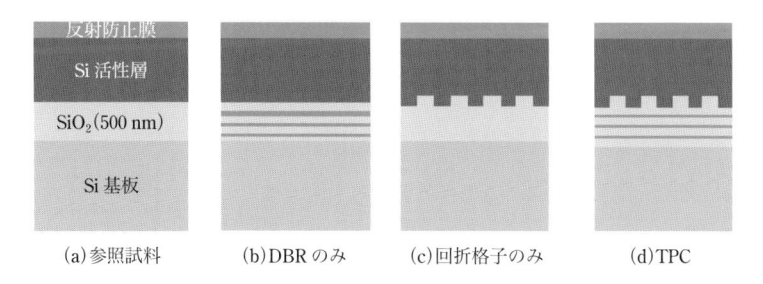

図10.3 活性層にブラッグ反射構造を設けた太陽電池の構造
(a)は構造がない参照試料，(b)は誘電体反射鏡(DBR)が設けられたもの，(c)は回折格子構造を設けたもの，(d)は両方を設けたもの(TPC：textured photonic crystal)
[L. Zeng et al., Appl. Phys. Lett., **93**, 221105(2008), Fig.a]

(a)参照試料 (b)DBRのみ (c)回折格子のみ (d)TPC

反射防止膜 / Si活性層 / SiO₂(500 nm) / Si基板

(a) (b)

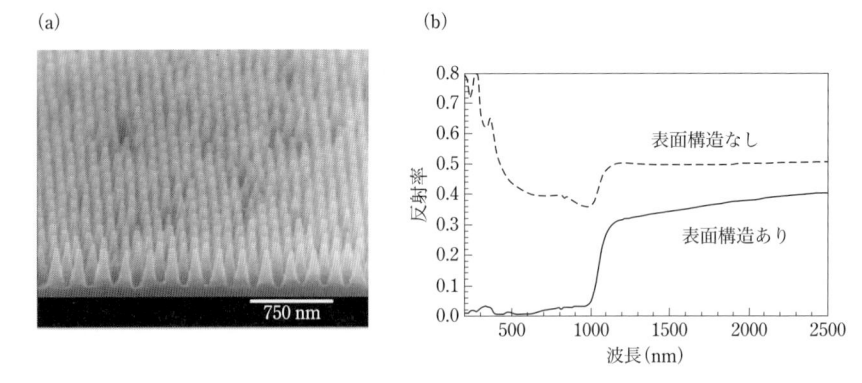

図 10.4 活性層にブラッグ反射構造を設けた太陽電池の構造(a)とその反射率特性(b)
[Y. Kanamori *et al.*, *Opt. Lett.*, **24**, 1422 (1999), Fig.1, 3]

たらきの両方を有するが，大面積化・低コスト化の点で問題が残り実際に用いられるには時間がかかりそうである．

10.4　LED や有機 EL 素子

次世代のディスプレイとして注目を集めている有機エレクトロルミネッセンス（有機 EL）素子は，有機 LED とも呼ばれ，エネルギー変換効率の高い発光素子である[40]．代表的な構造を図 10.5 に示す．電子輸送層，正孔輸送層，発光層は比較的屈折率の高い媒質であり，発光層から発光した光が全反射して取り出すことができないという問題が生じる．何もしない場合には取り出し効率は 20％程度といわれ，大幅な改善が必要である．有機 EL 素子に限らず無機の LED でも同様の問題が生じる．取り出し効率の改善は，ディスプレイ用途はもちろんであるが，特に有機 EL 素子や LED を照明に使う場合には重要な課題である．この問題を解決する一つの方法として，ゲルなどで光を散乱させたり表面にマイクロレンズ構造を設けて屈折により光を取り出す方法がある[41,42]．しかしながら，大幅な効率の改善を望むためには，新しい構造を考える必要がある．

こうしたなか表面プラズモンを介した発光の取り出し効率を改善する研究がされるようになってきた．Gifford らは，図 10.6 に示すように有機 EL 素子に 1 次元の回折格子構造を設けて不透明な銀薄膜を通した光の取り出しが可能であることを示した[43]．有機 EL 素子では仕事関数の異なる 2 種類の導電体で電極を構成する必要がある．通常，陽極に金を用いた場合，ITO などの透明電極を用いて光を取り出すが，いずれの電極にも金属が使えるようになると素子を構築するうえでの自由度が増す．筆

10.4 LED や有機 EL 素子

者らは 2 次元の回折格子構造中の表面プラズモンの分散関係を利用して，上部金属陰極を通して高い発光の指向性をもつ素子を作製した[44]．発光の方向は回折格子の設計で容易に変えることができる．また，金属/誘電体/金属(MIM)構造で励起される表面プラズモンの分散関係を使った発光波長を選ぶことができる有機 EL 素子の作製も行っている[45]．California 工科大学の岡本らは，表面プラズモンへの InGaN 量子井戸からのエネルギー移動を利用して高い発光効率を得ることに成功している[46]．金属微粒子中の局在プラズモン共鳴を利用した InGaN/GaN 量子井戸からの発光効率の向上も報告されている[47]．また，高原らは 5.11 節で述べたような MIM 構造を利用して，有機 EL 素子からの 2 次元光波の発生を観測した．理論との比較を行い[48]，2 次元光

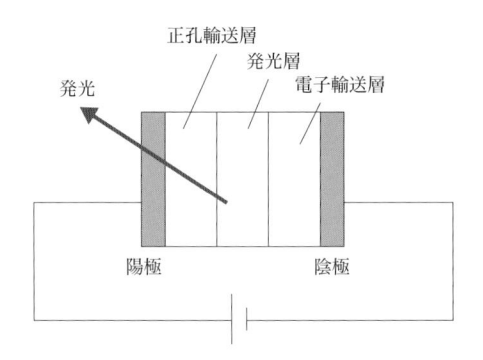

図 10.5　有機 EL の構造

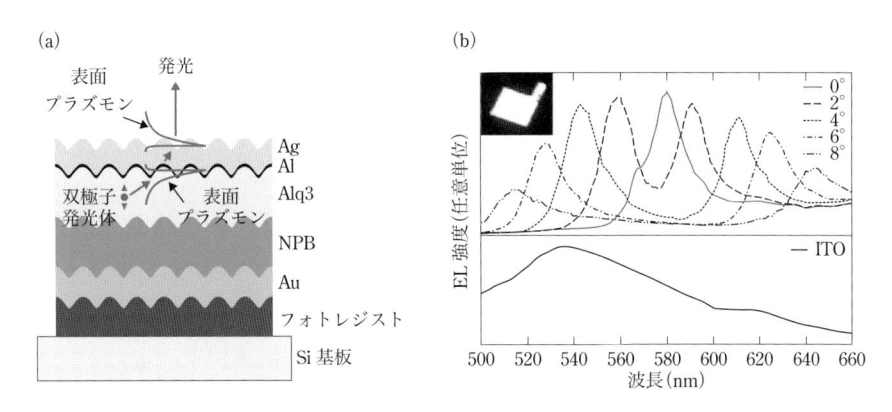

図 10.6　(a) 有機 EL の銀電極に表面構造を設けて，不透明な銀電極を介して光を取り出すことができる構造(ここで用いられている NPB は正孔輸送材料であり，Alq3 は発光層用材料である)
(b) 電極を介して表面法線から 0〜8°の方向に取り出した光のスペクトル(上段)と透明電極(ITO)を介して取り出した光のスペクトル(下段)
[D. K. Gifford and D. G. Hall, *Appl. Phys. Lett.*, **81**, 4315(2002), Fig.1, 2]

波の存在を実証している．

10.5 ナノ光回路

光は波長数百 nm の波であるため，そのままの形で狭い領域に閉じ込めて伝搬させることは困難である．そのため，光導波路のサイズは数 μm 程度が限界である．高い密度の光集積回路を実現するためには，光のエネルギーを nm サイズの領域に閉じ込める必要がある．高原らは図 10.7 に示すような構造を考え表面プラズモンを使えば，これを実現できることを最初に示した [49]．その後，多くの実験でこれが実証された．たとえば，図 10.8 に示すように幅 70 nm の銀ナノロッドの端から端へ約 10 μm 伝搬する表面プラズモンの顕微鏡像が示されたり [50]，マッハツェンダー型の干渉計が実現されたりしている [51]．また，微粒子をレンズ型に配列することにより 2 次元的な金属表面を伝搬する表面プラズモンの集光器も実現されている [52]．一方で，能動的な表面プラズモン素子もいくつか提案，実現されている．Falk らは，図 10.9 のような構造を用いて銀ナノワイヤー中を伝搬する表面プラズモンを光に変換することなしに直接電気信号として取り出した [53]．1 つの表面プラズモンに対応する電子の数は 0.1 個程度であるが，将来的には 50 個まで可能となるとしている．また，全光型のプラズモン光変調器もいくつか提案されている．変調のための媒質には，有機色素 [54]，

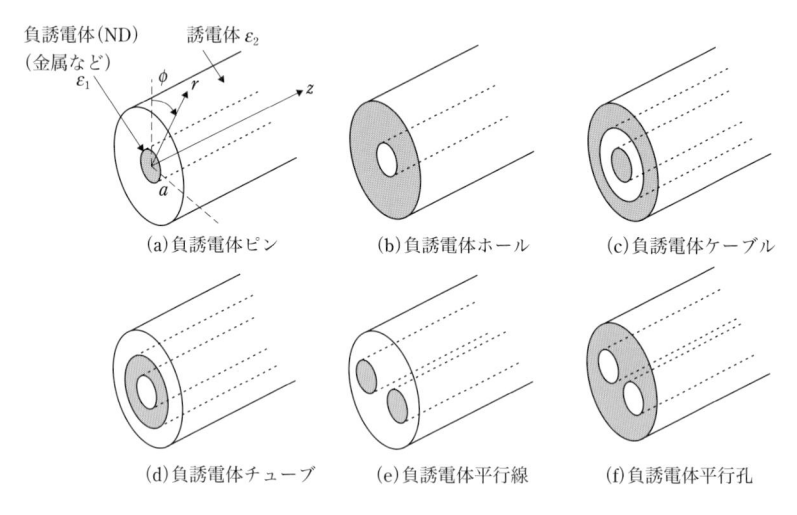

図 10.7 高原らの提案したさまざまな形の低次元導波路
　　　　　負の誘電体は金属を用いれば実現できる．
　　　　　[J. Takahara et al., Opt. Lett., **22**, 475 (1997), Fig.1]

10.5 ナノ光回路

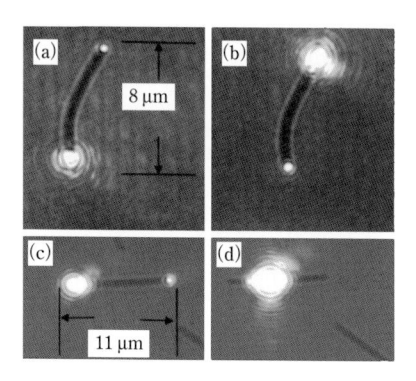

図 10.8 直径 100 nm 程度の銀のナノワイヤーを伝搬する表面プラズモン
(a)では下端に，(b)では上端に集光した光を照射し，表面プラズモンとして伝搬した光が逆の端から出ていることが観察される．(c)では左端に上端に集光した光を照射し，表面プラズモンとして伝搬した光が右の端から出射している．(d)では，ワイヤーの中心付近に照射しているが，この場合は光が表面プラズモンに変換されずにいずれの端からも光が出てこないことがわかる．
[A. W. Sanders *et al., Nano Lett.*, **6**, 1822 (2006), Fig.2]

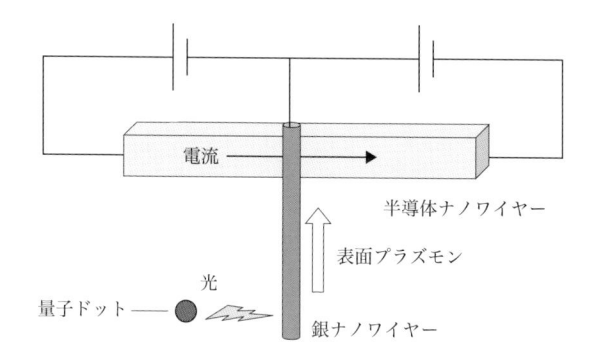

図 10.9 表面プラズモンから電流を取り出す実験に用いた素子
量子ドットから放射された光が銀ナノワイヤー中の表面プラズモンを励起し，それが伝搬して半導体の光伝導を起こす．

量子ドット[55]，金属[56]などが用いられ，サブピコ秒の応答が得られている．また，有機 EL 素子からの光を直接表面プラズモンに変換してナノ回路の光源として利用をめざした素子が提案され，実際に作製されている[57]．このように，光や電磁波の領域で実存しているデバイスに対応するナノサイズの表面プラズモン素子が次々と実現されており，将来のナノ光回路の要素部品として用いられると考えられる．

10.6 液晶

今日ではフラットパネルディスプレイの材料として液晶材料が広く使われている[58~63]．液晶の発見は19世紀にさかのぼり，ある種のコレステロールが液体のような流動性をもちながら全体として秩序をもつことが知られていた．流動性と秩序という一見矛盾するような二つの性質が同居していることが液晶の特徴である．異方性をもつ液晶分子が秩序をもつと複屈折を示し，流動性のため異方性を電場や磁場などの外場により制御することができる．この性質を表面プラズモン共鳴に利用して，光学素子を作製した例が近年いくつか見られるようになってきた．また，表面プラズモン共鳴をプローブとして液晶構造を調べた例は古くから報告されている．

簡単に液晶の性質を述べると，液晶の多くは棒状の形をしておりその配列によりいくつかの相に分類される．液晶の長軸を「分子の方向」として定義し，ダイレクタと呼ぶ．結晶と異なり個々の分子は固定されておらず揺らいでおり，その方向もすべての分子が必ずしも同じ方向を向いているわけではないが，全体として1つの方向を向いているのが特徴である．さらに図10.10に示すように秩序の度合いに応じて，分子の重心位置の秩序がないネマティック相（N相）と層構造をもつスメクティック相（S相）に分類される．ネマティック相のみを示す液晶をネマティック液晶と呼び，スメクティック相を示す液晶をスメクティック液晶と呼ぶ．スメクティック液晶は温度によりネマティック相を示す．ネマティック相は秩序が最も低い．現在最もよく使われている液晶相である．

ネマティック液晶がキラリティーをもつとコレステリック相とも呼ばれ，図10.11に示すように分子のダイレクタがらせん状に周期的に変化する構造となる．その周期は数百nmから数十μmであり光の波長の領域である．そのため，光学的なブラッグ反射が生じ，特性反射と呼ばれる特定の波長の光を反射する現象が起こる．周期は温度により変化するため，レーザーキャビティーや，キラルネマティック相を示す液晶を温度により色が変化する色材として用いることができる．

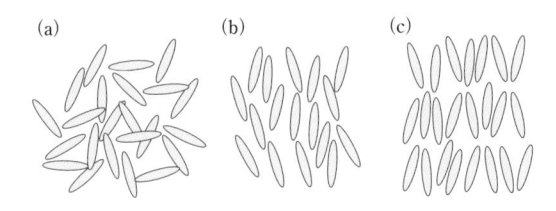

図10.10 液晶の構造
(a)液相，(b)ネマティック相，(c)スメクティック相

10.6 液晶

液晶の特徴に，電場を印加するとダイレクタの方向が変わるという現象がある．これはフレデリクス転移と呼ばれ，今日の液晶ディスプレイの動作原理はこれを基としている．フレデリクス転移は簡単には次のように説明される．図 10.12 に示すような 2 つの液晶を誘電体とするコンデンサー(極板面積 S，極板間のギャップ d)を考える．液晶分子は棒状の形をしていることから，電気的にも光学的にも異方性をもつため，電場 V を印加した際にエネルギー差 ΔU が生じる．液晶分子のダイレクタ方向の誘電率を $\varepsilon_{//}$，それに垂直方向の誘電率を $\varepsilon_{\perp}$ とする．ΔU は，真空の誘電率を ε_0 として，

$$\Delta U = -\frac{1}{2}\left(\Delta\varepsilon\varepsilon_0\frac{S}{d}\right)V^2 \tag{10.1}$$

となる．ここで，$\Delta\varepsilon$ は誘電異方性と呼ばれ，$\Delta\varepsilon = \varepsilon_{//} - \varepsilon_{\perp}$ と定義される．誘電異方性 $\Delta\varepsilon$ が正の液晶では，液晶分子が状態 B(図 10.12(b) の状態)のほうがエネルギー的に安定である．電圧を切ったときに，状態 A(図 10.12(a) の状態)のほうが安定となるように，あらかじめ表面処理をしておけば，電圧を印加するだけで状態 A と状態 B の間のスイッチングを行うことが可能となる．

まず，表面プラズモン共鳴をプローブとして液晶構造を調べた例を紹介する．Shen らは Kretschmann 配置を用いた表面プラズモン共鳴スペクトルを使ってコレステリック液晶の局所的な屈折率を 10^{-4} の精度で求めた[64]．また，配向の度合い(オーダーパラメーター)と温度の関係を議論し，理論との良い一致を示している．表面プ

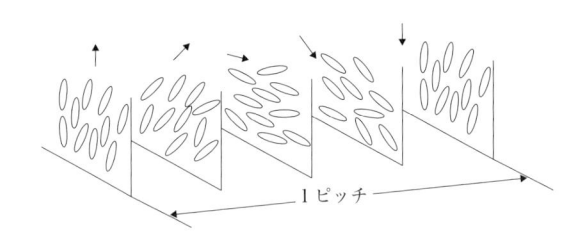

図 10.11 コレステリック液晶
矢印はダイレクタの方向を示す．

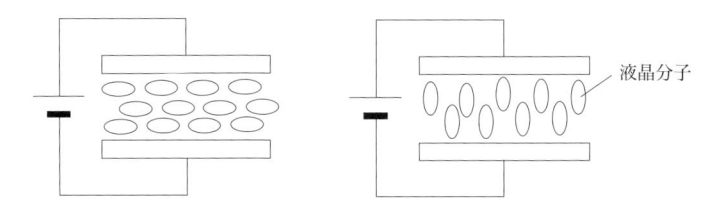

図 10.12 液晶の配向
(a)ホモジニアス配向(水平配向)，(b)ホメオトロピック配向(垂直配向)

ラズモン共鳴を用いると旋光分散測定や光円二色性の測定より高い精度の測定が可能であると述べている．表面プラズモン共鳴測定では，金属表面から波長程度の領域のみが観測されるため，液晶全体を観測する分光法に比べて解析が容易であるという特徴を活かしている．馬場らはポリイミド LB 膜をラビングフリー配向膜として用いた場合の液晶の配向を表面プラズモンと導波路モードの両方を用いて調べた[65]．電場をかけた際の配向変化や厚さ方向の配向の変化について反射率計算を基に調べている．Sambles らも同様の観測方向を使って液晶の配向分布を調べている[66,67]．また，表面プラズモン共鳴が表面の現象を選択的に観測できることを利用して，液晶分子のアンカーリングエネルギーを測定した例がいくつかある[68,69]．

　表面にアルカンチオールの SAM で修飾した金ナノ粒子が堆積されている基板での液晶の配向について調べた例がある[70,71]．アルカンチオールの SAM で修飾した表面は液晶を垂直に配向させることが知られているが，アルキル鎖の長さを変えた際の局所的な液晶の配向変化を局在プラズモン共鳴のピーク波長を通して議論している．アルキル鎖の長さによる金ナノ粒子の吸収波長変化の違いは 7 nm ほどある．温度を変化させた際の吸収波長変化についても調べている．

　次に表面プラズモンと液晶を使った光学素子に利用した例について述べる．Sambles らは，Kretschmann 配置で光を照射した際に生じる熱によって液晶の配向変化や相転移が起こることを利用して，光双安定性が生じることを報告した[72,73]．これまで液晶における非線形光学はいくつか報告されている[62,74,75]．熱による構造変化を用いた場合には大きな非線形光学特性を得られる反面，応答速度が遅いという問題もある．液晶を使って電場を印加することによる屈折率変化を使って，表面プラズモンの共鳴波長の変化を起こす試みはいくつか報告されている．Wang らはこれをフィルター[76,77]や光変調器[78]への応用することを提案している．高分子中に液晶を分散した薄膜(polymer dispersed liquid crystal : PDLC)を金の回折格子上に作製し，電場による共鳴波長の変化を観測した例[79]や 2 次元のナノホールアレイを基板として電場による透過率変化を観測して分散関係と比較した例[71]がある．この他に，アルミナを電界研磨することで作製された周期的なナノホールアレイ中の金ナノロッドで生じる表面プラズモンの共鳴波長を電場による透過率変化として観測した例[80]や電場によるコレステリック液晶におけるらせん構造の消失を観測した例[81]がある．このほか，マイクロ波の波長選択素子[82]に加電場による液晶の屈折率変化を利用した例がある．

　ナノ粒子中の局在プラズモンによる電場の増強効果を光学素子に応用した例もいくつかある．基板に金ナノ粒子を分散させた基板を用いれば，コレステリック液晶の周期構造から生じる回折光の回折効率を高くすることができることが示された[83,84]．通常，コレステリック液晶のらせん軸を基板に垂直となるように配向させることは容易であるが，コレステリック液晶のらせん軸を基板面に平行となるように処理したとこ

ろに工夫が施されている．金ナノ粒子近傍の液晶から生じる蛍光の発光増強の観測例[85]もある．

参考文献

1) T. W. Ebbesen, H. J. Lezec, H. F. Ghaemi, T. Thio, and P. A. Wolff, *Nature*, **391**, 667(1998)
2) T. Thio, K. M. Pellerin, R. A. Linke, H. J. Lezec, and T. W. Ebbesen, *Opt. Lett.*, **26**, 1972(2001)
3) T. Ishi, J. Fujikata, K. Makita, T. Baba, and K. Ohashi, *Jpn. J. Appl. Phys.*, **44**, L364(2005)
4) T. Kawazoe, T. Shimizu, and M. Ohtsu, *Opt. Lett.*, **26**, 1687(2001)
5) M. Airola, Y. Lin, and S. Blair, *J. Opt. A: Pure Appl. Opt.*, **7**, S118(2005)
6) A. Nahata, R. A. Linke, T. Ishi, and K. Ohashi, *Opt. Lett.*, **28**, 423(2003)
7) E. Laux, C. Genet, T. Skauli, and T. W. Ebbesen, *Nat. Photon.*, **2**, 161(2008)
8) E. Betzig and J. K. Trautman, *Science*, **257**, 189(1992)
9) T. Yatsui, M. Kourogi, and M. Ohtsu, *Appl. Phys. Lett.*, **71**, 1756(1997)
10) S. Shinada, S. Hashizume, and F. Koyama, *Appl. Phys. Lett.*, **83**, 836(2003)
11) J. Hashizume and F. Koyama, *Opt. Express*, **12**, 6391(2004)
12) J. Hashizume and F. Koyama, *Appl. Phys. Lett.*, **84**, 3226(2004)
13) K. Goto, T. Ono, and Y.-J. Kim, *IEEE Trans. Mag.*, **41**, 1037(2005)
14) Z. Rao, L. Hesselink, and J. S. Harris, *Opt. Express*, **15**, 10427(2007)
15) N. Yu, J. Fan, Q. J. Wang, C. Pflügl, L. Diehl, T. Edamura, M. Yamanishi, H. Kan, and F. Capasso, *Nat. Photon.*, **2**, 564 (2008).
16) M. A. Naginov, G. Zhu, A. M. Belgrave, R. Bakker, V. M. Shalaev, E. E. Nrimanov, S. Stout, E. Herz, T. Suteewong, and U. Wiesner, *Nature*, **460**, 1110(2009)
17) 山口真史，応用物理，**78**, 416(2009)
18) D. C. Johnson, I. Ballard, K. W. J. Barnham, D. B. Bishnell, J. P. Connolly, M. C Lynch, T. N. D. Tibbits, N. J. Ekins-Daukes, M. Mazzer, R. Airey, G. Hill, and J. S. Roberts, *Sol. Energy Mater. Sol. Cells*, **87**, 169(2005)
19) L. Zeng, P. Bermel, Y. Yi, B. A. Alamariu, K. A. Broderick, J. Liu, C. Hong, X. Duan, J. Joannopoulos, and L. C. Kimerling, *Appl. Phys. Lett.*, **93**, 221105(2008)
20) A. Bielawny, J. Üpping, P. T. Miclea, R. B. Wehrspohn, C. Rockstuhl, F. Lederer, M. Peters, L. Steidl, R. Zentel, S.-M. Lee, M. Knez, A. Lambertz, and R. Carius, *Phys. Stat. Sol. (a)*, **205**, 2796 (2008)
21) S. Colodrero, A. Mihi, M. E. Calvo, M. Ocaña, and H. Míguez, *Proc. SPIE*, **7031**, 703107(2008)
22) M. Niggemann, M. Glatthaar, A. Gombert, A. Hinsch, and V. Wittwer, *Thin Solid Films*, **451**-**452**, 619(2004)
23) T. Kume, S. Hayashi, and K. Yamamoto, *Jpn. J. Appl. Phys.*, **32**, 3486(1993)
24) T. Kume, S. Hayashi, H. Ohkuma, and K. Yamamoto, *Jpn. J. Appl. Phys.*, **34**, 6448 (1995)
25) K. Kato, H. Tsuruta, T. Ebe, K. Shinbo, F. Kaneko, and T. Wakamatsu, *Mater. Sci. Eng. C*, **22**,

251 (2002)
26) J. K. Mapel, M. Singh, M. A. Baldo, and K. Celebi, *Appl. Phys. Lett.*, **90**, 121102 (2007)
27) S. Pillai, K. R. Catchpole, T. Trupke, and M. A. Green, *J. Appl. Phys.*, **101**, 093105 (2007)
28) D. Derkacs, S. H. Lim, P. Matheu, W. Mar, and E. T. Yu, *Appl. Phys. Lett.*, **89**, 093103 (2006)
29) K. Ishikawa, C.-J. Wen, K. Yamada, and T. Okubo, *J. Chem. Eng. Jpn.*, **37**, 645 (2004)
30) F. Hallermann, C. Rockstuhl, S. Fahr, G. Seifert, S. Wackerow, H. Graener, G. von Plessen, and F. Lederer, *Phys. Stat. Sol. (a)*, **205**, 2844 (2008)
31) K. Nakayama, K. Tanabe, and H. A. Atwater, *Appl. Phys. Lett.*, **93**, 121904 (2008)
32) K. R. Catchpole and S. Pillai, *J. Luminescence*, **121**, 315 (2006)
33) S.-S. Kim, S.-I. Na, J. Jo, D.-Y. Kim, and Y.-C. Nah, *Appl. Phys. Lett.*, **93**, 073307 (2008)
34) T. H. Reilly, III, J. van de Lagemaat, R. C. Tenent, A. J. Morfa, and K. L. Rowlen, *Appl. Phys. Lett.*, **92**, 243304 (2008)
35) Y. Kanamori, M. Sasaki, and K. Hane, *Opt. Lett.*, **24**, 1422 (1999)
36) T. Yanagishita, K. Nishio, and H. Masuda, *Appl. Phys. Express*, **2**, 022001 (2009)
37) Y.-F. Huang, S. Chattopadhyay, Y.-J. Jen, C.-Y. Peng, T.-A. Liu, Y.-K. Hsu, C.-L. Pan, H.-C. Lo, C. H. Hsu, Y.-H. Chang, C.-S. Lee, K.-H. Chen, and L.-C. Chen, *Nat. Nanotechnol.*, **2**, 770 (2007)
38) T. V. Teperik, F. J. Garcia de Abajo, A. G. Borisov, M. Abdelsalam, P. N. Bartlett, Y. Sugawara, and J. J. Baumberg, *Nat. Photon.*, **2**, 299 (2008)
39) V. G. Kravets, F. Schedin, and A. N. Grigorenko, *Phys. Rev. B*, **78**, 205405 (2008)
40) 時任静士，安達千波矢，村田英幸，有機ELデバイス，オーム社 (2004)
41) T. Tsutsui, M. Yahiro, H. Yokogawa, K. Kawano, and M. Yokoyama, *Adv. Mater.*, **13**, 1149 (2001)
42) S. Möller and S. R. Forrest, *J. Appl. Phys.*, **91**, 3324 (2002)
43) D. K. Gifford and D. G. Hall, *Appl. Phys. Lett.*, **81**, 4315 (2002)
44) J. Feng, T. Okamoto, and S. Kawata, *Appl. Phys. Lett.*, **87**, 241109 (2005)
45) J. Feng, T. Okamoto, J. Simonen, and S. Kawata, *Appl. Phys. Lett.*, **90**, 081106 (2007)
46) K. Okamoto, I. Niki, A. Shvartser, Y. Narukawa, T. Mukai, and A. Scherer, *Nat. Mater.*, **3**, 601 (2004)
47) D.-M. Yeh, C.-F. Huang, C.-Y. Chen, Y.-C. Lu, and C. C. Yang, *Nanotechnology*, **19**, 345201 (2008)
48) J. Takahara, Y. Fukusawa, and T. Kobayashi, *J. Korean Phys. Soc.*, **47**, S43 (2005)
49) J. Takahara, S. Yamagishi, H. Taki, A. Morimoto, and T. Kobayashi, *Opt. Lett.*, **22**, 475 (1997)
50) A. W. Sanders, D. A. Routenberg, B. J. Wiley, Y. Xia, E. R. Dufresne, and M. A. Reed, *Nano Lett.*, **6**, 1822 (2006)
51) S. I. Bozhevolnyi, V. S. Volkov, E. Devaux, J.-Y. Laluet, and T. W. Ebbesen, *Nature*, **440**, 508 (2006)
52) W. Nomura, M. Ohtsu, and T. Yatsui, *Appl. Phys. Lett.*, **86**, 181108 (2005)
53) A. L. Falk, F. H. L. Koppens, C. L. Yu, K. Kang, N. de Leon Snapp, A. V. Akimov, M.-H. Jo, M. D. Lukin, and H. Park, *Nat. Phys.*, **5**, 475 (2009)
54) R. A. Pala, K. T. Shimizu, N. A. Melosh, and M. L. Brongersma, *Nano Lett.*, **8**, 1506 (2008)
55) D. Pcifici, H. J. Lezec, and H. A. Atwater, *Nat. Photon.*, **1**, 402 (2007)
56) K. F. MacDonald, Z. L. Sámson, M. I. Stockman, and N. I. Zheludev, *Nat. Photon.*, **3**, 55 (2009)

57) D. M. Koller, A. Hohenau, H. Ditlbacher, N. Galler, F. Reil, F. R. Aussenegg, A. Leitner, E. J. W. List, and J. R. Krenn, *Nat. Photon.*, **2**, 684(2008)
58) W. H. de Jen, 石井 力, 小林駿介訳, 液晶の物性, 共立出版(1991)
59) P. G. de Gennes and J. Prost, *The Physics of Liquid Crystals, 2nd Ed.*, Oxford University Press, New York(1993)
60) 吉野勝美, 尾崎雅則, 液晶ディスプレイの基礎と応用, コロナ社(1994)
61) 福田敦夫, 竹添秀男, 強誘電性液晶の構造と物性, コロナ社(1990)
62) I.-H. Khoo, *Liquid Crystals, Physical Properties and Nonlinear Optical Properties*, John Wiley & Sons, New York(1985)
63) 折原 宏, 液晶の物理, 内田老鶴圃(2004)
64) N.-M. Chao, K. C. Chu, and Y. R. Shen, *Mol. Cryst. Liq. Cryst.*, **67**, 261(1981)
65) A. Baba, F. Kaneko, K. Shinbo, K. Kato, S. Kobayashi, and T. Wakamatsu, *Jpn. J. Appl. Phys.*, **37**, 2581(1998)
66) F. Yang, L. Ruan, S. A. Jewell, and J. R. Sambles, *New J. Phys.*, **9**, 49(2007)
67) F. Yang, L. Ruan, and J. R. Sambles, *Appl. Phys. Lett.*, **92**, 151103(2008)
68) K. H. Yang, *J. Appl. Phys.*, **53**, 6742(1982)
69) E. L. Wood, G. W. Bradberry, P. S. Cann, and J. R. Sambles, *J. Appl. Phys.*, **82**, 2483(1997)
70) G. M. Koenig, Jr., M.-V. Meli, J.-S. Park, J. J. de Pablo, and N. L. Abbott, *Chem. Mater.*, **19**, 1053(2007)
71) G. M. Koenig, Jr., B. T. Gettelfinger, J. J. de Pablo, and N. L. Abbott, *Nano Lett.*, **8**, 2362(2008)
72) R. A. Innes and J. R. Sambles, *Opt. Commun.*, **64**, 288(1987)
73) R. A. Innes, S. P. Ashworth, and J. R. Sambles, *Phys. Lett. A*, **135**, 357(1989)
74) S. D. Durbin, S. M. Arakelian, and Y. R. Shen, *Opt. Lett.*, **6**, 411(1981)
75) S. D. Durbin, S. M. Arakelian, and Y. R. Shen, *Phys. Rev. Lett.*, **47**, 1411(1981)
76) Y. Wang, *SPIE*, **3013**, 224(1997)
77) Y. Wang, *Appl. Phys. Lett.*, **67**, 2759(1995)
78) Y. Wang, S. D. Russell, and R. L. Shimabukuro, *J. Appl. Phys.*, **97**, 023708(2005)
79) S. Massenot, R. Chevallier, J.-L. de B. de la Tocnaye, and O. Parriaux, *Opt. Commun.*, **275**, 318(2007)
80) P. R. Evans, G. A. Wurtz, W. R. Hendren, R. Atkinson, W. Dickson, A. V. Zayats, and R. J. Pollard, *Appl. Phys. Lett.*, **91**, 043101(2007)
81) M. Ojima, N. Numata, Y. Ogawa, K. Murata, H. Kubo, A. Fujii, and M. Ozaki, *Appl. Phys. Express*, **2**, 086001(2009)
82) F. Yang and J. R. Sambles, *Appl. Phys. Lett.*, **79**, 3717(2001)
83) W.-C. Hung, W.-H. Cheng, M.-S. Tsaia, Y.-C. Juan, I.-M. Jiang, and P. Yeh, *Appl. Phys. Lett.*, **90**, 183115(2007)
84) W.-C. Hung, W.-H. Cheng, Y.-S. Lin, D. J. Jang, I.-M. Jiang, and M.-S. Tsai, *J. Appl. Phys.*, **104**, 063106(2008)
85) A. Kumar, J. Prakash, D. S. Mehta, A. M. Biradar, and W. Haase, *Appl. Phys. Lett.*, **95**, 023117(2009)

11
メタマテリアルと超解像

　メタマテリアルの「メタ」とは，「2次的な」，「高次の」という意味であり，高い次元の構造でこれまでにない物性を生み出そうとする試みである．生体内のタンパク質が階層構造をもち，複雑な機能を発現していることに類似する．もともとは，マイクロ波などの電波の分野で研究が始められ，電波を送受信するアンテナなどの高周波電気回路の集まりを物質に見立てることから始まった．そして，ここ10年ほどの金属微細構造の作製技術の進歩とともに，光の周波数でもメタマテリアルをめざした研究が進められるようになってきた．負の屈折やクローキング(物質の透明化技術)など話題も多い分野であるが，基本となるのは光に対する誘電率や透磁率の空間分布を含めた制御である．特に前者は表面プラズモンと密接な関連をもつ．まだ，研究は始まったばかりであるが，将来的には光エレクトロニクス素子を構成する材料として，重要な位置を占めるようになると考えられる．ここではそのいくつかを紹介する．

11.1　メタマテリアルとメタ分子

　金属などを材料とした波長に比べて十分小さい構造を作製し，そこに生じる特異な光学特性を利用しようとする試みがある．メタマテリアルあるいはメタ物質と呼ばれる[1〜5]．金属ナノ構造を用いると光学領域において誘電率だけでなく透磁率も制御することが可能となるため，光学設計の自由度が広がり，自然界の物質では実現できなかった光学素子の実現が可能となる．その一つが，負の屈折である．物質の屈折率 n は比誘電率 ε，比透磁率 μ を用いて，

$$n = \pm\sqrt{\varepsilon\mu} \tag{11.1}$$

と表される．物質の透磁率 μ は可視域(400〜780 nm)では1であり，また，ε は真空中で1，誘電体では正で2.0〜6.8の値であり，金属では一般に負の値(−25〜0)をとる．すなわち，我々は可視域では $\mu = 1$ で ε が−25から7の物質の中で暮らして

11.1 メタマテリアルとメタ分子

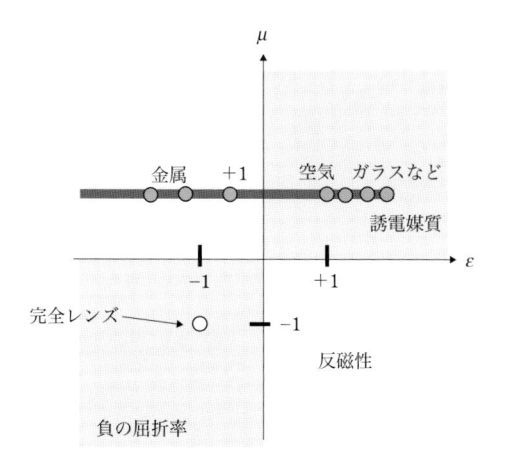

図 11.1 ε-μ 平面

いる.その結果,式(11.1)の右辺の符号は+となり,身の回りの物質の屈折率の実部は 0～4 程度となる.これを示したのが図 11.1 である.ε と μ の平面を考え物質をプロットした.ここに示したように自然界の物質のすべては,光学領域では $\mu=1$ の直線上にプロットされる.

屈折率を表す式(11.1)の右辺の符号は ε と μ の正負により決まる[5~8].いずれも負の場合には図 11.1 の第 3 象限にプロットされる.このとき,式(11.1)の右辺は負の符号をとり $n<0$ となる.このような物質は,左手系物質(left-handed materials : LHM)または負屈折率物質(negative refractive index materials : NIM)とも呼ばれる.メタ物質以外でも,ある種のフォトニック結晶が左手系媒質となることが知られている[9,10].もし,可視域で左手系物質が実現すれば,これまでの光学の常識では考えられない現象を生み出すことができるようになる.たとえば,後に示す完全レンズなどである[6,7].

さて,物質の透磁率は 1 でありながら,それを用いて $\mu \neq 1$ となる物質が作製できるのは不思議に思えるが,金属ナノ構造を使えば $\mu \neq 1$ が成り立つ構造を作製することができる.既存の物質では,μ が生じる起源として,軌道角運動量やスピン角運動量などがある.しかし,図 11.2 に示すような波長に比べて十分小さい共振器を流れる電流によっても擬似的に $\mu \neq 1$ を実現できる.これは,共振器内の環状に流れる電流により磁気モーメントが生じるためである.このような共振器構造における $\mu(\omega)$ は角周波数 ω の関数として磁気共鳴周波数 ω_{mo} の近傍で以下のように表すことができる.

$$\mu(\omega) = 1 - \frac{\omega_{\mathrm{mp}}^2 - \omega_{\mathrm{mo}}^2}{\omega^2 - \omega_{\mathrm{mo}}^2 + i\Gamma_{\mathrm{m}}\omega} \tag{11.2}$$

11　メタマテリアルと超解像

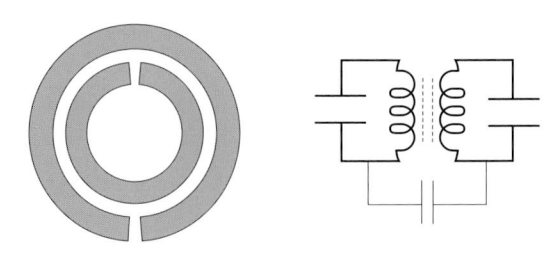

図 11.2　リング共振器と等価回路の例

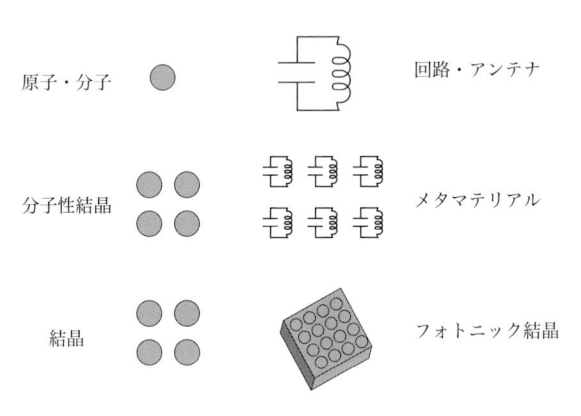

図 11.3　実在の物質とメタマテリアル(メタ分子)の関係

ここで，ω_{mp} は磁気的なプラズマ周波数であり，Γ_m は磁気的な損失係数である[11]．共振が強ければ $\mu(\omega)$ の値は負から正まで変化するが，損失も大きくなることに注意しなければならない．また，$\varepsilon(\omega)$ に関しても同様な共振の形で記述することができる．

このような方法で $\mu(\omega)$ や $\varepsilon(\omega)$ の制御ができれば，負の屈折率を実現するだけでなく，巨大屈折率や屈折率が 0 の媒質や 1 以下の媒質などを実現できることになる．また，自然界には存在しない巨大な複屈折をもつ媒質も設計することが可能である．これらの媒質を光学材料として用いることができれば，負の屈折だけでなく，新規の光学素子や光学効果が生まれてくると考えられる．

次に，メタ物質と通常の物質との対応がどのようになっているかを考えてみる．これまで研究されてきた分子科学上のさまざまな知見をメタ物質に適用できる可能性がある．このことは，実用的な材料としてメタ物質を考えるうえで重要である．両者の対応を図 11.3 に示す．機能という点から考えると物質は大きく二つに分けることができる．一つは，構成単位で機能を発現する原子や分子などであり，もう一つは集団として機能を発現する結晶などの物質である．たとえば，色素分子は単体でも色を呈

したり蛍光を発したりする半導体の一種である．単一分子でも蛍光が観測されるのはそのためである．一方，シリコンなどの無機半導体では，結晶を形成することによりバンド構造が現れ，半導体としての機能を発現する．メタマテリアルにおける共振器構造は1つの構成単位として動作するので，実在の物質中の原子や分子に対応すると考えられる．すなわち，メタ分子と呼ぶことができる．また，フォトニック結晶は波長程度の長さの周期構造により7.2節で説明したフォトニックバンドを形成し，その分散関係から特異な光学物性が発現する．そのため，実在の物質では結晶に対応すると考えることができる．負の屈折や光電場の増強効果など同じ光学的機能をもつ場合も多いため，メタマテリアルとフォトニック結晶は類似のものであると誤解されやすいが，本質的に別のものである．

メタマテリアルの場合，機能の起源が結晶構造ではなく個々の構成単位(メタ分子)に由来することは，材料の形としてさまざまな可能性を与える．すなわち，メタマテリアルは結晶である必要はなく，アモルファス状態であってもよい．さらに，液体中や高分子などのマトリクス中に分散した形でもよい．また，外場により共振器の異方性が変化するような状態，すなわち，液晶状態にすることができれば，高性能なディスプレイなどの用途に用いることもできる．このように，メタマテリアルは，化学や材料科学と深い関連をもつのである．

11.2　負屈折

メタマテリアルで観測される最も重要な現象に負屈折がある．前節で述べたように，誘電率と透磁率が同時に負となる場合に負屈折が観測される．図11.4(a)に示すように屈折率 n_1 の媒質1から屈折率 n_2 の媒質2に光が入射するときの入射角 θ_1 と屈折角 θ_2 の関係はスネルの法則 ($n_1 \sin\theta_1 = n_2 \sin\theta_2$) によって記述できる．これは光の波数の接線方向成分が保存されることを示している．もし，n_2 が負の値をもてば θ_2 も負となるため，光は図11.4(b)のように屈折する．回折格子を使えば，この方向に屈折光を進むようにすることができる．しかし，光の位相速度 v が負数となることを再現することはできない．これは，光の伝搬とともに位相が巻き戻ることを示している．よって，媒質が負屈折率をもつということは単に光の方向が特異な方向に進むということだけでなく，位相関係にも特異な関係が表れることになる．これは，水に箸のような棒を浸した際に棒がどのように見えるかを考えるとわかりやすい[12]．図11.5(a)のように日常よく見られる光景であり，棒が手前に折れて見える．これは，棒の先端から進む光が，棒と目を結ぶ線より手前で屈折し，目に入るためである．図11.5(b)は，負の屈折率をもつ媒質に棒を浸した場合である．この場合，単に屈折の関係が逆になるだけでなく，負の屈折率をもつ媒質中を進む光は位相が巻き戻されるため，目は棒

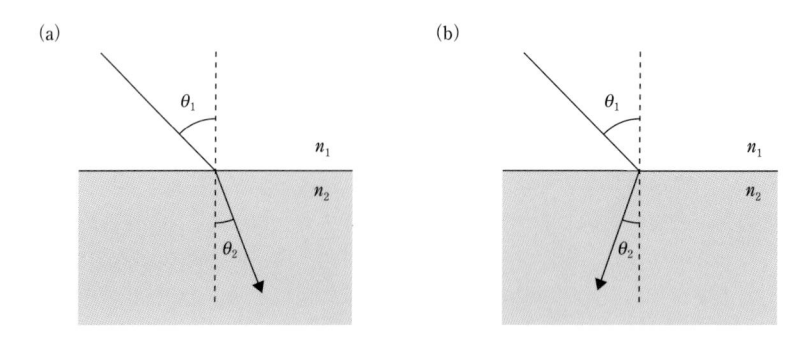

図 11.4 光の屈折
(a) $n_2 > 0$ の場合，(b) $n_2 < 0$ の場合．

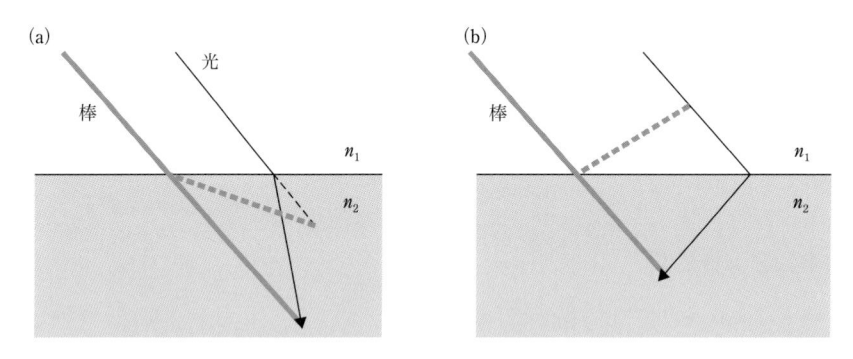

図 11.5 棒の見え方
(a) $n_2 > 0$ の場合，(b) $n_2 < 0$ の場合．
実線が棒で，点線が外から見た時の棒の位置．媒質2を光が伝搬する分だけ棒が浮き上がって点線のように見える．

の先が手前にあるように感じるはずである．よって，棒は上に折れて見えることになると考えられる．また垂直に棒を浸した場合は，媒質に棒を押し込むほど手間に出てくるように見えることになる．負屈折というと光の進行方向のコントロールに注目しがちであるが，負屈折媒質における干渉や遅延効果を考えれば常識的ではない光学現象を思いつくことができる．このほか，光速より速く移動する物体から放出される光（チェレンコフ放射）は物体の進行方向と逆方向に放射されるが，負屈折物質をそれが移動するときには逆に物体の進行方向に放射される．また，光ドップラー効果も遠ざかる物体に対して青方偏移することになる．

さて，実際に負の屈折率をもつ媒質の研究例をいくつか紹介する．以前よりマイクロ波において，図11.2に示すようなリング構造を使った負屈折現象が報告されてい

る[8]．マイクロ波の波長は光に比べて長いため，構造の作製が容易であり，リング材料の金属の特性が理想金属に近いため，光に比べて負屈折現象の観測が容易であった．可視域でのメタマテリアル実現の難しさに金属材料の損失が無視できないことがある．リングを作製する材料の可能性としては銀が最も有力であり，その他の金属材料では誘電率の虚部が大きいため損失が大きく利用は難しいことが示されている[13]．その後，負屈折現象の観測はテラヘルツ領域[14]および赤外域と短波長化していった[15]．しかし，光領域で負屈折を示す微細なリング構造を作製することは難しい．そのため，リング構造なしに磁気共鳴を起こす金属ナノ構造のデザインが行われるようになってきた．その結果，図 11.6(a) や (b) に示すようなワイヤーペア構造[16]やフィッシュネット(魚網)構造[17]を使って近赤外域でも負屈折現象を示す構造が提案，実験されてきた．これらの構造は，波長に比べて十分薄いため，実際の屈折は観測することができず，透過スペクトルや反射スペクトルの解析により，屈折率を求めることになる．負の屈折率をもつ薄膜状媒質の解析のため透過スペクトルと反射スペクトルから屈折率を求める方法が提案されているが[18]，厚さの決め方に任意性が残り，かつ実験的に精度良く反射係数を求めることは難しいので，注意が必要である．その後，細かいフィッシュネット構造を構築して，可視域(波長 780 nm)での負屈折が報告されている[19]．しかしながら，厚さは 100 nm 程度と薄く，実用的な媒質としては

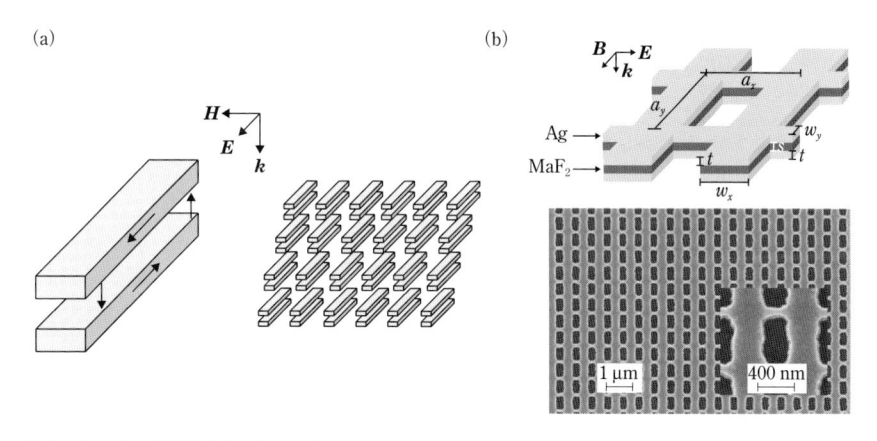

図 11.6 リング構造を用いないメタマテリアル
(a) ワイヤーペア構造．
材質は金でワイヤーの長さは 780 nm，幅は 220 nm，ワイヤー厚さ，間隔ともに 50 nm．
(b) フィッシュネット構造．
$a_x = a_y = 600$ nm, $w_x = 316$ nm, $w_y = 100$ nm, $t = 45$ nm, $s = 30$ nm．
［(a) は V. M. Shalaev *et al.*, *Opt. Lett.*, **30**, 3356(2005), Fig.1(a), (b) は G. Dolling *et al.*, *Opt. Lett.*, **31**, 1800(2006), Fig.1］

さらに検討が必要であった．

　最近になり，フィッシュネット構造を多数積み重ねて，厚みのある負屈折媒質を作れることがわかった．まず，計算機シミュレーションで実現の可能性が示され[20]，そして，実験的にFIBを使って構造が作製された[21]．網の大きさは500 nm前後の編み目をもち，銀とフッ化マグネシウム誘電体層の交互積層膜となっている．これを21層積み重ねてテーパー状の最大830 nmの厚さの構造が作製された．この材料に光を入射して，傾斜方向に光を移動すると約5 mmの光スポットの変位が観測され，計算上は波長1.5 μm付近で屈折率が負となっていることが示されている．別のアプローチとしては，近年，5.11節で述べたようなMIM構造を使った導波路中で[22]，2次元の実効的な負屈折現象が観測されている[23]．また，半導体多層構造を使った負屈折の報告もある．前者は導波路を伝搬する表面プラズモンの位相速度と群速度が逆になることを利用したものであり，後者は多層構造中に生じる異常分散を利用している．

　まだ可視域で動作する実用的な厚みのある負屈折媒質の実現には時間がかかりそうであるが，もし，それが実現できれば，光学や光エレクトロニクス分野でさまざまな新しい素子が実現される可能性をもつ．また，負屈折媒質までに至らなくても，これらの構造を使えば，光学領域における透磁率の制御ができる．そのため，$\mu = 1$では実現できないような光学現象，たとえば，s偏光におけるブリュースター角など[24,25]，を利用した光学素子が実現できるかもしれない．

11.3　超解像

　メタ物質の応用例として最もよく知られているのが前述した負の屈折であるが，これを利用した完全レンズはVeselagoにより提案されている（図11.7）[6]．これは観察対象物から出た光が右手系／左手系界面において両者の屈折率の絶対値が等しい場合同じ角度で逆方向に屈折することを利用したものである．スラブ内と外とで二度焦点を結ぶことにより波長に比べて十分小さい点の像をそのままの大きさで結像させることができるため，回折限界を超えた結像ができるレンズとして期待されている．

　しかし，現在のところ光学領域で作製された左手系物質は非常に薄く[14〜17,26]，図11.7に示すような左手系スラブ内で焦点を結ぶことはできずレンズとして用いることは困難である．仮に十分な厚さの左手系物質ができた場合でも，メタマテリアルを構成する金属ナノ構造より小さい対象物の解像は困難であると考えられる．光にとっては連続体となっても，微小な観察物質に対しては連続体としてふるまうことはできないためである．同様にフォトニック結晶を用いた完全レンズでも解像度の問題は生じると考えられる．

　このような完全レンズに代わるものとして，Pendryにより金属スラブによる別の

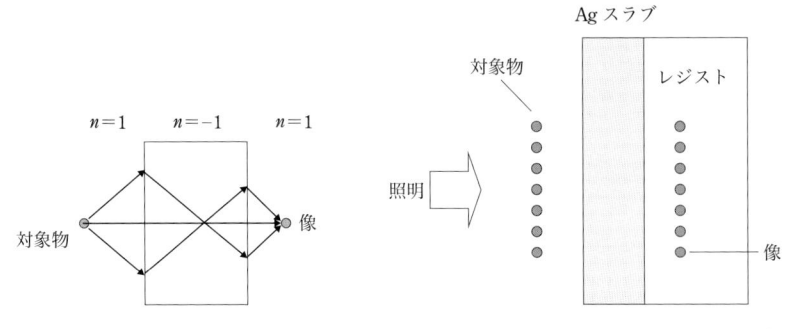

図 11.7 完全レンズ[7]

図 11.8 表面プラズモンを利用した超解像[17]

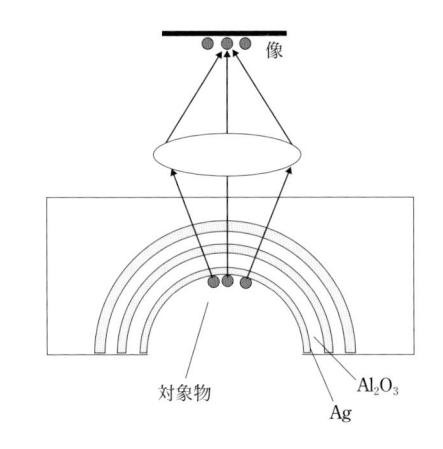

図 11.9 金属／誘電体薄膜層構造を使った超解像[21]

完全レンズが提案されている[7]．図 11.8 に示すように微小な観察対象に対して，金属スラブ表面に近接した対象物の像はエバネッセント波を介して，そのスラブの反対側に結像する．この場合，スラブの誘電率が負であることだけが必要であり，負の透磁率は必要ない．Pendry の提案から数年後，Fang らはこれを実験的に検証した[27]．石英基板上に作製したクロムの微細構造を 40 nm のポリメタクリル酸メチル層，35 nmの Ag 層を介してフォトレジスト上に結像させた．波長の約 1/6 の解像度が得られたとしている．

上述の方法では対象物質を拡大して見ることはできないため，これを発展させ，シリンドリカルレンズとの組み合わせで伝搬光による超解像を実現した例がある[28~31]．図 11.9 に示すように，同心円状に金属スラブ／誘電体の多層構造を作製し，通常のレンズとの組み合わせで 150 nm の間隔に隔てられた 2 つのラインが分離された光学像

が示されている[31]．近接場光学顕微鏡と異なり，この超解像法はビデオレートでの観察が可能である．この方法で超解像が実現できれば，表面近傍に観察物質が限られるが，バイオ分野や高分子化学の分野での応用が期待される．

11.4　クローキング

メタマテリアルの応用例にクローキング技術がある．クローキングとは，外套のことで，図 11.10 に示すようにクローキング物質を対象物にかぶせると光がクローキング物質中を迂回してあたかも対象物が存在しないように見せる技術である．Leonhardt は，一般相対性理論による重力レンズとの類似性から，屈折率により生じる光のポテンシャル分布を考察し，等方的な媒質を用いた際のクローキングの可能性について論じた[32]．ケプラー型のポテンシャルを用いて，屈折率を 0 から 36 の間で適切に分布させればクローキングが可能であることを示した．しかしながら，メタ物質を使ってもこのような大きな屈折率分布をもたせるのは容易ではなく，等方的な媒質を用いた場合はクローキングを実際に実現するのは難しい．

一方，Pendry と Smith は異方性物質を用いたクローキングの理論を紹介している[33]．隠したい領域（クローキングされる領域）を座標変換し，変換されたマクスウェル方程式を適用して必要な誘電率と透磁率の分布を求めている．一般的にクローキング物質は光学的な異方性をもち，偏光の依存性は避けられない．また，反射による影響をなくす工夫もされている．マイクロ波領域ではあるが，実験的な証明もされている[34]．

上述の Smith らの実験は，半径方向の透磁率分布を必要とした．そのため，スプリットリング共振器により $\mu \neq 1$ となるような透磁率の分布をもつ構造をつくったが，もし，$\mu = 1$ でよければ光領域でのクローキングはより現実的なものとなる．Shalaev らは，TE 波を用いれば，円周方向の誘電率は一定で半径方向に誘電率変化が生じる系でこれが可能であることを理論的に示した[35]．このような系は図 11.11 に示したような金属ナノロッドをその長軸が半径方向に並ぶように分布させることで実現できる．一般に金属の誘電率は負であるが，誘電体マトリクスとの複合構造とすることにより正の領域で 1.0 〜 2.3 の間で誘電率をもたせることができるためである．計算機シミュレーション結果は，強い反射があることを除けば，クローキングの状態をよく表している．

限られた条件ながら，光学領域でのクローキングの報告例もある．多層誘電体ミラーの前の微小な高屈折率領域を通過した光の波面が乱れないように微小なシリコンの柱を分布させ，実際に波面の乱れが抑えられた例が報告されている．微小な高屈折率領域のサイズは 1.6 μm^2 であり比較的大きい．クローキングする媒質の領域のサイズは

11.4 クローキング

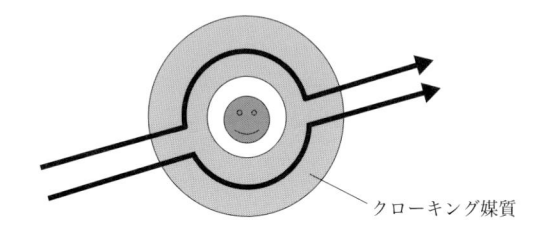

図 11.10 クローキング

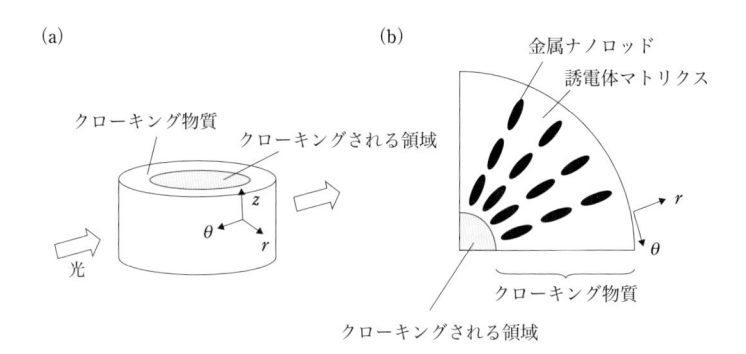

図 11.11 金ナノロッドを使ったクローキング[25]

225 μm^2 であり，FDTD 法により実効的な屈折率が 1.45 〜 2.42 となるようにシリコンの柱を分布させたようである．反射された光の近接場像が変化しない様子が計算と実験で示されている[36]．

別のアプローチとして，物体の表面を媒質でコートすれば全体としての散乱をなくすことができることを利用したクローキングの方法が検討されている．簡単な例を示す．図 11.12(a) に示すようなクローキングしたい球状の微粒子 (直径 a，誘電率 ε_a) が球殻状の媒質 (直径 b，誘電率 ε_b) で覆われている場合を考える．球殻の大きさは光の波長に比べて十分小さいときには，微粒子と球殻の全体の分極率 α は以下のように表すことができる．

$$\alpha = 4\pi b^3 \frac{(\varepsilon_b - \varepsilon_s)(\varepsilon_a + 2\varepsilon_s) + \left(\frac{a}{b}\right)^3 (\varepsilon_a - \varepsilon_b)(\varepsilon_s + 2\varepsilon_b)}{(\varepsilon_a + 2\varepsilon_s)(\varepsilon_b + 2\varepsilon_s) + 2\left(\frac{a}{b}\right)^3 (\varepsilon_b - \varepsilon_s)(\varepsilon_1 - \varepsilon_b)} \tag{11.3}$$

ここで，ε_s は周辺媒質の誘電率である．式 (11.3) の分子が 0 となるような球殻状の媒質を選べば，$\alpha = 0$ となる．散乱効率は α の大きさの 2 乗に比例するので，球状の微粒子をクローキングすることができる[37]．この場合では球殻の大きさの制限がある

11 メタマテリアルと超解像

(a) 直径 a, 誘電率 ε_a
直径 b, 誘電率 ε_b

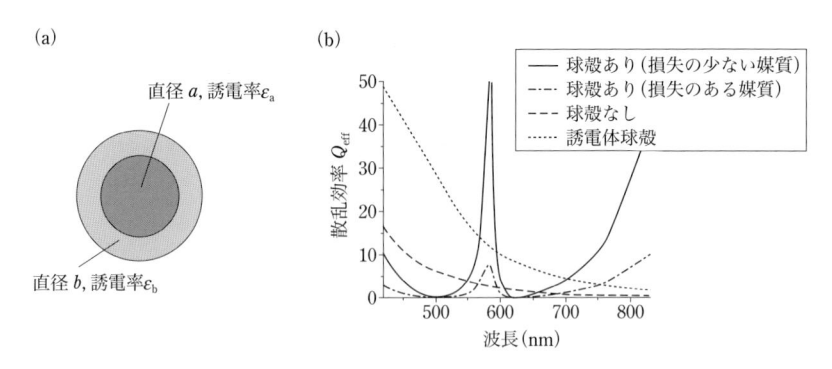

(b) 散乱効率 Q_eff / 波長(nm)
凡例：球殻あり（損失の少ない媒質）／球殻あり（損失のある媒質）／球殻なし／誘電体球殻

図11.12 (a) 微粒子のクローキング[27]と(b) 遅延を取り入れた場合の散乱効率の波長依存性
［(b) は A. Alù and N. Ehgheta, *Phys. Rev. Lett.*, **100**, 113901(2008), Fig.1］

が，遅延を含めた式を使い，2層の構造を使って100 nm以上の波長域で直径200 nmの微粒子のクローキングについての計算結果を示した例が報告されている（図11.12(b)）[38]．設計された球殻媒質（外側あるいは内側の誘電率が0.2であり，Drudeモデルに従う誘電率をもつ）の場合には，損失がある媒質でも散乱効率が0となる波長域があるのに対して，それ以外の球殻がない場合（破線）や誘電体球殻の場合（点線）にはそのような領域がなく，波長の4乗に単純に反比例した散乱効率となっていることがわかる．なお，設計された場合の実線および一点鎖線のプロットは，それぞれ球殻の誘電率に損失がない場合とある場合を示している．この方法は，制約が緩いため，光学領域でも比較的実現がしやすいと考えられる．

参考文献

1) 石原照也編，メタマテリアル，シーエムシー出版(2007)
2) 北野正雄，応用物理，**78**, 503(2009)
3) H. A. アトウォーター，日経サイエンス，(7), 18(2007)
4) 石原照也，光技術コンタクト，**47**, 251(2009)
5) V. M. Shalaev, *Nat. Photon.*, **1**, 41(2007)
6) F. G. Veselago, *Sov. Phys. Usp*, **10**, 509(1968)
7) J. B. Pendry, *Phys. Rev. Lett.*, **85**, 3966(2000)
8) R. A. Shelby, D. R. Smith, and S. Schultz, *Science*, **292**, 77(2001)
9) 納富雅也，応用物理，**74**, 173(2005)
10) M. Notomi, *Phys. Rev. B*, **62**, 10696(2000)
11) J. B. Pendry, A. J. Holden, D. J. Robbins, and W. J. Stewart, *IEEE Trans. Microwave Theory Tech.*, **47**, 2075(1999)

12) J. B. Pendry and D. R. Smith, 日経サイエンス, (10), 32(2006)
13) A. Ishikawa, T. Tanaka, and S. Kawata, *J. Opt. Soc. Am. B*, **24**, 510(2007)
14) T. J. Yen, W. J. Padilla, N. Fang, D. C. Vier, D. R. Smith, J. B. Pendry, D. N. Basov, and X. Zhang, *Science*, **303**, 1494(2004)
15) S. Zhang, W. Fan, K. J. Malloy, S. R. J. Brueck, N. C. Panoiu, and R. M. Osgood, *J. Opt. Soc. Am. B*, **23**, 434(2006)
16) V. M. Shalaev, W. Cai, U. K. Chettiar, H.-K. Yuan, A. K. Sarychev, V. P. Drachev, and A. V. Kildishev, *Opt. Lett.*, **30**, 3356(2005)
17) G. Dolling, C. Enkrich, M. Wegener, C. M. Soukoulis, and S. Linden, *Opt. Lett.*, **31**, 1800(2006)
18) D. R. Smith, S. Schultz, P. Markos, and C. M. Soukoulis, *Phys. Rev. B*, **65**, 195104(2002)
19) G. Dolling, M. Wegner, C. M. Soukoulis, and S. Linden, *Opt. Lett.*, **32**, 53(2007)
20) S. Zhang, W. Fan, N. C. Panoiu, K. J. Malloy, R. M. Osgood, and S. R. J. Brueck, *Opt. Express*, **14**, 6778(2006)
21) J. Valentine, S. Zhang, T. Zentgraf, E. Ulin-Avila, D. A. Genov, G. Bartal, and X. Zhang, *Nature*, **455**, 376(2008)
22) H. J. Lezec, J. A. Dionne, and H. A. Atwater, *Science*, **316**, 430(2007)
23) A. J. Hoffman, L. Alekseyev, S. S. Howard, K. J. Franz, D. Wasserman, V. A. Podolskiy, E. E. Narimanov, D. L. Sivco, and C. Gmachl, *Nat. Mater.*, **6**, 946(2007)
24) T. Tanaka, A. Ishikawa, and S. Kawata, *Phys. Rev. B*, **73**, 125423(2006)
25) Y. Tamayama, T. Nakanishi, K. Sugiyama, and M. Kitano, *Phys. Rev. B*, **73**, 193104(2006)
26) J. Valentine, S. Zhang, T. Zentgraf, E. Ulin-Avila, D. A. Genov, G. Bartal, and X. Zhang, *Nature*, **455**, 376(2008)
27) N. Fang, H. Lee, C. Sun, and X. Zhang, *Science*, **308**, 534(2005)
28) J. B. Pendry, *Opt. Express*, **11**, 755(2003)
29) Z. Jacob, L. V. Alekseyev, and E. Narimanov, *Opt. Express*, **14**, 8247(2006)
30) A. Salandrino and N. Engheta, *Phys. Rev. B*, **74**, 075103(2006)
31) Z. Liu, H. Lee, Y. Xiong, C. Sun, and X. Zhang, *Science*, **315**, 1686(2007)
32) U. Leonhardt, *IEEE J. Sel. Top. Quantum Electron.*, **9**, 102(2003)
33) J. B. Pendry, D. Schurig, and D. R. Smith, *Science*, **312**, 1780(2006)
34) D. Schurig, J. J. Mock, B. J. Justice, S. A. Cummer, J. B. Pendry, A. F. Starr, and D. R. Smith, *Science*, **314**, 977(2006)
35) W. Cai, U. K. Chettiar, A. V. Kildishev, and V. M. Shalaev, *Nat. Photon.*, **1**, 224(2007)
36) L. H. Gabrielli, J. Cardenas, C. B. Poitras, and M. Lipson, *Nat. Photon.*, **3**, 461(2009)
37) C. F. Bohren and D. R. Huffman, *Absorption and Scattering of Light by Small Particles*, John Wiley & Sons, New York(1983)
38) A. Alù and N. Engheta, *Phys. Rev. Lett.*, **100**, 113901(2008)

付録1
水とシリカの誘電関数

A1.1 水の比誘電率

1979年にミュンヘンで開催されたThe 9th International Conference on the Properties of Steamにおいて，20℃，1気圧での水の比誘電率として次の式が示された[1]．

$$\varepsilon(\lambda) = \frac{a_1}{\lambda^2 - \lambda_a^2} + a_2 + a_3\lambda^2 + a_4\lambda^4 + a_5\lambda^6 \tag{A1.1}$$

$$\lambda_a^2 = 0.018085 \tag{A1.2}$$

$$a_1 = 5.743534 \times 10^{-3} \tag{A1.3}$$

$$a_2 = 1.769238 \tag{A1.4}$$

$$a_3 = -2.797222 \times 10^{-2} \tag{A1.5}$$

$$a_4 = 8.715348 \times 10^{-3} \tag{A1.6}$$

$$a_5 = -1.413942 \times 10^{-3} \tag{A1.7}$$

ただし，λの単位はμm，有効波長範囲は$0.182\,\mu$m～$2.770\,\mu$mである．

A1.2 シリカの比誘電率

Malitson[2]は測定したシリカの比誘電率を次式でフィッティングした．

$$\varepsilon(\lambda) = 1 + \frac{0.6961663\lambda^2}{\lambda^2 - (0.0684043)^2} + \frac{0.4079426\lambda^2}{\lambda^2 - (0.1162414)^2} + \frac{0.8974794\lambda^2}{\lambda^2 - (9.896161)^2} \tag{A1.8}$$

ただし，λの単位はμm，有効波長範囲は$0.21\,\mu$m～$3.71\,\mu$mである．

参考文献

1) I. Thormählen, J. Straub, and U. Grigull, *J. Phys. Chem. Ref. Data*, **14**, 933 (1985)
2) I. H. Malitson, *J. Opt. Soc. Am.*, **55**, 1205 (1965)

付録 2
式(5.42)の導出 [1]

表面プラズモンの磁場は次式で与えられる.

$$\boldsymbol{H}_{\mathrm{sp}} = \begin{cases} H_y \hat{\boldsymbol{e}}_y \exp(ik_{\mathrm{sp}}x - q_1 z) & (z > 0) \\ H_y \hat{\boldsymbol{e}}_y \exp(ik_{\mathrm{sp}}x + q_2 z) & (z < 0) \end{cases} \tag{A2.1}$$

ただし,

$$k_{\mathrm{sp}} = \frac{\omega}{c} \left(\frac{\varepsilon_1 \varepsilon_2}{\varepsilon_1 + \varepsilon_2} \right)^{1/2} \tag{A2.2}$$

$$q_1 = \frac{\omega}{c} \frac{\varepsilon_1}{(-\varepsilon_1 - \varepsilon_2)^{1/2}} \tag{A2.3}$$

$$q_2 = \frac{\omega}{c} \frac{-\varepsilon_2}{(-\varepsilon_1 - \varepsilon_2)^{1/2}} \tag{A2.4}$$

ε_1 は誘電体の誘電率, ε_2 は金属の誘電率である. 同様に, 電場は

$$\boldsymbol{E}_{\mathrm{sp}} = \begin{cases} \dfrac{1}{\omega \varepsilon_0 \varepsilon_1} (iq_1 \hat{\boldsymbol{e}}_x - k_{\mathrm{sp}} \hat{\boldsymbol{e}}_z) H_y \exp(ik_{\mathrm{sp}}x - q_1 z) & (z > 0) \\ \dfrac{1}{\omega \varepsilon_0 \varepsilon_1} (-iq_2 \hat{\boldsymbol{e}}_x - k_{\mathrm{sp}} \hat{\boldsymbol{e}}_z) H_y \exp(ik_{\mathrm{sp}}x + q_1 z) & (z < 0) \end{cases} \tag{A2.5}$$

で与えられる. これらの関係より, 金属誘電体界面($z = 0$)の誘電体側での電場と磁場の関係は次のようになる.

$$|\boldsymbol{E}_{\mathrm{sp}}|^2 = \left(\frac{1}{\omega \varepsilon_0 \varepsilon_1} \right)^2 \left(|q_1|^2 + |k_{\mathrm{sp}}|^2 \right) |H_y|^2 \tag{A2.6}$$

表面プラズモンのポインティングベクトルの時間平均は

$$\langle \boldsymbol{S} \rangle = \frac{1}{2} \mathrm{Re}(\boldsymbol{E} \times \boldsymbol{H}^*) \tag{A2.7}$$

$$= \begin{cases} \dfrac{1}{2\omega \varepsilon_0} \mathrm{Re} \left[\dfrac{1}{\varepsilon_1} (iq_1 \hat{\boldsymbol{e}}_z + k_{\mathrm{sp}} \hat{\boldsymbol{e}}_x) |H_y|^2 \exp(-2q_1 z) \right] & (z > 0) \\ \dfrac{1}{2\omega \varepsilon_0} \mathrm{Re} \left[\dfrac{1}{\varepsilon_2} (-iq_2 \hat{\boldsymbol{e}}_z + k_{\mathrm{sp}} \hat{\boldsymbol{e}}_x) |H_y|^2 \exp(2q_2 z) \right] & (z < 0) \end{cases} \tag{A2.8}$$

で与えられる. したがって, x 方向のエネルギーの流れは

$$\begin{aligned}
P_{\mathrm{sp}} &= \int_{-\infty}^{\infty} \langle \boldsymbol{S} \rangle_x \, \mathrm{d}z \\
&= \frac{|H_y|^2}{2\omega\varepsilon_0} \mathrm{Re} \int_0^\infty \frac{k_{\mathrm{sp}}}{\varepsilon_1} \exp(-2q_1 z)\mathrm{d}z + \frac{|H_y|^2}{2\omega\varepsilon_0}\mathrm{Re}\int_{-\infty}^0 \frac{k_{\mathrm{sp}}}{\varepsilon_2}\exp(2q_2 z)\mathrm{d}z \\
&= \frac{|H_y|^2}{2\omega\varepsilon_0}\mathrm{Re}\left(\frac{k_{\mathrm{sp}}}{2\varepsilon_1 q_1}+\frac{k_{\mathrm{sp}}}{2\varepsilon_2 q_2}\right) \\
&= \frac{|H_y|^2}{4\omega\varepsilon_0}\mathrm{Re}\left[\frac{k_{\mathrm{sp}}(\varepsilon_1 q_1 + \varepsilon_2 q_2)}{\varepsilon_1\varepsilon_2 q_1 q_2}\right]
\end{aligned} \quad (\mathrm{A2.9})$$

であり，上式に式(A2.6)を代入すると，

$$\begin{aligned}
P_{\mathrm{sp}} &= \frac{1}{4\omega\varepsilon_0}\frac{\omega^2\varepsilon_0^{\;2}\varepsilon_1^{\;2}|E_{\mathrm{sp}}|^2}{|q_1|^2+|k_{\mathrm{sp}}|^2}\mathrm{Re}\left[\frac{k_{\mathrm{sp}}(\varepsilon_1 q_1+\varepsilon_2 q_2)}{\varepsilon_1\varepsilon_2 q_1 q_2}\right] \\
&= \frac{\omega\varepsilon_0 \varepsilon_1}{4}\frac{|E_{\mathrm{sp}}|^2}{|q_1|^2+|k_{\mathrm{sp}}|^2}\mathrm{Re}\left[\frac{k_{\mathrm{sp}}(\varepsilon_1 q_1+\varepsilon_2 q_2)}{\varepsilon_1\varepsilon_2 q_1 q_2}\right]
\end{aligned} \quad (\mathrm{A2.10})$$

となる．ここで，式(A2.2)～式(A2.4)を用いると，

$$\begin{aligned}
\mathrm{Re}\left[\frac{k_{\mathrm{sp}}(\varepsilon_1 q_1+\varepsilon_2 q_2)}{\varepsilon_2 q_1 q_2}\right] &= \mathrm{Re}\left[\frac{\varepsilon_1}{\varepsilon_2}\frac{k_{\mathrm{sp}}}{q_2}+\frac{k_{\mathrm{sp}}}{q_1}\right] \\
&= \mathrm{Re}\left[\frac{\varepsilon_1}{\varepsilon_2}\frac{(-\varepsilon_1\varepsilon_2)^{1/2}}{-\varepsilon_2}+\frac{(-\varepsilon_1\varepsilon_2)^{1/2}}{\varepsilon_1}\right] \\
&= \mathrm{Re}\left[\frac{(-\varepsilon_1\varepsilon_2)^{1/2}(\varepsilon_2^{\;2}-\varepsilon_1^{\;2})}{\varepsilon_1\varepsilon_2^{\;2}}\right]
\end{aligned} \quad (\mathrm{A2.11})$$

さらに，$\varepsilon_2 = \varepsilon_2' + i\varepsilon_2''$ とおき，$\varepsilon_2' \gg \varepsilon_2''$ の関係を用いると，

$$\begin{aligned}
\mathrm{Re}\left[\frac{(-\varepsilon_1\varepsilon_2)^{1/2}(\varepsilon_2^{\;2}-\varepsilon_1^{\;2})}{\varepsilon_1\varepsilon_2^{\;2}}\right] &= \mathrm{Re}\left[\frac{(\varepsilon_2'^{\;2}-\varepsilon_2''^{\;2}+2i\varepsilon_2'\varepsilon_2''-\varepsilon_1^{\;2})[-\varepsilon_1(\varepsilon_2'+i\varepsilon_2'')]^{1/2}}{\varepsilon_1(\varepsilon_2'^{\;2}-\varepsilon_2''^{\;2}+2i\varepsilon_2'\varepsilon_2'')}\right] \\
&\simeq \mathrm{Re}\left[\frac{(\varepsilon_2'^{\;2}-\varepsilon_1^{\;2}+2i\varepsilon_2'\varepsilon_2'')(-\varepsilon_1\varepsilon_2'-i\varepsilon_1\varepsilon_2'')^{1/2}}{\varepsilon_1\varepsilon_2'^{\;2}+2i\varepsilon_1\varepsilon_2'\varepsilon_2''}\right]
\end{aligned}$$
$$(\mathrm{A2.12})$$

となる．ここで，さらに，

$$(-\varepsilon_1\varepsilon_2'-i\varepsilon_1\varepsilon_2'')^{1/2} \simeq (-\varepsilon_1\varepsilon_2')^{1/2}+i\frac{(-\varepsilon_1\varepsilon_2')^{1/2}\varepsilon_2''}{2\varepsilon_2'} \quad (\mathrm{A2.13})$$

の近似を用いると，

$$\mathrm{Re}\left[\frac{\left(\varepsilon_2'^2-\varepsilon_1^2+2i\varepsilon_2'\varepsilon_2''\right)\left(-\varepsilon_1\varepsilon_2'-i\varepsilon_1\varepsilon_2''\right)^{1/2}}{\varepsilon_1\varepsilon_2'^2+2i\varepsilon_1\varepsilon_2'\varepsilon_2''}\right]$$

$$\simeq \mathrm{Re}\left[\frac{\left(\varepsilon_2'^2-\varepsilon_1^2+2i\varepsilon_2'\varepsilon_2''\right)\left(-\varepsilon_1\varepsilon_2'\right)^{1/2}\left(1+i\dfrac{\varepsilon_2''}{2\varepsilon_2'}\right)}{\varepsilon_1\varepsilon_2'^2+2i\varepsilon_1\varepsilon_2'\varepsilon_2''}\right]$$

$$= \mathrm{Re}\left[\frac{\left(-\varepsilon_1\varepsilon_2'\right)^{1/2}\left[\left(\varepsilon_2'^2-\varepsilon_2''^2-\varepsilon_1^2\right)+i\left(2\varepsilon_2'\varepsilon_2''+\dfrac{1}{2}\varepsilon_2'\varepsilon_2''-\dfrac{\varepsilon_1^2\varepsilon_2''}{2\varepsilon_2'}\right)\right]}{\varepsilon_1\varepsilon_2'^2+2i\varepsilon_1\varepsilon_2'\varepsilon_2''}\right] \quad (A2.14)$$

$$= \mathrm{Re}\left[\frac{\left(-\varepsilon_1\varepsilon_2'\right)^{1/2}\left[\varepsilon_2'^2-\varepsilon_1^2+i\left(\dfrac{3}{2}\varepsilon_2'\varepsilon_2''-\dfrac{\varepsilon_1^2\varepsilon_2''}{2\varepsilon_2'}\right)\right]}{\varepsilon_1\varepsilon_2'^2+2i\varepsilon_1\varepsilon_2'\varepsilon_2''}\right]$$

$$= \frac{\left(-\varepsilon_1\varepsilon_2'\right)^{1/2}\left(\varepsilon_2'^2-\varepsilon_1^2\right)}{\varepsilon_1\varepsilon_2'^2}$$

となる．一方，

$$\frac{1}{|q_1|^2+|k_{\mathrm{sp}}|^2}=\frac{\left(\dfrac{c}{\omega}\right)^2}{-\dfrac{\varepsilon_1^2}{\varepsilon_1+\varepsilon_2'}+\dfrac{\varepsilon_1\varepsilon_2'^2}{\varepsilon_1+\varepsilon_2'}}$$

$$=\left(\dfrac{c}{\omega}\right)^2\dfrac{\varepsilon_1+\varepsilon_2'}{-\varepsilon_1^2+\varepsilon_1\varepsilon_2'} \quad (A2.15)$$

$$=\left(\dfrac{c}{\omega}\right)^2\dfrac{\varepsilon_1+\varepsilon_2'}{\varepsilon_1\left(\varepsilon_2'-\varepsilon_1\right)}$$

であり，式(A2.10)に式(A2.14)および式(A2.15)を代入すると，

$$P_{\mathrm{sp}}=\frac{\omega\varepsilon_0\varepsilon_1}{4}|E_{\mathrm{sp}}|^2\left(\frac{c}{\omega}\right)^2\frac{\varepsilon_1+\varepsilon_2'}{\varepsilon_1\left(\varepsilon_2'-\varepsilon_1\right)}\frac{\left(-\varepsilon_1\varepsilon_2'\right)^{1/2}\left(\varepsilon_2'^2-\varepsilon_1^2\right)}{\varepsilon_1\varepsilon_2'^2}$$

$$=\frac{c^2\varepsilon_0\varepsilon_1}{4\omega}|E_{\mathrm{sp}}|^2\frac{\left(\varepsilon_1+\varepsilon_2'\right)^2\left(-\varepsilon_1\varepsilon_2'\right)^{1/2}}{\varepsilon_1\varepsilon_2'^2} \quad (A2.16)$$

となる．

x方向の伝搬にともなう，表面プラズモンのエネルギーの単位長さあたりの損失は次式で与えられる．

$$-\frac{\mathrm{d}P_{\mathrm{sp}}}{\mathrm{d}x}=\alpha P_{\mathrm{sp}} \quad (A2.17)$$

ただし，

$$\alpha = 2\text{Im}(k_{sp}) = 2\left(\frac{c}{\omega}\right)\left(\frac{\varepsilon_1 \varepsilon_2'}{\varepsilon_1 + \varepsilon_2'}\right)^{3/2} \frac{\varepsilon_2''}{2\varepsilon_2'^2} \quad (A2.18)$$

である．式(A2.16)に式(A2.18)を代入すると，

$$\begin{aligned}\alpha P_{sp} &= \frac{c\varepsilon_0 \varepsilon_1}{2}|E_{sp}|^2 \frac{(\varepsilon_1 + \varepsilon_2')^2 (-\varepsilon_1 \varepsilon_2')^{1/2}}{\varepsilon_1 \varepsilon_2'^2}\left(\frac{\varepsilon_1 \varepsilon_2'}{\varepsilon_1 + \varepsilon_2'}\right)^{3/2} \frac{\varepsilon_2''}{2\varepsilon_2'^2} \\ &= \frac{c\varepsilon_0 \varepsilon_1}{4}|E_{sp}|^2 (-\varepsilon_1 - \varepsilon_2')^{1/2} \frac{\varepsilon_2''}{2\varepsilon_2'^2}\end{aligned} \quad (A2.19)$$

となる．一方，単位長さあたりの入射パワーは

$$I = \frac{\varepsilon_1^{1/2}}{2Z_0}|E_0|^2(1-R)\cos\theta \quad (A2.20)$$

である．ただし，R は反射率，θ は入射角である．エネルギー保存則 $\alpha P_{sp} = I$ より，

$$\frac{c\varepsilon_0 \varepsilon_1}{4}|E_{sp}|^2 (-\varepsilon_1 - \varepsilon_2')^{1/2} \frac{\varepsilon_2''}{2\varepsilon_2'^2} = \frac{\varepsilon_1^{1/2}}{2Z_0}|E_0|^2(1-R)\cos\theta \quad (A2.21)$$

$$\begin{aligned}\frac{|E_{sp}|^2}{|E_0|^2} &= \frac{\varepsilon_1^{1/2}}{2Z_0}(1-R)\cos\theta \frac{4\varepsilon_2'^2}{c\varepsilon_0 \varepsilon_1(-\varepsilon_1 - \varepsilon_2')^{1/2}\varepsilon_2''} \\ &= \frac{2\varepsilon_1^{1/2}\varepsilon_2'^2}{Z_0 c\varepsilon_0 \varepsilon_1 \varepsilon_2''(-\varepsilon_1 - \varepsilon_2')^{1/2}}(1-R)\cos\theta \\ &= \frac{2\varepsilon_2'^2}{\varepsilon_1^{1/2}\varepsilon_2''(-\varepsilon_1 - \varepsilon_2')^{1/2}}(1-R)\cos\theta\end{aligned} \quad (A2.22)$$

の関係が得られる．

参考文献

1) W. H. Weber and G. W. Ford, *Opt. Lett.*, **6**, 122 (1981)

付録3
双極子放射の導出

　電荷や電流源のある場合，Lorentz ゲージの電磁ポテンシャルから出発するのが見通しがよい．媒質は真空であると仮定すると，スカラーポテンシャル ϕ とベクトルポテンシャル $\boldsymbol{A}$ はそれぞれ次式を満たす．

$$\left(\Delta - \frac{1}{c^2}\frac{\partial^2}{\partial t^2}\right)\phi(\boldsymbol{r},t) = -\frac{1}{\varepsilon_0}\rho(\boldsymbol{r},t) \tag{A3.1}$$

$$\left(\Delta - \frac{1}{c^2}\frac{\partial^2}{\partial t^2}\right)\boldsymbol{A}(\boldsymbol{r},t) = -\mu_0 \boldsymbol{i}(\boldsymbol{r},t) \tag{A3.2}$$

$$\nabla \cdot \boldsymbol{A}(\boldsymbol{r},t) + \frac{1}{c^2}\frac{\partial \phi(\boldsymbol{r},t)}{\partial t} = 0 \tag{A3.3}$$

まず，式(A3.1)の解を考える．ϕ が時間に依存しない場合，

$$\Delta \phi(\boldsymbol{r}) = -\frac{1}{\varepsilon_0}\rho(\boldsymbol{r}) \tag{A3.4}$$

とポアソン方程式になる．この式の特解は

$$\phi(\boldsymbol{r}) = \frac{1}{4\pi\varepsilon_0}\int_V \frac{\rho(\boldsymbol{r}')}{|\boldsymbol{r}-\boldsymbol{r}'|}d\boldsymbol{r}' \tag{A3.5}$$

となる．V は全空間であり，これ以降省略する．次に時間依存性を考える．ある瞬間に電荷をある位置にもってきた場合，それによるポテンシャルは全空間に瞬間的に伝わるわけではなく，有限の速度，すなわち，光速で伝わる．したがって，ϕ は次のように表されると考えられる．

$$\phi(\boldsymbol{r},t) = \frac{1}{4\pi\varepsilon_0}\int \frac{\rho(\boldsymbol{r}',t-|\boldsymbol{r}-\boldsymbol{r}'|/c)}{|\boldsymbol{r}-\boldsymbol{r}'|}d\boldsymbol{r}' \tag{A3.6}$$

計算は省略するが，式(A3.6)は確かに，式(A3.1)を満足している．
　同様に，式(A3.2)より，

$$\boldsymbol{A}(\boldsymbol{r},t) = \frac{\mu_0}{4\pi}\int \frac{\boldsymbol{i}(\boldsymbol{r}',t-|\boldsymbol{r}-\boldsymbol{r}'|/c)}{|\boldsymbol{r}-\boldsymbol{r}'|}d\boldsymbol{r}' \tag{A3.7}$$

となる．式(A3.6)，(A3.7)は遅延ポテンシャルと呼ばれる．ちなみに，式(A3.6)，式(A3.7)の $t-|\boldsymbol{r}-\boldsymbol{r}'|/c$ を $t+|\boldsymbol{r}-\boldsymbol{r}'|/c$ に置き換えても式(A3.1)，式(A3.2)を満足する．このときのポテンシャルは先進ポテンシャルと呼ばれるが,物理的には意味を持たない．
　時間的に変動する ρ と $\boldsymbol{i}$ が与えられたとき，どのような電磁波が放射されるかを考える．式(A3.6)，(A3.7)を与えられた ρ と $\boldsymbol{i}$ に対して解けばよいのだが，これらの積

分を解析的に実行できるの極く限られた場合のみである．ここでは，ρ と $\boldsymbol{i}$ が原点近傍だけに存在する場合に対する近似を考える．

式 (A3.6) の被積分関数を $\boldsymbol{r}'/r$ のべきで展開する．ここで，r は原点からの距離 $r = |\boldsymbol{r}|$ である．このとき，

$$R = |\boldsymbol{r}-\boldsymbol{r}'| = \sqrt{r^2 - 2\boldsymbol{r}\cdot\boldsymbol{r}' + \boldsymbol{r}'^2} \simeq r\left(1 - \frac{\boldsymbol{r}\cdot\boldsymbol{r}'}{r^2}\right) \tag{A3.8}$$

したがって，

$$\frac{1}{R} = \frac{1}{|\boldsymbol{r}-\boldsymbol{r}'|} \simeq \frac{1}{r}\left(1 + \frac{\boldsymbol{r}\cdot\boldsymbol{r}'}{r^2}\right) \tag{A3.9}$$

と近似できる．R は ρ にも含まれるため，

$$\begin{aligned}
\rho\left(\boldsymbol{r}', t - \frac{R}{c}\right) &\simeq \rho\left(\boldsymbol{r}', t - \frac{1}{c}\left(r - \frac{\boldsymbol{r}\cdot\boldsymbol{r}'}{r}\right)\right) \\
&= \rho\left(\boldsymbol{r}', t_0 + \frac{\boldsymbol{r}\cdot\boldsymbol{r}'}{cr}\right) \\
&\simeq \rho(\boldsymbol{r}', t_0) + \frac{\partial \rho(\boldsymbol{r}', t_0)}{\partial t_0}\frac{\boldsymbol{r}\cdot\boldsymbol{r}'}{cr} + \cdots
\end{aligned} \tag{A3.10}$$

ただし，

$$t_0 = t - \frac{r}{c} \tag{A3.11}$$

である．

式 (A3.9) と (A3.10) を式 (A3.6) に代入すると，

$$\phi(\boldsymbol{r},t) = \frac{1}{4\pi\varepsilon_0}\int \frac{1}{r}\left(1 + \frac{\boldsymbol{r}\cdot\boldsymbol{r}'}{r^2}\right)\left[\rho(\boldsymbol{r}', t_0) + \frac{\partial \rho(\boldsymbol{r}', t_0)}{\partial t_0}\frac{\boldsymbol{r}\cdot\boldsymbol{r}'}{cr} + \cdots\right]\mathrm{d}\boldsymbol{r}' \tag{A3.12}$$

$|\boldsymbol{r}|/r$ に関して 1 次の項までをとると，

$$\begin{aligned}
\phi(\boldsymbol{r},t) &= \frac{1}{4\pi\varepsilon_0}\frac{1}{r}\int \rho(\boldsymbol{r}', t_0)\mathrm{d}\boldsymbol{r}' + \frac{1}{4\pi\varepsilon_0}\frac{1}{r^3}\int (\boldsymbol{r}\cdot\boldsymbol{r}')\rho(\boldsymbol{r}', t_0)\mathrm{d}\boldsymbol{r}' \\
&\quad + \frac{1}{4\pi\varepsilon_0}\frac{1}{cr^2}\int (\boldsymbol{r}\cdot\boldsymbol{r}')\frac{\partial \rho(\boldsymbol{r}', t_0)}{\partial t_0}\mathrm{d}\boldsymbol{r}' \\
&= \frac{1}{4\pi\varepsilon_0}\frac{1}{r}\int \rho(\boldsymbol{r}', t_0)\mathrm{d}\boldsymbol{r}' + \frac{1}{4\pi\varepsilon_0}\frac{\boldsymbol{r}}{r^3}\cdot\int \boldsymbol{r}'\rho(\boldsymbol{r}', t_0)\mathrm{d}\boldsymbol{r}' \\
&\quad + \frac{1}{4\pi\varepsilon_0}\frac{\boldsymbol{r}}{cr^2}\cdot\int \boldsymbol{r}'\frac{\partial \rho(\boldsymbol{r}', t_0)}{\partial t_0}\mathrm{d}\boldsymbol{r}'
\end{aligned} \tag{A3.13}$$

となる．ここで，右辺第 1 項の

$$Q = \int \rho(\boldsymbol{r}', t)\mathrm{d}\boldsymbol{r}' \tag{A3.14}$$

は全電荷を表しており，時間 t に依存せず一定である．式(A3.13)の右辺第2項の

$$p(t) = \int r' \rho(r', t) \mathrm{d}r' \tag{A3.15}$$

は双極子モーメントとなっている．全電荷 Q と双極子モーメント p を用いることで式(A3.13)は次のように書くことができる．

$$\phi(r,t) = \frac{1}{4\pi\varepsilon_0}\frac{Q}{r} + \frac{1}{4\pi\varepsilon_0}\frac{r\cdot p(t_0)}{r^2} + \frac{1}{4\pi\varepsilon_0}\frac{r\cdot \dot{p}(t_0)}{cr^2} \tag{A3.16}$$

このようにして与えられたスカラーポテンシャルは電気双極子近似におけるスカラーポテンシャルと呼ばれる．

一方，式(A3.7)で与えられるベクトルポテンシャルは R を r で置き換えることで次のように近似できる．

$$A(r,t) \simeq \frac{\mu_0}{4\pi}\frac{1}{r}\int i(r', t_0) \mathrm{d}r' \tag{A3.17}$$

ここで，電荷保存則を用いたときに得られる

$$\begin{aligned}
\frac{\mathrm{d}p(t)}{\mathrm{d}t} &= \int r' \frac{\partial \rho(r', t_0)}{\partial t} \mathrm{d}r' \\
&= -\int r' \nabla \cdot i(r', t_0) \mathrm{d}r' \\
&= \int i(r', t_0) \mathrm{d}r'
\end{aligned} \tag{A3.18}$$

の関係を用いると式(A3.17)は次のように変形できる．

$$A(r,t) = \frac{\mu_0}{4\pi}\frac{p(t_0)}{r} \tag{A3.19}$$

式(A3.16)の右辺第1項は全電荷 Q のつくる静電場を与えるだけなので，これ以降無視する．すなわち，

$$\phi(r,t) = \frac{1}{4\pi\varepsilon_0}\frac{r\cdot p(t_0)}{r^2} + \frac{1}{4\pi\varepsilon_0}\frac{r\cdot \dot{p}(t_0)}{cr^2} \tag{A3.20}$$

となる．式(A3.19)と式(A3.20)より，電磁場が計算できる．電場は

$$\begin{aligned}
E(r,t) &= -\frac{\partial A(r,t)}{\partial t} - \nabla\phi(r,t) \\
&= \frac{1}{4\pi\varepsilon_0}\left\{ -\frac{p(t_0)}{r^3} + \frac{3r[r\cdot p(t_0)]}{r^5} - \frac{\dot{p}(t_0)}{cr^2} + \frac{3r[r\cdot \dot{p}(t_0)]}{cr^4} - \frac{\ddot{p}(t_0)}{c^2 r} + \frac{r[r\cdot \ddot{p}(t_0)]}{c^2 r^3} \right\}
\end{aligned} \tag{A3.21}$$

となる．途中の計算は省略した．さらに，次の恒等式

$$\boldsymbol{r} \times (\boldsymbol{r} \times \ddot{\boldsymbol{p}}) \equiv (\boldsymbol{r} \cdot \ddot{\boldsymbol{p}})\boldsymbol{r} - (\boldsymbol{r} \cdot \boldsymbol{r})\ddot{\boldsymbol{p}}$$
$$= -r^2 \ddot{\boldsymbol{p}} + \boldsymbol{r}(\boldsymbol{r}) \cdot \ddot{\boldsymbol{p}} \tag{A3.22}$$

を用いると,

$$\boldsymbol{E}(\boldsymbol{r},t) = \frac{1}{4\pi\varepsilon_0}\left\{-\frac{\boldsymbol{p}(t_0)}{r^3} + \frac{3\boldsymbol{r}[\boldsymbol{r}\cdot\boldsymbol{p}(t_0)]}{r^5} - \frac{\dot{\boldsymbol{p}}(t_0)}{cr^2} + \frac{3\boldsymbol{r}[\boldsymbol{r}\cdot\dot{\boldsymbol{p}}(t_0)]}{cr^4} + \frac{\boldsymbol{r}\times[\boldsymbol{r}\times\ddot{\boldsymbol{p}}(t_0)]}{c^2 r^3}\right\}$$
$$\tag{A3.23}$$

となる.

一方, 磁場は

$$\boldsymbol{B}(\boldsymbol{r},t) = \nabla \times \boldsymbol{A}(\boldsymbol{r},t)$$
$$= \frac{\mu_0}{4\pi}\left[-\frac{\boldsymbol{r}\times\dot{\boldsymbol{p}}(t_0)}{r^3} - \frac{\boldsymbol{r}\times\ddot{\boldsymbol{p}}(t_0)}{cr^2}\right] \tag{A3.24}$$

となる.

付録 4
Mie 散乱

A4.1 Mie の散乱公式

3.1 節ではベクトル波動方程式の基本解として平面波を用いた．これは，平面である界面での境界条件の設定が容易だったからである．球を取り扱う場合，平面波ではなく，球面波を用いたほうが球表面での境界条件の設定が容易である．ベクトル波動方程式の基本解として，極座標系で与えられる下記のベクトル球面調和関数を用いる．

$$\boldsymbol{M}_{emn} = -\frac{m}{\sin\theta}\sin m\phi P_n^m(\cos\theta)z_n(r)\boldsymbol{e}_\theta \\ -\cos m\phi \frac{\mathrm{d}P_n^m(\cos\theta)}{\mathrm{d}\theta}z_n(r)\boldsymbol{e}_\phi \tag{A4.1}$$

$$\boldsymbol{M}_{omn} = \frac{m}{\sin\theta}\cos m\phi P_n^m(\cos\theta)z_n(r)\boldsymbol{e}_\theta \\ -\sin m\phi \frac{\mathrm{d}P_n^m(\cos\theta)}{\mathrm{d}\theta}z_n(r)\boldsymbol{e}_\phi \tag{A4.2}$$

$$\boldsymbol{N}_{omn} = \frac{z_n(r)}{r}\cos m\phi n(n+1)P_n^m(\cos\theta)\boldsymbol{e}_r \\ + \cos m\phi \frac{\mathrm{d}P_n^m(\cos\theta)}{\mathrm{d}\theta}\frac{1}{r}\frac{\mathrm{d}}{\mathrm{d}r}[rz_n(r)]\boldsymbol{e}_\theta \\ - m\sin m\phi \frac{P_n^m(\cos\theta)}{\sin\theta}\frac{1}{r}\frac{\mathrm{d}}{\mathrm{d}r}[rz_n(r)]\boldsymbol{e}_\phi \tag{A4.3}$$

$$\boldsymbol{N}_{omn} = \frac{z_n(r)}{r}\sin m\phi n(n+1)P_n^m(\cos\theta)\boldsymbol{e}_r \\ + \sin m\phi \frac{\mathrm{d}P_n^m(\cos\theta)}{\mathrm{d}\theta}\frac{1}{r}\frac{\mathrm{d}}{\mathrm{d}r}[rz_n(r)]\boldsymbol{e}_\theta \\ + m\cos m\phi \frac{P_n^m(\cos\theta)}{\sin\theta}\frac{1}{r}\frac{\mathrm{d}}{\mathrm{d}r}[rz_n(r)]\boldsymbol{e}_\phi \tag{A4.4}$$

ここで，$\boldsymbol{e}_r$, $\boldsymbol{e}_\theta$, $\boldsymbol{e}_\phi$ は極座標系での基本単位ベクトルである．また，$z_n(r)$ は，次の式で表される球ベッセル関数 $j_n(r)$, $y_n(r)$ の線形結合で表される．

$$j_n(r) = \sqrt{\frac{\pi}{2r}}J_{n+1/2}(r) \tag{A4.5}$$

$$y_n(r) = \sqrt{\frac{\pi}{2r}} Y_{n+1/2}(r) \tag{A4.6}$$

ここで，J_ν および Y_ν は，それぞれ，第1種および第2種ベッセル関数である．

　Mie の散乱公式は球に平面波を入射したときの電磁場の厳密解を与えるものである．球面波を基本解として採用したツケは，入射平面波をこの基本解で表すときに支払わなければならない．z 方向に伝搬する入射平面波の電場 $\boldsymbol{E}_\mathrm{i}$ はこれらのベクトル球面調和関数を用いて，次のように表される．

$$\boldsymbol{E}_\mathrm{i} = \sum_{n=1}^{\infty} E_n \left(\boldsymbol{M}_{o1n}^{(1)} - i\boldsymbol{N}_{e1n}^{(1)} \right) \tag{A4.7}$$

$$\boldsymbol{H}_\mathrm{i} = -\frac{k}{\omega\mu} \sum_{n=1}^{\infty} E_n \left(\boldsymbol{M}_{e1n}^{(1)} + i\boldsymbol{N}_{o1n}^{(1)} \right) \tag{A4.8}$$

ただし，

$$E_n = i^n \frac{2n+1}{n(n+1)} E_0 \tag{A4.9}$$

である．また，球面調和関数の右肩の(1)は z_n として，j_n をとることを意味している．このように，平面波は無限個の球面波の重ね合わせで表現される．

　散乱場 $\boldsymbol{E}_\mathrm{s}$ は

$$\boldsymbol{E}_\mathrm{s} = \sum_{n=1}^{\infty} E_n \left(ia_n \boldsymbol{N}_{e1n}^{(3)} - b_n \boldsymbol{M}_{o1n}^{(3)} \right) \tag{A4.10}$$

$$\boldsymbol{H}_\mathrm{s} = \frac{k}{\omega\mu} \sum_{n=1}^{\infty} E_n \left(ib_n \boldsymbol{N}_{o1n}^{(3)} - a_n \boldsymbol{M}_{e1n}^{(3)} \right) \tag{A4.11}$$

ここで，球面調和関数の右肩の(3)は z_n として，$(j_n + iy_n)$ をとることを意味している．同様に，球の内部での場 $\boldsymbol{E}_1$ は

$$\boldsymbol{E}_1 = \sum_{n=1}^{\infty} E_n \left(ic_n \boldsymbol{M}_{o1n}^{(1)} - id_n \boldsymbol{N}_{e1n}^{(1)} \right) \tag{A4.12}$$

$$\boldsymbol{H}_1 = -\frac{k}{\omega\mu} \sum_{n=1}^{\infty} E_n \left(d_n \boldsymbol{M}_{e1n}^{(1)} + iC_n \boldsymbol{N}_{o1n}^{(1)} \right) \tag{A4.13}$$

係数 a_n，b_n，c_n および d_n は球の表面 $(r = r_1)$ 上での境界条件を解くことによって求められ，

$$a_n = \frac{m\psi_n(mx)\psi_n'(x) - \psi_n(x)\psi_n'(mx)}{m\psi_n(mx)\xi_n'(x) - \xi_n(x)\psi_n'(mx)} \tag{A4.14}$$

$$b_n = \frac{\psi_n(mx)\psi_n'(x) - m\psi_n(x)\psi_n'(mx)}{\psi_n(mx)\xi_n'(x) - m\xi_n(x)\psi_n'(mx)} \tag{A4.15}$$

$$c_n = \frac{m\psi_n(x)\xi_n'(x) - m\xi_n(x)\psi_n'(x)}{\psi_n(mx)\xi_n'(x) - m\xi_n(x)\psi_n'(mx)} \tag{A4.16}$$

$$d_n = \frac{m\psi_n(x)\xi'_n(x) - m\xi_n(x)\psi'_n(x)}{m\psi_n(mx)\xi'_n(x) - \xi_n(x)\psi'_n(mx)} \tag{A4.17}$$

となる．ここで，

$$\psi_n(r) = rj_n(r) \tag{A4.18}$$

$$\xi_n(r) = r[j_n(r) + iy_n(r)] \tag{A4.19}$$

$x = k_2 r_1$ はサイズパラメーターで，$m = (\varepsilon_1/\varepsilon_2)^{1/2}$ は球の媒質に対する相対複素屈折率である．ただし，添え字1は球を，添え字2は媒質を表す．

a_n および b_n を用いると，散乱断面積 C_{sca}，消光断面積（散乱断面積と吸収断面積の和）C_{ext} および吸収断面積 C_{abs} は

$$C_{\text{sca}} = \frac{2\pi}{k^2} \sum_{n=1}^{\infty} (2n+1)\left(|a_n|^2 + |b_n|^2\right) \tag{A4.20}$$

$$C_{\text{ext}} = \frac{2\pi}{k^2} \sum_{n=1}^{\infty} (2n+1)\text{Re}(a_n + b_n) \tag{A4.21}$$

$$C_{\text{abs}} = C_{\text{ext}} - C_{\text{sca}} \tag{A4.22}$$

で与えられる．

また，近接場散乱断面積 Q_{nf} は次式のようになる[1]．

$$Q_{\text{nf}} = 2\sum_{n=1}^{\infty} \left\{ |a_n|^2 \left[(n+1)\left|h_{n-1}^{(2)}(x)\right|^2 + n\left|h_{n+1}^{(2)}(x)\right|^2\right] + (2n+1)|b_n|^2 \left|h_n^{(2)}(x)\right|^2 \right\} \tag{A4.23}$$

ここで，$h_n^{(2)} = j_n - iy_n$ である．遠方場では，光波は TEM 波であるが，粒子の近傍では半径方向成分が存在し，Q_{nf} 中のその成分だけを Q_r で定義すると，Q_r は次式で与えられる[1]．

$$Q_\text{r} = \frac{2}{x^2} \sum_{n=1}^{\infty} (2n+1)(n+1)n|a_n|^2 \left|h_n^{(2)}(x)\right|^2 \tag{A4.24}$$

A4.2　Mathematica プログラム

Mie の散乱公式を用いて，散乱断面積（C_{sca}），吸収断面積（C_{abs}），および，消光断面積（C_{ext}）を計算する Mathematica プログラムの例を示す．r に球の半径（単位 μm）を，m_1 および m_2 に媒質および球の波長（単位 μm）の関数としての屈折率を代入する．断面積の関数の行末の；（セミコロン）を削除すれば，結果が表示される．屈折率関数としては金（Ngold），銀（Nsilver），および，プラチナ（Platinum）を用意した．また，金および銀に関してはサイズ効果を考慮した屈折率関数（NgoldSiza, NsilverSize）も用意した．

```
Ngold = Interpolation[{{0.18786, 1.28+ 1.188I}, {0.19163, 1.32+ 1.203I},
   {0.19525, 1.34+ 1.226I}, {0.19933, 1.33+ 1.251I},
   {0.20325, 1.33+ 1.277I}, {0.20733, 1.30+ 1.304I},
   {0.21267, 1.30+ 1.350I}, {0.21638, 1.30+ 1.387I},
   {0.22140, 1.30+ 1.427I}, {0.22625, 1.31+ 1.460I},
   {0.23132, 1.30+ 1.497I}, {0.23707, 1.32+ 1.536I},
   {0.24263, 1.32+ 1.577I}, {0.24897, 1.33+ 1.631I},
   {0.25511, 1.33+ 1.688I}, {0.26047, 1.35+ 1.749I},
   {0.26895, 1.38+ 1.803I}, {0.27614, 1.43+ 1.847I},
   {0.28437, 1.47+ 1.869I}, {0.29242, 1.49+ 1.878I},
   {0.30093, 1.53+ 1.889I}, {0.31074, 1.53+ 1.893I},
   {0.32037, 1.54+ 1.898I}, {0.33151, 1.48+ 1.883I},
   {0.34250, 1.48+ 1.871I}, {0.35424, 1.50+ 1.866I},
   {0.36791, 1.48+ 1.895I}, {0.38149, 1.46+ 1.933I},
   {0.39739, 1.47+ 1.952I}, {0.41328, 1.46+ 1.958I},
   {0.43050, 1.45+ 1.948I}, {0.45085, 1.38+ 1.914I},
   {0.47143, 1.31+ 1.849I}, {0.49594, 1.04+ 1.833I},
   {0.52095, 0.62+ 2.081I}, {0.54861, 0.43+ 2.455I},
   {0.58209, 0.29+ 2.863I}, {0.61684, 0.21+ 3.272I},
   {0.65949, 0.14+ 3.697I}, {0.70446, 0.13+ 4.103I},
   {0.75601, 0.14+ 4.542I}, {0.82109, 0.16+ 5.083I},
   {0.89198, 0.17+ 5.663I}, {0.98401, 0.22+ 6.350I},
   {1.0876, 0.27+ 7.150I}, {1.2155, 0.35+ 8.145I},
   {1.3931, 0.43+ 9.519I}, {1.6102, 0.56+ 11.21I},
   {1.9373, 0.92+ 13.78I}}];
Egold[lambda_] := Ngold[lambda]^2;
Nsilver = Interpolation[{{0.18786, 1.07+ 1.212I}, {0.19163, 1.10+ 1.232I},
   {0.19525, 1.12+ 1.255I}, {0.19933, 1.14+ 1.277I},
   {0.20325, 1.15+ 1.296I}, {0.20733, 1.18+ 1.312I},
   {0.21267, 1.20+ 1.325I}, {0.21638, 1.22+ 1.336I},
   {0.22140, 1.25+ 1.342I}, {0.22625, 1.26+ 1.344I},
   {0.23132, 1.28+ 1.357I}, {0.23707, 1.28+ 1.367I},
   {0.24263, 1.30+ 1.378I}, {0.24897, 1.31+ 1.389I},
   {0.25511, 1.33+ 1.393I}, {0.26047, 1.35+ 1.387I},
   {0.26895, 1.38+ 1.372I}, {0.27614, 1.41+ 1.331I},
   {0.28437, 1.41+ 1.264I}, {0.29242, 1.39+ 1.161I},
   {0.30093, 1.34+ 0.964I}, {0.31074, 1.13+ 0.616I},
   {0.32037, 0.81+ 0.392I}, {0.33151, 0.17+ 0.829I},
```

付録4 Mie 散乱

```
   {0.34250, 0.14+ 1.142I}, {0.35424, 0.10+ 1.419I},
   {0.36791, 0.07+ 1.657I}, {0.38149, 0.05+ 1.864I},
   {0.39739, 0.05+ 2.070I}, {0.41328, 0.05+ 2.275I},
   {0.43050, 0.04+ 2.462I}, {0.45085, 0.04+ 2.657I},
   {0.47143, 0.05+ 2.869I}, {0.49594, 0.05+ 3.093I},
   {0.52095, 0.05+ 3.324I}, {0.54861, 0.06+ 3.586I},
   {0.58209, 0.05+ 3.858I}, {0.61684, 0.06+ 4.152I},
   {0.65949, 0.05+ 4.483I}, {0.70446, 0.04+ 4.838I},
   {0.75601, 0.03+ 5.242I}, {0.82109, 0.04+ 5.727I},
   {0.89198, 0.04+ 6.312I}, {0.98401, 0.04+ 6.992I},
   {1.0876, 0.04+ 7.795I}, {1.2155, 0.09+ 8.828I},
   {1.3931, 0.13+ 10.10I}, {1.6102, 0.15+ 11.85I},
   {1.9373, 0.24+ 14.08I}}];
Esilver[lambda_] := Nsilver[lambda]^2;
Nplatinum = Interpolation[{{0.2000, 1.39+ 1.35I}, {0.2033, 1.38+ 1.37I},
   {0.2066, 1.38+ 1.40I}, {0.2101, 1.37+ 1.43I},
   {0.2138, 1.36+ 1.47I}, {0.2214, 1.36+ 1.54I},
   {0.2296, 1.36+ 1.61I}, {0.2384, 1.36+ 1.67I},
   {0.2480, 1.36+ 1.76I}, {0.2583, 1.38+ 1.85I},
   {0.2695, 1.39+ 1.95I}, {0.2818, 1.43+ 2.04I},
   {0.2952, 1.45+ 2.14I}, {0.3100, 1.49+ 2.25I},
   {0.3179, 1.51+ 2.32I}, {0.3263, 1.53+ 2.37I},
   {0.3351, 1.56+ 2.42I}, {0.3444, 1.58+ 2.48I},
   {0.3542, 1.60+ 2.55I}, {0.3647, 1.62+ 2.62I},
   {0.3757, 1.65+ 2.69I}, {0.3874, 1.68+ 2.76I},
   {0.3999, 1.72+ 2.84I}, {0.4133, 1.75+ 2.92I},
   {0.4275, 1.79+ 3.01I}, {0.4428, 1.83+ 3.10I},
   {0.4592, 1.87+ 3.20I}, {0.4769, 1.91+ 3.30I},
   {0.4959, 1.96+ 3.42I}, {0.5166, 2.03+ 3.54I},
   {0.5390, 2.10+ 3.67I}, {0.5636, 2.17+ 3.77I},
   {0.5904, 2.23+ 3.92I}, {0.6199, 2.30+ 4.07I},
   {0.6525, 2.38+ 4.26I}, {0.6888, 2.51+ 4.43I},
   {0.7293, 2.63+ 4.63I}, {0.7749, 2.76+ 4.84I},
   {0.8265, 2.92+ 5.07I}, {0.8856, 3.10+ 5.32I},
   {0.9537, 3.29+ 5.61I}, {1.033, 3.55+ 5.92I}}];

c = 2.99792458*10^14; (* Speed of light in vacuum in um/sec *)
OmegapAu = 1.38*10^16; (* Plasma frequency in 1/sec *)
```

```
GammaBulkAu = 1.0/(9.3*10^-15);(* Dumping constant in 1/sec *)
VfAu = 1.39*10^12; (* Fermi velocity in um/sec *)
OmegapAg = 1.40*10^16; (* Plasma frequency in 1/sec *)
GammaBulkAg = 1.0/(31*10^-15);(* Dumping constant in 1/sec *)
VfAg = 1.39*10^12; (* Fermi velocity in um/sec *)
Omega[lambda_] := 2.0*Pi*c/lambda;
GammaAu[a_] := GammaBulkAu + VfAu/a;
NgoldSize[lambda_, a_] := Sqrt[Egold[lambda] +
OmegapAu^2/(Omega[lambda]^2+ I GammaBulkAu Omega[lambda]) -
OmegapAu^2/(Omega[lambda]^2+ I GammaAu[a] Omega[lambda])];
GammaAg[a_] := GammaBulkAg + VfAg/a;
NsilverSize[lambda_, a_] := Sqrt[Esilver[lambda] +
OmegapAg^2/(Omega[lambda]^2+ I GammaBulkAg Omega[lambda]) -
OmegapAg^2/(Omega[lambda]^2+ I GammaAg[a] Omega[lambda])];
r = 0.010; (* Sphere radius in um *)
m1[lambda_] := 1+ I 0; (* Refractive index of medium *)
m2[lambda_] := NgoldSize[lambda, r]; (* Refractive index of sphere *)
q[lambda_, a_] := 2Pi a/lambda;
q1[lambda_, a_] := 2Pi m1[lambda] a/lambda;
q2[lambda_, a_] := 2Pi m2[lambda] a/lambda;
Largest[lambda_, a_] :=
  Max[q[lambda, a], Abs[q1[lambda, a]], Abs[q2[lambda, a]]];
lmax[lambda_, a_] :=
  Ceiling[Abs[Largest[lambda, a] + 4.05(Largest[lambda, a])^(1/3) + 2]];
psi[l_, rho_] := rho Sqrt[Pi/(2rho)] BesselJ[(l + 1/2), rho ];
  (* Ricatti-Bessel function of 1st kind. *)
Dpsi[l_, rho_] := Evaluate[D[ psi[l, rho], rho]];
  (* Derivative of Ricatti-Bessel function *)
xi[l_, rho_] := psi[l, rho] + I rho Sqrt[Pi/(2rho)] BesselY[(l + 1/2), rho
  ];
  (* Ricatti-Hankel function *)
Dxi[l_, rho_] := Evaluate[
  D[ xi[l, rho], rho]]; (* Derivative of Ricatti-Hankel function *)

an[l_, lambda_, a_] := Evaluate[
  (m2[lambda] Dpsi[l, q1[lambda, a]] psi[l, q2[lambda, a]] -
  m1[lambda] psi[l, q1[lambda, a]] Dpsi[ l, q2[lambda, a]]) /
  (m2[lambda] Dxi[l, q1[lambda, a]] psi[l, q2[lambda, a]] -
```

```
  m1[lambda] xi[l, q1[lambda, a]] Dpsi[l, q2[lambda, a]])];
bn[l_, lambda_, a_] := Evaluate[
  (m2[lambda] psi[l, q1[lambda, a]] Dpsi[ l, q2[lambda, a]] -
  m1[lambda] Dpsi[ l, q1[lambda, a]] psi[l, q2[lambda, a]] ) /
  (m2[lambda] xi[l, q1[lambda, a]] Dpsi[l, q2[lambda, a]] -
  m1[lambda] Dxi[l, q1[lambda, a]] psi[l, q2[lambda, a]])];
cn[l_, lambda_, a_] := Evaluate[
  (m2[lambda] xi[l, q1[lambda, a]] Dpsi[ l, q1[lambda, a]] -
  m2[lambda] Dxi[l, q1[lambda, a]] psi[l, q1[lambda, a]]) /
  (m2[lambda] xi[l, q1[lambda, a]] Dpsi[l, q2[lambda, a]] -
  m1[lambda] Dxi[l, q1[lambda, a]] psi[l, q2[lambda, a]])];
dn[l_, lambda_, a_] := Evaluate[
  (m2[lambda] Dxi[l, q1[lambda, a]] psi[l, q1[lambda, a]] -
  m2[lambda] xi[ l, q1[lambda, a]] Dpsi[l, q1[lambda, a]] ) /
  (m2[lambda] Dxi[l, q1[lambda, a]] psi[l, q2[lambda, a]] -
  m1[lambda] xi[l, q1[lambda, a]] Dpsi[l, q2[lambda, a]])];
Csca[lambda_, a_] := (lambda/m1[lambda])^2/(2Pi)
  Sum[(2l + 1) ((Abs[an[l, lambda, a]])^2+ (Abs[bn[l, lambda, a]])^2),
  {l, 1, lmax[lambda, a]}];
Cext[lambda_, a_] := (lambda/m1[lambda])^2/(2Pi) Sum[(2l + 1)
  Re[an[l, lambda, a] + bn[l, lambda, a]], {l, 1, lmax[lambda, a]}];
Cabs[lambda_, a_] := Cext[lambda, a] - Csca[lambda, a];
Qsca[lambda_, a_] := Csca[lambda, a]/(Pi a^2);
Qext[lambda_, a_] := Cext[lambda, a]/(Pi a^2);
Qabs[lambda_, a_] := Cabs[lambda, a]/(Pi a^2);
```

参考文献

1) B. J. Messinger, K. U. Ravon, R. K. Chang, and P. W. Barber, *Phys. Rev. B*, **24**, 649 (1981)

索　引

欧文

ADDA　128
AgFON　184, 198, 199
AR　190
ATR法　44, 152
Betheの理論　122
BPE　198
C_{60}分子　204
CARS　204
CdS　208
Courant条件　133
DDA　128
DDSCAT　128
DNA　165
DNAチップ　175
Drudeの式　16
Drudeモデル　28
EO　207
Fanoモード　34
FDTD法　241
FIB　199
Fresnel係数　18
IMIMI構造　59
Kretchmann配置　43, 152
Kretchmann–Raether配置　43
LaSFN9　153
LB膜　162
LRSP　54
MIM構造　57
Murの一次の吸収境界条件　139
OR　207
Otto配置　42
p偏光　13
PDLC　228
PDMS　179
PNBA　205

Rayleighアノマリ　106
RC法　136
RCWA法　140, 179
recursive convolution法　136
s偏光　13
SAM膜　163
SEIRA　204
SERS　198, 201
SF11　153
SH光　200
SHG　207
SIGN　200
S-matrix法　147
SPFS　175
SRSP　54
TE波　12
TEM波　12
TERS　203
THG　207
TM波　12
T-matrix法　20, 78
TPPL　208
Woodアノマリ　104
Yee格子　131
Zenneckモード　34

和文

ア

青色LED　192
アデニン　206
アナライト　165
アノマリ　104
アビジン　200
アミノアルカンチオール　180
アルカンチオール　164
アレイ化　220
アレイ状　193

索　引

暗視野顕微鏡　194
アンチストークス信号　201
アンペールの法則　10
異常反射　190
位相測定　173
位相速度　27
位相変調器　173
一次の電気光学効果　207
一般化散乱断面積　74
インコヒーレント光　210
ウイルス　199
液晶　226
エバネッセント波　23
オムニディレクショナル　221

カ

回折格子　178
解離速度　176
化学的な増強効果　178
核酸　204
カーボンナノチューブ　204
カルモジュリン　194
完全バンドギャップ　108
完全レンズ　238
逆格子ベクトル　120
ギャップ　181
ギャップモード　195
キャピラリー　189
吸収効率　73
吸収断面積　72
吸収ピーク　187
鏡像　94
共鳴角　152
　　──測定　170
共鳴曲線　46
共鳴波長　160
局在型表面プラズモン　5
局在プラズモン共鳴　157, 179
　　──基板　179
キラリティー　226
金　30
銀　30
近接場散乱断面積　74

金属周期構造　218
金属プローブ　203
金属─分子の電荷移動　178
空間分解能　179
屈折率分解精度　161, 172, 174
屈折率分散　165
クリスタルバイオレット　202
グルコース　199
グルコースオキシダーゼ　206
クローキング　240
クロム　32
群速度　27
蛍光　156
蛍光増強　177
蛍光測定　175
蛍光放射角度　163
形状因子　78
結合速度　166, 176
結合定数　166, 176
結合量　166
検出限界　187
検出分子　165
厳密結合波解析法　140
交換反応　164
高屈折率ガラス　180
高屈折率のプリズム　153
合成回折エバネッセント波モデル　124
抗体　165
コヒーレンス　161
固有方程式　52
コレステリック相　226
コンカナバリンA　187
コンパクトディスク　179

サ

サイズ効果　29
散乱行列法　147
散乱効率　73
散乱断面積　72, 178
自己組織化単分子膜　163
ジチオール　180
質量分解精度　161
島状金属構造　204

261

索　引

島状金微粒子　195
島状薄膜　187
準円筒波　125
準静電近似　67
蒸着加熱　185
シリカ　32
真空中の高速　11
真空のインピーダンス　12
侵入長　23, 157, 176
ストークス信号　201
ストレージ　219
ストレプトアビジン　187
スペックル　161
静電場　64
ゼーマンレーザー　173
全反射　23
全反射減衰法　44, 152
増強効果　157
双極子放射　63
相転移　228

タ

第二高調波　200
太陽電池　220
単一微粒子　194
単一分光　183
　　──のSERS　202
単一分子ラマン分光　198
短距離伝搬モード　54
タングステン　32
タンパク質　165
遅延効果　67
チオール化　165
チミン　206
超解像　238
長距離伝搬モード　54
電解質高分子　180
電場増強効果　5, 49, 157
電場の増強度　154, 155, 158
伝播型表面プラズモン　151
伝搬長　39, 179
銅　30
透過行列　22

透過行列法　20
透過率測定　186
糖鎖　165
トップダウン　179
ドライプロセス　189
取り出し効率　222

ナ

内部損失　47
ナトリウム　32
ナノシェル　84
ナノスフィア　182, 183, 186
　　──リソグラフィー　182, 186, 198
ナノ光回路　224
ナノピラー構造　199
ナノホール　186
　　──アレイ　199
ナノ粒子　157
2光子励起蛍光　208
二次の電気光学効果　207
p-ニトロ安息香酸　205
熱処理　185
ネマチック相　226

ハ

バイオセンシング　165, 186
配向変化　228
ハイドロダイナミックモデル　207
波数ベクトル　12
発光増強効果　163
発光ダイオード　188
波頭速度　27
場の閉じ込め効果　5
葉巻型回転楕円体　78
パラメトリック発振　207
バルクプラズモン　33
パンケーキ型回転楕円体　78
反射防止　221
反射率測定　171, 186
バンド間遷移　28, 29
ビオチン　189
光整流　207
光第三高調波発生　207

索引

光第二高調波発生　207
光ファイバー　171, 188
微細加工技術　179
非線形光学効果　207
非線形分光　206
左手系物質　233
比透磁率　232
ビームエキスパンダー　161
比誘電率　232
表面選択性　151
表面増強共鳴ラマン散乱　198
表面増強ラマン散乱　177
表面プラズモンアンテナ構造　218
表面プラズモン共鳴　5
表面プラズモン顕微鏡　160, 162
表面プラズモン素子　225
表面プラズモンポラリトン　4
ピリジン　199
微粒子の固定化　180
微粒子ラベリング　195
フィッシュネット構造　238
フェルミ速度　29
フォトダイオード　218
フォトニック結晶　107, 235
フォトニックバンドギャップ　107
フォトンドラッグ効果　208
負屈折　235
負の屈折率　234
プラズマ　4
プラズマ周波数　29
プラズモニック結晶　104, 221
プラズモニックバンドギャップ　111
プラズモン　4
プラズモンアノマリ　106
プラチナ　32
プリズムライトライン　26
ブリュアンゾーン　120
ブリュースター角　37
フレネル係数　18
分解精度　161
分子間相互作用　165
分子定規　195
ベクトル球面調和関数　253

ヘテロダイン法　173
ヘミシアニンSAM　208
偏光解析　173
ポインティングベクトル　14
放射損失　47
放射場　64
ポッケルス効果　207
ホットスポット　198
ボトムアップ　179
ポラリトン　4
ポリジメチルシロキサン　179
ポリペプチド　193
ボルツマン分布　201

マ

マイクロ流路　188
マクスウェル方程式　10
マルチチャンネル測定　188
マルチチャンネル表面プラズモンセンサー　160
ミスマッチ　176
メタ物質　232
メタ分子　232
メタマテリアル　232
面発光レーザー　219

ヤ

有機EL素子　222, 225
有機LED　222
誘導場　64
溶融石英　32

ラ

ライトコーン　122
ライトライン　25
らせん軸　228
ラテックスビーズ　182
ラマン散乱　177
リガンド　165
離散双極子近似　128
臨界角　152
レーザー発振　220
ローダミン6G　199, 202, 204

著者紹介

岡本　隆之（工博）
1986年　大阪大学大学院工学研究科博士課程修了
現　在　理化学研究所石橋極微デバイス工学研究室特別嘱託研究員

梶川浩太郎（工博）
1989年　東京工業大学大学院理工学研究科修士課程修了
現　在　東京工業大学工学院電気電子系教授

NDC 425　　271p　　21cm

プラズモニクス──基礎と応用

2010年10月1日　第1刷発行
2020年11月1日　第8刷発行

著　者　岡本隆之・梶川浩太郎
発行者　渡瀬昌彦
発行所　株式会社　講談社
　　　　〒112-8001　東京都文京区音羽2-12-21
　　　　　販　売　(03) 5395-4415
　　　　　業　務　(03) 5395-3615
編　集　株式会社　講談社サイエンティフィク
　　　　代表　堀越俊一
　　　　〒162-0825　東京都新宿区神楽坂2-14　ノービィビル
　　　　　編　集　(03) 3235-3701
印刷所　株式会社双文社印刷
製本所　株式会社国宝社

落丁本・乱丁本は，購入書店名を明記のうえ，講談社業務宛にお送り下さい．送料小社負担にてお取替えします．なお，この本の内容についてのお問い合わせは講談社サイエンティフィク宛にお願いいたします．定価はカバーに表示してあります．

© T. Okamoto and K. Kajikawa, 2010

本書のコピー，スキャン，デジタル化等の無断複製は著作権法上での例外を除き禁じられています．本書を代行業者等の第三者に依頼してスキャンやデジタル化することはたとえ個人や家庭内の利用でも著作権法違反です．

JCOPY 〈(社) 出版者著作権管理機構　委託出版物〉

複写される場合は，その都度事前に(社)出版者著作権管理機構(電話03-5244-5088, FAX 03-5244-5089, e-mail : info@jcopy.or.jp)の許諾を得て下さい．

Printed in Japan
ISBN978-4-06-153270-0